Grundlagen für die Messung von Stirnrädern

mit gerader Evolventenverzahnung

Von

Prof. Dr. G. Berndt
Direktor des Instituts für Meßtechnik
und wissenschaftliche Grundlagen des Austauschbaus (IMA)
an der technischen Hochschule Dresden

Mit 71 Textabbildungen

Springer-Verlag Berlin Heidelberg GmbH
1938

Ursprünglich erschienen bei Julius Springer in Berlin 1938

ISBN 978-3-662-40726-4 ISBN 978-3-662-41208-4 (eBook)
DOI 10.1007/978-3-662-41208-4

Vorwort.

Als letztes der in umfangreichem Maße gebrauchten Maschinenelemente entbehrt noch das Zahnrad allgemein anerkannter Toleranzen. Diese können indessen erst aufgestellt werden, wenn durch Messungen festliegt, welche Abweichungen von den Sollwerten zulässig sind. Genau wie bei Gewinden sind nun aber die Messungen an Zahnrädern dadurch erschwert, daß die wichtigsten zu bestimmenden Größen nicht körperlich, sondern in der Regel nur als gedachte Schnitte komplizierter Form vorliegen. Deshalb kommt es bei beiden weniger auf die Art der bebenutzten Geräte als auf die Meßkörper an, und es muß deshalb eine Geometrie der Messungen entwickelt werden.

Bei den Gewinden ist dies in nahezu 20jähriger theoretischer und experimenteller Arbeit — selbstverständlich Hand in Hand mit den praktischen Erfahrungen — geschehen. Bei den Zahnrädern waren aber bis jetzt im allgemeinen nur Ansätze vorhanden. Es fehlte eine umfassende systematische Untersuchung der Grundlagen, die sich vor allem — genau wie bei den Gewinden — von der sonst immer gemachten Voraussetzung idealer Ausführungen der Prüflinge (in bezug auf Flankenform, Fehlen von Schlag usw.) frei zu machen hatte. Dazu kommt bei den Zahnrädern noch, daß man in bezug auf Zahndicke und Lückenweite absichtlich von der idealen Gleichheit abweicht, um ein Flankenabmaß zu haben und dadurch Störungen im Betriebe durch Klemmen infolge von Erwärmung oder Achsverlagerung zu vermeiden. Das ist besonders in diesen Untersuchungen beachtet.

Weiterhin galt es aber auch, einfache Verfahren für die Abnahme der Zahnräder zu schaffen, da es, ebenso wie bei anderen Normteilen (z. B. Gewinden) nicht angeht, eine große Zahl von einzelnen Bestimmungsstücken zu messen — weil zu zeitraubend — und diese verhältnismäßig eng zu tolerieren, da man durch derartige Einzelmessungen nicht zu übersehen vermag, wieweit sich etwa Fehler gegenseitig ausgleichen können; beides ist in äußerstem Maße unwirtschaftlich.

Nun lassen sich die sonst für die Abnahme von Normteilen geltenden Grundsätze nicht auf Zahnräder übertragen, da sie nicht mit einem Gegenstück, sondern mit einem Stück gleicher Art gepaart werden, und da die „Passung“ nicht im Ruhezustande, sondern erst in der Bewegung (Abwälzen) eintritt, es sich also bei ihnen nicht um ein statisches, sondern um ein dynamisches Problem handelt. Hier mußten also neue Wege gesucht werden. Wenn auch Ansätze dafür bereits in der Praxis vorhanden waren, so galt es doch, diese kritisch zu werten, sie auf ihren eigentlichen Zweck zurückzuführen, und vor allem entsprechende Lehren zu schaffen, da sog. Meisterzahnräder und -stangen in der überwiegenden Mehrzahl der Fälle in ihrer Genauigkeit nicht ausreichen; sind doch die Ansprüche an gute Zahnräder so hoch, daß sie mit Lehrengenauigkeit ausgeführt werden.

Weiterhin unterscheiden sich die vorliegenden Untersuchungen noch dadurch von dem bisher bekannt gewordenen Schrifttum, daß überall versucht worden ist, die zu erreichende Meßgenauigkeit zahlenmäßig anzugeben, um so die brauchbaren Meßverfahren von den ungeeigneten zu scheiden bzw. jedem seine ihm zukommende Stelle (z. B. für das Meßlaboratorium oder für die Werkstatt) zuzuweisen. Um zu einer solchen kritischen Stellungnahme zu gelangen, war es notwendig, den eigentlichen meßtechnischen Entwicklungen einen kurzen Abschnitt voranzustellen, der die Aufgabe der Zahnräder im Getriebe und die zu ihrer Erfüllung an sie zu stellenden Anforderungen herausschält, da es nur bei Kenntnis aller dieser Bedingungen möglich ist, die erforderlichen Meßverfahren und Meßgenauigkeiten anzugeben.

Aus diesen Gründen ist von einer Aufführung des Schrifttums abgesehen, obwohl einige Formeln schon darin abgeleitet waren. Für eine zusammenfassende Darstellung mußten sie doch hier aufgenommen und aus den geschilderten Grundlagen heraus neu entwickelt werden. Von den zahlreichen Veröffentlichungen seien hier nur zwei genannt, die, wenn auch nicht im einzelnen zu Rate gezogen, doch durch ihr früheres Studium wohl manche Anregung gegeben haben:

Earle Buckingham, Stirnräder mit geraden Zähnen. Zahnformen, Betriebsverhältnisse und Herstellung. Deutsche Bearbeitung von Georg Olah. Berlin: Julius Springer 1932;

und die im IMA durchgeführte Dissertation von

K. Bürger, Beiträge zur Messung von Stirnrädern mit geraden Evolventenzähnen. Dresden 1935.

Wie diese beiden Arbeiten beschränkt sich auch die vorliegende auf Stirnräder mit gerader Evolentenverzahnung, weil an ihnen die meßtechnischen Grundlagen am deutlichsten klarzulegen und diese auf andere Zahnformen unschwer zu übertragen sind.

Ein kurzer zusammenfassender Bericht über die Ergebnisse dieser Arbeit wurde auf einem Vortrage in dem Zeiss-Kursus am 24. September 1937 in Jena erstattet, der in Werkstattstechnik und Werksleiter Bd. 31 (1937) S. 522 abgedruckt ist.

Mit angeregt und gefördert ist vorliegende Arbeit durch Forschungen im Auftrage der Herren Reichsminister der Luftfahrt und Reichs- und Preußischer Verkehrsminister, wofür auch an dieser Stelle verbindlichst gedankt sei.

Damit wird auch den Aufgaben des vom Herrn Reichswirtschaftsminister und der Fachgruppe Werkzeugmaschinen eingesetzten Arbeitsausschusses für Verzahnungsmaschinen gedient, innerhalb dessen der Verfasser an den meßtechnischen Fragen mitarbeitet.

Besonderen Dank schulde ich weiterhin Herrn Prof. Dr. O. Kienzle, Charlottenburg, für mancherlei Anregungen und meinen Mitarbeitern auf diesem Gebiete, den Herren Dipl.-Ing. Graefe, Harz und Hultzsch für ihre stete treue Unterstützung.

Dresden, den 31. Oktober 1937.

Berndt.

Inhaltsverzeichnis.

A. Bezeichnungen und geometrische Beziehungen.

(Abb. 1.)

Die Größen

ohne Index beziehen sich auf einen beliebigen Kreis;

mit dem Index $_0$ auf den Teilkreis (Kreis, auf dem die Teilung einen vorgeschriebenen Wert in mm hat);

mit dem Index $_g$ auf den Grundkreis (von dem aus die Evolvente durch die bekannte Konstruktion — Abwicklung eines Fadens — entsteht).

z = Zähnezahl;

$d\,(r)$ = Durchmesser (Halbmesser);

$\hat{t}$ = Teilung, auf dem Kreisbogen in Winkelgrad oder in mm gemessen, $\hat{t} = 360/z^0$ bzw. $\hat{t} = d \cdot \pi/z$ mm,

$\hat{t}_0$ = Teilkreisteilung ($\hat{t}_0 = d_0 \cdot \pi/z$),

t_e = Eingriffsteilung, auf der Eingriffslinie gemessen (bei richtiger Evolvente: $t_e = \hat{t}_g$, nach der Entstehung der Evolvente)[1];

m = Durchmesserteilung oder Modul ($m = \hat{t}_0/\pi = d_0/z$);

$\hat{l}\,(l)$ = Lückenweite, als Bogen (Sehne) gemessen;

$\hat{s}\,(s)$ = Zahndicke, als Bogen (Sehne) gemessen;

α = Pressungswinkel,

α_0 = Eingriffswinkel (für die Rechnungen zu 20° angenommen),

$\alpha_g = 0$;

β = Zentriwinkel der Lückenweite;

γ = Zentriwinkel der Zahndicke,

bei gleichmäßiger Teilung: $\beta + \gamma = 360/z$;

ϑ = Polarwinkel der Evolvente;

φ = Lückenhüllwinkel;

ψ = Zahnhüllwinkel;

$\mathrm{Ev}\,\chi = \mathrm{tg}\,\chi - \chi$ = Evolventenfunktion;

$\widehat{p}$ = Bogenlänge der Vergrößerung der Lückenweite oder auch der Verkleinerung der Zahndicke für das Flankenspiel[2],

p_e = Flankenabmaß, die auf der Eingriffslinie gemessene Vergrößerung (Verkleinerung) der Zahnlücke (Zahndicke);

---

[1] Siehe dazu Abschnitt F 2.

[2] Für die Definition der einzelnen Begriffe sowie des Flankenspiels siehe: Grundbegriffe für Fehler und Toleranzen bei Stirnrädern mit geraden und schrägen Zähnen mit Evolventenverzahnung. Merkblatt „Stirnradfehler“, herausgegeben vom Ausschuß für Verzahnungsmaschinen bei der Fachgruppe Werkzeugmaschinen. Oktober 1936. Beuth-Verlag, Berlin. Ferner auch: DIN 868, Zahnräder, Begriffe, Bezeichnungen, Kurzzeichen.

ε = Zentriwinkel, um den der Zentriwinkel β der Lückenweite (γ der Zahndicke) größer (kleiner) gehalten ist als beim spielfreien Rad[1]
(ε entspricht einer Teilung, als Winkel gemessen);

$D(R)$ = Durchmesser (Halbmesser) einer sich an die beiden Flanken einer Lücke anlegenden Kugel oder eines Zylinders.

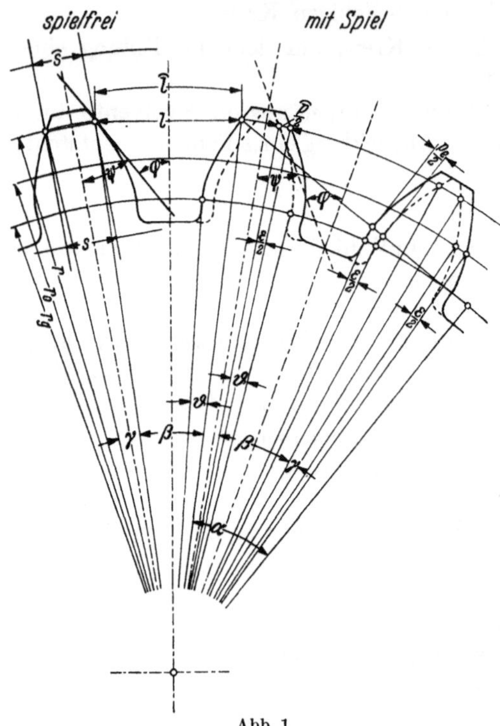

Abb. 1.

Sämtliche im folgenden für normale unkorrigierte Zahnräder (Nullräder) durchgeführten rechnerischen Untersuchungen gelten in ihren grundsätzlichen Ergebnissen auch für profilverschobene Zahnräder (V-Räder).

Die für die Messung des einzelnen Rades gegebenen Gebrauchsformeln sind — soweit erforderlich — unter Beachtung der gegenüber dem Nullrad veränderten Zahndicke auf dem Teilkreis und des veränderten Kopf- und Fußkreisdurchmessers unschwer auf profilverschobene Räder übertragbar. Für das spielfreie profilverschobene Zahnrad mit dem Verschiebungswert x ist (unter Beachtung des Vorzeichens von x) die Zahndicke auf dem Teilkreis:

$$\hat{s}_0 = m \cdot \left(\frac{\pi}{2} + 2\,x \cdot \operatorname{tg} \alpha_0\right).$$

Der Änderung des Fuß- und des Kopfkreisdurchmesser ist durch die entsprechenden Werte der Faktoren k für die Zahnfuß- und die Zahnkopfhöhe $(k \cdot m)$ Rechnung zu tragen.

Aus Abb. 1, rechte Hälfte, ergeben sich folgende Beziehungen für das Rad mit um ε vergrößerter Lückenweite (verringerter Zahndicke); für das spielfreie Rad (linke Hälfte der Abb. 1) ist $\varepsilon = 0$ zu setzen.

(1) $$\vartheta = \operatorname{tg} \alpha - \alpha = \operatorname{Ev} \alpha,$$

(1a) $$\vartheta_0 = \operatorname{Ev} \alpha_0,$$

(1b) $$\vartheta_g = 0;$$

[1] Als spielfreie Zahnräder seien die mit der theoretischen Lückenweite (Zahndicke), also mit $\beta_0 = \gamma_0 = \pi/z$ ausgeführten Räder bezeichnet, da sie ohne Flankenspiel miteinander abwälzen.

(2) $$\frac{\beta}{2}=\frac{\beta_0}{2}+\vartheta-\vartheta_0=\frac{\pi}{2z}+\frac{\varepsilon}{2}+\mathrm{Ev}\,\alpha-\mathrm{Ev}\,\alpha_0\,,$$

(2a) $$\frac{\beta_0}{2}=\frac{\pi}{2z}+\frac{\varepsilon}{2}\,,$$

(2b) $$\frac{\beta_g}{2}=\frac{\pi}{2z}+\frac{\varepsilon}{2}-\mathrm{Ev}\,\alpha_0\,;$$

(3) $$\frac{\gamma}{2}=\frac{\gamma_0}{2}-(\vartheta-\vartheta_0)=\frac{\pi}{2z}-\frac{\varepsilon}{2}-(\mathrm{Ev}\,\alpha-\mathrm{Ev}\,\alpha_0)\quad\left(=\frac{\pi}{z}-\frac{\beta}{2}\right),$$

(3a) $$\frac{\gamma_0}{2}=\frac{\pi}{2z}-\frac{\varepsilon}{2}\quad\left(=\frac{\pi}{z}-\frac{\beta_0}{2}=\frac{\beta_0}{2}-\varepsilon\right),$$

(3b) $$\frac{\gamma_g}{2}=\frac{\pi}{2z}-\frac{\varepsilon}{2}+\mathrm{Ev}\,\alpha_0\quad\left(=\frac{\pi}{z}-\frac{\beta_g}{2}\right);$$

(4) $$\varphi=\alpha+\frac{\beta}{2}=\mathrm{tg}\,\alpha-\mathrm{Ev}\,\alpha_0+\frac{\pi}{2z}+\frac{\varepsilon}{2}\,,$$

(4a) $$\varphi_0=\alpha_0+\frac{\pi}{2z}+\frac{\varepsilon}{2}\,,$$

(4b) $$\varphi_g=-\mathrm{Ev}\,\alpha_0+\frac{\pi}{2z}+\frac{\varepsilon}{2}\quad\left(=\frac{\beta_g}{2}\right);$$

(5) $$\psi=\alpha-\frac{\gamma}{2}=\mathrm{tg}\,\alpha-\mathrm{Ev}\,\alpha_0-\left(\frac{\pi}{2z}-\frac{\varepsilon}{2}\right)\quad\left(=\varphi-\frac{\pi}{z}\right),$$

(5a) $$\psi_0=\alpha_0-\left(\frac{\pi}{2z}-\frac{\varepsilon}{2}\right)\quad\left(=\varphi_0-\frac{\pi}{z}\right),$$

(5b) $$\psi_g=-\mathrm{Ev}\,\alpha_0-\left(\frac{\pi}{2z}-\frac{\varepsilon}{2}\right)\quad\left(=-\frac{\gamma_g}{2}=\varphi_g-\frac{\pi}{z}\right);$$

(6a), (6b) $$\left.\begin{aligned}\mathrm{tg}\,\alpha&=\varphi+\mathrm{Ev}\,\alpha_0-\left(\frac{\pi}{2z}+\frac{\varepsilon}{2}\right)\\&=\psi+\mathrm{Ev}\,\alpha_0+\left(\frac{\pi}{2z}-\frac{\varepsilon}{2}\right)\end{aligned}\right\}\ \text{[aus Gl. (4) und (5)]};$$

(7) $$r=\frac{r_g}{\cos\alpha}=r_0\cdot\frac{\cos\alpha_0}{\cos\alpha}=\frac{1}{2}\,m\cdot z\cdot\frac{\cos\alpha_0}{\cos\alpha}\,,$$

(7a) $$r_0=\frac{r_g}{\cos\alpha_0}\,;$$

(8) $$\hat{t}=\frac{t_e}{\cos\alpha}\,,$$

(8a) $$\hat{t}_0=\frac{t_e}{\cos\alpha_0}\,;$$

(9) $$\hat{p}=\frac{p_e}{\cos\alpha}\,,$$

(9a) $$\hat{p}_0=\frac{p_e}{\cos\alpha_0}\,;$$

(10) $$\varepsilon=\frac{\hat{p}}{r}=\frac{\hat{p}_0}{r_0}=\frac{p_e}{r_g}=\frac{p_e}{r_0\cdot\cos\alpha_0}=\frac{2\,p_e}{m\cdot z\cdot\cos\alpha_0}\,;$$

ε ist — wie $\hat{t}$ — als Winkelwert unabhängig vom Halbmesser.

B. Bestimmung des idealen Zahnrades.

Als ideal soll gelten ein Zahnrad ohne Schlag, mit richtiger Evolvente und mit gleichmäßiger Teilung (nur gelegentlich soll auf die Verhältnisse beim Fehlen dieser Voraussetzungen hingewiesen werden).

Beim Abwälzen zweier Zahnräder (′ und ″) (Abb. 2) mit dem Achsabstand

(a) $$a = M'M'' = M'C + M''C = r' + r''$$

müssen die Evolventen beider Räder in den jeweiligen Berührungspunkten (A, C, B) stets senkrecht zur gemeinsamen Eingriffslinie $N'N''$ stehen. In dem Berührungspunkte C der beiden Wälzkreise bildet ihre gemeinsame Tangente DE mit der Verbindungslinie $M'M''$ der beiden Radachsen den Pressungswinkel α_w. Es ist

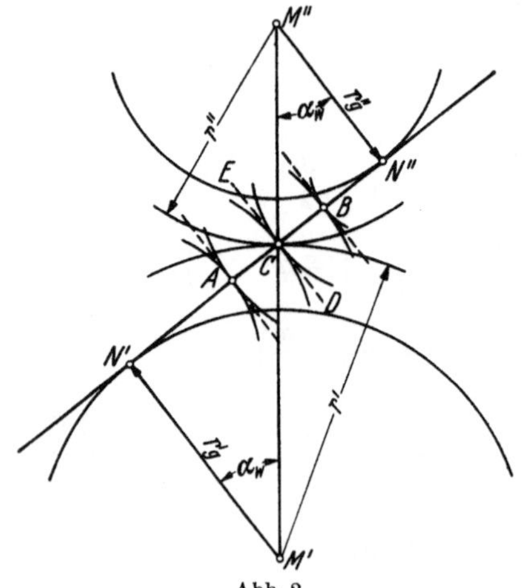

Abb. 2.

(b) $$\left| \begin{aligned} r_g' &= r' \cdot \cos\alpha_w, \\ r_g'' &= r'' \cdot \cos\alpha_w, \\ r_g'/r_g'' &= r'/r''. \end{aligned} \right.$$

Für gleichmäßige Übertragung müssen die Bögen zwischen zwei benachbarten Rechts- oder Linksflanken auf den beiden Wälzkreisen einander gleich sein, also

(c) $$\frac{d' \cdot \pi}{z'} = \frac{d'' \cdot \pi}{z''}, \quad \frac{d'}{z'} = \frac{d''}{z''}$$

und nach obigem auch

(d) $$\frac{d_g'}{d_g''} = \frac{z'}{z''}.$$

Für zwei miteinander kämmende Räder müssen also die Grundkreisdurchmesser im Verhältnis der Zähnezahlen stehen.

Die Wälzkreishalbmesser bestimmen sich aus Gl. (a) und (c) zu

(e) $$r' = \frac{a \cdot z'}{z' + z''}, \quad r'' = \frac{a \cdot z''}{z' + z''},$$

woraus dann α_w aus Gl. (b) folgt.

Aus Gl. (d) ergibt sich

$$t_g' = t_g'',$$

somit auch

(f) $$t_e' = t_e''$$

und weiterhin aus Gl. (8a)

$$t_0' \cdot \cos\alpha_0' = t_0'' \cdot \cos\alpha_0''$$

oder

(g) $$m' \cdot \cos\alpha_0' = m'' \cdot \cos\alpha_0''.$$

Bei zwei miteinander kämmenden Rädern müssen also ihre Grundkreisteilungen und, da hier richtige Flankenform (Evolvente) vorausgesetzt, auch ihre Eingriffsteilungen einander gleich sein, oder sich die Moduln umgekehrt wie die Kosinus ihrer Eingriffswinkel verhalten.

Der Eingriffswinkel α_0. (am Teilkreis) ist durch die Normung festgelegt, um nicht durch eine bei freier Wahl auftretende Vielzahl von α_0 eine unwirtschaftliche Verwilderung eintreten zu lassen, und um ferner für die Zahnstange nur eine einzige Form zu haben, die vor allem auch als primäres Werkzeug (Kammstahl, Schleifscheibe) für die Herstellung der Verzahnung wichtig ist. Der Zahnstange kann man, ihrer geraden Flanken wegen, jeweils nur e i n e n bestimmten Winkel geben, während an der Evolvente des Zahnrades stets eine ganze Reihe von Pressungswinkeln gleichzeitig vorhanden ist.

Ist nun $\alpha_0' = \alpha_0'' = \alpha_0$, so muß auch

$$m' = m'' = m$$

sein, beide Räder müssen dann auch stets gleiche Moduln (und somit auch gleiche Teilkreisteilungen) haben. Die zu benutzenden Moduln sind in DIN 870 festgelegt.

Im Gebrauch ist neben $\alpha_0 = 20°$ von früher her auch noch $\alpha_0 = 15°$. Zwei Räder mit diesen Eingriffswinkeln können miteinander abwälzen, wenn

$$m' = m'' \cdot \frac{\cos \alpha_0''}{\cos \alpha_0'} = 1{,}03\, m''$$

ist. Da nun der Unterschied zwischen zwei g e n o r m t e n Größen von m nach DIN 870 mindestens 7% beträgt, so sind zwei Räder mit g e n o r m t e n Moduln und den Eingriffswinkeln 20° und 15° nicht miteinander zu verwenden.

Da nun zwei Zahnräder nie genau gleiche Eingriffswinkel haben, so ist auf Gl. (g) oder besser (f) zurückzugehen, so daß entscheidend für das Abwälzen zweier wirklicher Zahnräder in der Praxis immer die Gleichheit ihrer Grundkreisteilungen t_g (und nicht von t_0 bzw. m) ist.

Ein Zahnrad mit dem Modul m und dem von α_0 abweichenden Eingriffswinkel α_0' kann stets aufgefaßt werden als ein Rad mit dem Eingriffswinkel α_0 und dem Modul

$$m' = m \cdot \frac{\cos \alpha_0}{\cos \alpha_0}.$$

Dieses Rad kann aber nicht mehr stoßfrei mit einem Rade vom Modul m und dem Eingriffswinkel α_0 arbeiten, da für ihre Grundkreisteilungen gilt

$$m \cdot \cos \alpha_0 \neq m \cdot \cos \alpha_0'$$

(s. dazu Abschnitt F 1).

Nach dem stoßweißen Zusammenkommen der Zahnflanken der beiden Räder mit dem Modul m (während ihre übrigen Größen durch die Indizes $'$ und $''$ unterschieden werden sollen) erfolgt das weitere

Abwälzen auf den Wälzkreisen mit den Halbmessern r' und r'', die durch die Beziehung gegeben sind

$$\frac{r'}{r''} = \frac{r'_g}{r''_g} = \frac{m \cdot z' \cdot \cos\alpha'_0}{m \cdot z'' \cdot \cos\alpha''_0},$$

$$r' = r'' \cdot \frac{z' \cdot \cos\alpha'_0}{z'' \cdot \cos\alpha''_0}.$$

Da ihr Achsabstand

$$a = r' + r''$$

ist, so folgt:

$$r' \cdot \left(1 + \frac{z'' \cdot \cos\alpha''_0}{z' \cdot \cos\alpha'_0}\right) = a,$$

$$r' = \frac{a \cdot z' \cdot \cos\alpha'_0}{z' \cdot \cos\alpha'_0 + z'' \cdot \cos\alpha''_0}$$

und analog

$$r'' = \frac{a \cdot z'' \cdot \cos\alpha''_0}{z' \cdot \cos\alpha'_0 + z'' \cdot \cos\alpha''_0}.$$

Ist nun

$$\alpha''_0 = \alpha'_0 + \delta\alpha_0,$$

wo $\delta\alpha_0$ eine kleine Größe, so

$$r' = \frac{a \cdot z' \cdot \cos\alpha'_0}{z' \cdot \cos\alpha'_0 + z'' \cdot (\cos\alpha'_0 - \delta\,\alpha_0 \cdot \sin\alpha'_0)}$$

$$= \frac{a \cdot z'}{z' + z''} \cdot \left(1 + \frac{z''}{z' + z''} \cdot \delta\,\alpha_0 \cdot \operatorname{tg}\alpha'_0\right).$$

Analog $r'' = \dfrac{a \cdot z'' \cdot (\cos\alpha'_0 - \delta\,\alpha_0 \sin\alpha'_0)}{z' \cdot \cos\alpha'_0 + z'' \cdot (\cos\alpha'_0 - \delta\,\alpha_0 \cdot \sin\alpha'_0)}$

$$= \frac{a \cdot z''}{z' + z''} \cdot (1 - \delta\,\alpha_0 \cdot \operatorname{tg}\alpha'_0) \cdot \left(1 + \frac{z'}{z' + z''}\,\delta\,\alpha_0 \cdot \operatorname{tg}\alpha'_0\right)$$

$$= \frac{a \cdot z''}{z' + z''} \cdot \left(1 - \frac{z'}{z' + z''} \cdot \delta\,\alpha_0 \cdot \operatorname{tg}\alpha'_0\right).$$

War nun der Achsabstand a eingestellt auf

$$a = r'_0 + r''_0 = \tfrac{1}{2}\, m \cdot ('z + z''),$$

so

$$r' = \frac{1}{2}\, m \cdot z' \cdot \left(1 + \frac{z''}{z' + z''} \cdot \operatorname{tg}\alpha'_0 \cdot \delta\,\alpha_0\right)$$

$$= r'_0 \cdot \left(1 + \frac{z''}{z' + z''} \cdot \operatorname{tg}\alpha'_0 \cdot \delta\,\alpha_0\right),$$

$$r'' = r''_0 \cdot \left(1 - \frac{z'}{z' + z''} \cdot \operatorname{tg}\alpha'_0 \cdot \delta\,\alpha_0\right).$$

Zwei Räder mit gleichen Moduln und verschiedenen Eingriffswinkeln können also niemals auf ihren Teilkreisen abwälzen.

Unter der Annahme eines kleinen Winkelunterschiedes geht die Gleichung

$$m' = m \cdot \cos\alpha'_0 / \cos\alpha_0$$

über in

$$m' = m + \delta\,m = \frac{m \cdot (\cos\alpha_0 - \delta\,\alpha_0 \cdot \sin\alpha_0)}{\cos\alpha_0},$$

somit

$$\delta m = -m \cdot \delta\alpha_0 \cdot \operatorname{tg}\alpha_0 = -0{,}364 \cdot m \cdot \delta\alpha_0$$
$$= -0{,}106 \cdot m \cdot \delta\alpha_0 \ \mu \qquad (m \text{ in mm}, \ \delta\alpha_0 \text{ in min}).$$

Eine Änderung des Eingriffswinkels um 1 min ist also gleichbedeutend mit einer Änderung von m und damit auch von $\hat{t}_0$ um 0,1‰ (d. h. der Fehler in μ ist $^1/_{10}$ des Moduls in mm).

Zwei auf den Wälzkreisen mit den Halbmessern r' und r'' abwälzende Räder mit gleichen Moduln m und den Eingriffswinkeln α_0 kann man auch auffassen als zwei Zahnräder mit dem Eingriffswinkel α_w, den Teilkreisdurchmessern $d_0' = d_g'/\cos\alpha_w$, $d_0'' = d_g''/\cos\alpha_w$ und dem Modul

$$m' = \frac{d_g'}{z' \cdot \cos\alpha_w} = \frac{d_g''}{z'' \cdot \cos\alpha_w} = \frac{m \cdot \cos\alpha_0}{\cos\alpha_w}.$$

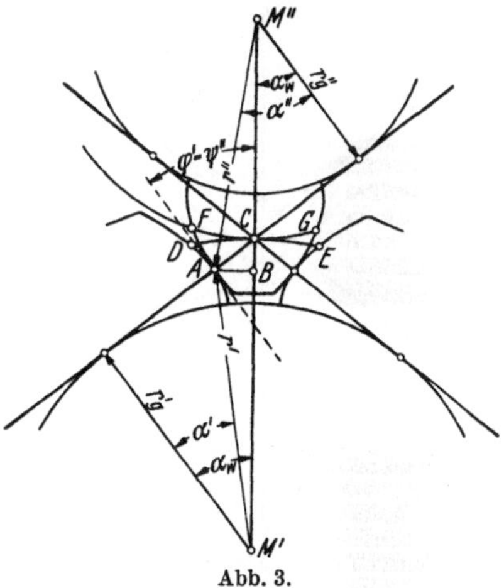

Abb. 3.

Eine Veränderung des Achsabstandes (wie sie z. B. durch Schlag periodisch auftritt) bedeutet also nur eine Änderung des Eingriffswinkels sowie des Moduls (und damit auch der Kreisteilung, nicht dagegen der Grundkreis- oder Eingriffsteilung).

Beim Abwälzen auf den Teilkreisen liegt bei spielfreien Rädern von gleichen m und α_0, bei denen $\beta_0 = \gamma_0$ (also auf dem Teilkreise die Zahndicke gleich der Lückenweite) ist, ein Zahn des einen Rades an beiden Flanken der Lücke des anderen an. Zum Beweis sei angenommen, daß die beiden Räder diese Anlage beim Abwälzen auf den Wälzkreisen r' und r'' (Abb. 3) haben.

Aus den Dreiecken ABM' und ABM'' folgt

$$r' \cdot \sin(\alpha_w - \alpha') = r'' \cdot \sin(\alpha'' - \alpha_w)$$

oder

$$\frac{r_g' \cdot \sin(\alpha_w - \alpha')}{\cos\alpha'} = \frac{r_g'' \sin(\alpha'' - \alpha_w)}{\cos\alpha''}$$

und nach Gl. (d)

$$z' \cdot (\sin\alpha_w - \cos\alpha_w \cdot \operatorname{tg}\alpha') = z''(\cos\alpha_w \cdot \operatorname{tg}\alpha'' - \sin\alpha_w),$$
$$\cos\alpha_w \cdot (z' \cdot \operatorname{tg}\alpha' + z'' \cdot \operatorname{tg}\alpha'') = (z' + z'')\sin\alpha_w,$$
$$z' \cdot \operatorname{tg}\alpha' + z'' \cdot \operatorname{tg}\alpha'' = (z' + z'') \cdot \operatorname{tg}\alpha_w.$$

Für spielfreie Räder ist nach Gl. (6a) und (6b)

$$\operatorname{tg}\alpha' = \varphi' + \operatorname{Ev}\alpha_0 - \frac{\pi}{2z'},$$
$$\operatorname{tg}\alpha'' = \psi'' + \operatorname{Ev}\alpha_0 + \frac{\pi}{2z''}.$$

Da

$$\varphi' = \psi'' = \alpha_w,$$

so

$$z' \cdot (\alpha_w + \mathrm{Ev}\,\alpha_0) + z'' \cdot (\alpha_w + \mathrm{Ev}\,\alpha_0) = (z' + z'')\,\mathrm{tg}\,\alpha_w.$$

Diese Gleichung wird nur erfüllt für $\alpha_w = \alpha_0$, d. h. wenn die Räder auf ihren Teilkreisen abwälzen.

Da AC für beide Räder begriffsmäßig einer Eingriffsteilung entspricht, so ist $\widehat{CD} = \widehat{CF}$ und auch $\widehat{DE} = \widehat{FG}$. Für den Fall also, daß beim Abwälzen ein Zahn des einen Rades an beiden Flanken der Lücke des anderen anliegt, ist — als Bögen auf den beiden Wälzkreisen gemessen — die Zahndicke bei dem einen Rad gleich der Lückenweite bei dem anderen. Daraus folgt ein zweiter Beweis[1]:

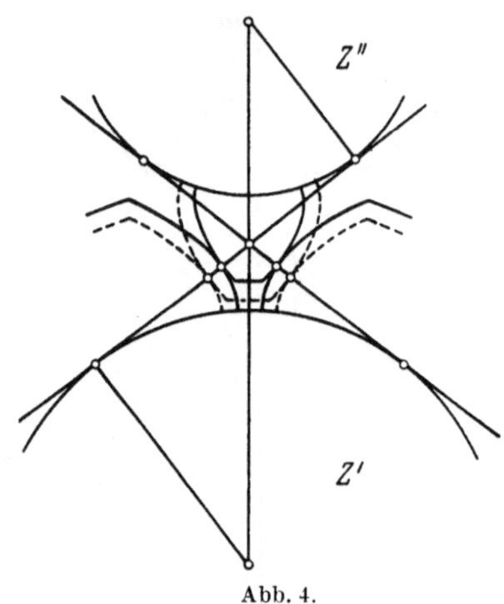

Abb. 4.

Es seien — in Abb. 4 ausgezogene Linien — zwei spielfreie Räder so weit ineinander geschoben, daß jener Berührungsfall eingetreten ist. Man denke sich nun den Zahn dicker, die Lücke dünner werden, bis für das Rad Z' seine Zahndicke $\widehat{s'}$ gleich seiner Lückenweite $\widehat{l'}$ geworden ist und somit der Wälzkreis mit seinem Teilkreis zusammenfällt. Da nun nach obigen immer $\widehat{s'} = \widehat{l''}$ und ferner $\widehat{t'} = \widehat{t''}$ ist, so ist auch $\widehat{l''} = \widehat{s''}$ und somit dieser Wälzkreis zugleich auch der Teilkreis des Rades Z''.

Bestimmend für ein Zahnrad in bezug auf seine Verzahnung ist nach den vorstehenden Ausführungen anscheinend nur die Grundkreisteilung t_g bzw. die Eingriffsteilung t_e [s. Gl. (f)]. Da nun aber der Eingriffswinkel α_0 durch die Norm festgelegt ist, so kann an Stelle von t_e auch die Teilkreisteilung t_0 oder besser die Durchmesserteilung (Modul) m treten. Dies hat den Vorteil, daß bei Angabe des Teilkreisdurchmessers als ganze Zahl oder echter Bruch dasselbe auch für den Modul m gilt, während t_0 und t_e irrational werden.

Zu der Angabe von m und dem (genormten) α_0 muß noch die der Zähnezahl z hinzukommen (die als ganze Zahl stets fehlerfrei), da der Raddurchmesser erst durch $d_0 = m \cdot z$ gegeben ist.

Durch die Wahl von 2 der 3 Größen: d_0, d_g, α_0; bzw. t_0 (oder m), t_e und α_0 ist nach Gl. (7a) bzw. (8a) auch die dritte bestimmt.

[1] Angegeben von Dipl.-Ing. Harz.

Nun ist an einem Zahnrade leichter ein Kreis mit dem durch den Modul m vorgeschriebenen Durchmesser d_0 festzulegen als die Stelle der Flanke, für welche der Eingriffswinkel α_0 die genormte Größe hat. Ferner weist eine Zahnstange stets nur ein gånz bestimmtes α_0 auf. Deshalb kann man nur den Eingriffswinkel als unabhängige Größe wählen und sind die durch d_0 und die (fehlerfreie) Zähnezahl z berechneten Größen $m = d_0/z$ oder auch $t_0 = d_0 \cdot \pi/z$ mm bzw. $t_0 = 360/z$ Grad (als gewissermaßen Definitionsgrößen) stets fehlerfrei, und kann ihre meßtechnische Bestimmung nie in Frage kommen. Somit ist durch die Angabe von m und α_0 an Stelle von t_e doch nur eine durch Messung zu bestimmende Größe (α_0) getreten.

Zu diesen muß noch eine Angabe über die Zahndicke bzw. Lückenweite hinzukommen, damit die Zähne die nötige Festigkeit haben, und vor allem, damit bei Umkehrung des Umlaufsinns bzw. beim Pendeln unzulässig große Stöße vermieden werden. Auf ihren Teilkreisen abwälzende Räder arbeiten nach obigem stoßfrei, wenn

$$\hat{s}_0 = \hat{l}_0 = (\tfrac{1}{2}\hat{t}_0)$$

ist.

Um indessen Klemmen durch im Betriebe eintretende Ausdehnungen (infolge Temperaturerhöhung) oder durch Verringerung des Achsabstandes (z. B. infolge Schlag) zu vermeiden, muß man die Zahndicke kleiner, im Teilkreis gleich $\frac{1}{2}\hat{t}_0 - \widehat{p}_0$ und damit die Lückenweite mit $\frac{1}{2}\hat{t}_0 + \widehat{p}_0$ größer halten. An Stelle von $\widehat{p}_0$ können auch p_e oder ε angegeben werden.

Beim nichtidealen Zahnrade gilt die Fehlerfreiheit von $\hat{t}_0$ aber nur für seinen Durchschnittswert in mm oder Grad, nicht dagegen für die Gleichförmigkeit der Teilkreisteilung. Nach Gl. (8) kann aus einer örtlichen vorhandenen Eingriffsteilung t_e auf die an derselben Stelle vorhandene Kreisteilung $\hat{t}$ (also auch auf die Teilkreisteilung $\hat{t}_0$) nur geschlossen werden, wenn der betreffende Pressungswinkel α (für $\hat{t}_0$ der Eingriffswinkel α_0) bekannt ist.

Die Fehler δt_e und $\delta\alpha$ bewirken die Fehler (für $\alpha = \alpha_0$):

$$\delta \hat{t}_{(t_e)} = \frac{\delta t_e}{\cos\alpha} = 1{,}06 \cdot \delta t_e$$

und

$$\delta \hat{t}_{(\alpha)} = \frac{t_e \cdot \sin\alpha}{\cos^2\alpha} \cdot \delta\alpha = \hat{t} \cdot \operatorname{tg}\alpha \cdot \delta\alpha = 0{,}364 \cdot \hat{t} \cdot \delta\alpha$$

$$= 0{,}106 \cdot \hat{t} \cdot \delta\alpha \ \mu \quad (\hat{t} \text{ in mm}, \ \delta\alpha \text{ in min}).$$

Ein Fehler von t_e geht also in $\hat{t}_0$ mit einem nur um 6% größeren, also praktisch dem gleichen Betrage ein, während ein Fehler von 1 min (am Eingriffswinkel), $\hat{t}_0$ um 0,1‰ (bei 10 mm Teilung also um rd. 1 μ) fälscht.

Für die Bestimmung der Verzahnung des (im früher angegebenen Sinne) idealen Zahnrades sind also bei der Bestellung festzulegen:

A. die Zähnezahl z (stets fehlerfrei);

B. die Durchmesserteilung (Modul m) (stets fehlerfrei);

C. der Eingriffswinkel α_0 [m und α_0 zusammen sind bestimmend für die Größe t_e und damit für die Erfüllung der Gl. (f)];

D. die Zahndicke (Lückenweite) im Teilkreis oder der Betrag $\widehat{p}_0$, um den sie — gegenüber dem (definitionsmäßigen) Werte $\frac{1}{2}\widehat{t}_0$ beim spielfreien Rade — kleiner (größer) gehalten werden soll.

An Stelle von $\widehat{p}_0$ wird besser angegeben das auf der Eingriffslinie gemessene Flankenabmaß

p_e, das für das Eingriffsspiel bestimmend ist, oder

ε, das für das Verdrehspiel bestimmend ist,

gelegentlich auch die Zahndicke $\widehat{s}_0$ oder s_0 [man könnte auch die Zahndicke (Lückenweite) $\widehat{s}_g$ oder s_g im Grundkreise nach Gl. (3b) bzw. (2b) vorschreiben].

Rechnet man bei $r_0 = 50$ mm mit $\widehat{p}_0 = 0{,}1$ mm ($p_e = 0{,}094$ mm $\approx 0{,}1$ mm), so wird $\varepsilon = 2 \cdot 10^{-3} \approx 7$ min und $\frac{1}{2}\varepsilon \approx 3{,}5$ min.

Da z durch Abzählen leicht zu bestimmen, m eine reine Definitionsgröße ist, so bleibt an einem (im obigen Sinne) idealen Zahnrade nur zu bestimmen

der Eingriffswinkel α_0

und eine der für das Flankenspiel maßgebenden Größen p_e, ε oder $\widehat{p}_0$.

C. Messung des Eingriffswinkels α_0.

An einem Zahnrade ist der Eingriffswinkel α_0 nicht ohne weiteres zu messen, sondern muß aus anderen Größen ermittelt werden.

1. Einfluß des Schlags.

Selbst bei sonst richtiger Messung ermittelt man bei einem schlagenden Rade den Eingriffswinkel α_0 nicht am Teilkreishalbmesser, d. h. in der Entfernung r_0, sondern in der Entfernung $r = r_0 + \delta r$ vom geometrischen Mittelpunkt des Teilkreises aus (wobei δr durch den Schlag verursacht ist) und mißt somit einen Winkel $\alpha = \alpha_0 + \delta\alpha$, der nach Gl. (7) gegeben ist durch

$$\cos\alpha = \frac{r_0 \cdot \cos\alpha_0}{r} = \frac{r_0 \cdot \cos\alpha_0}{r_0 + \delta r};$$

$$\cos\alpha_0 - \delta\alpha \cdot \sin\alpha_0 = \left(1 - \frac{\delta r}{r_0}\right) \cdot \cos\alpha_0,$$

$$\delta\alpha = \frac{\delta r}{r_0} \cdot \operatorname{ctg}\alpha_0$$

$$= \frac{5{,}495 \cdot \delta r}{m \cdot z} \text{ in Bogenmaß}$$

$$= \frac{18{,}89 \cdot \delta r}{m \cdot z} \text{ min } (\delta r \text{ in } \mu).$$

Für $\delta r = 10\,\mu$ wird

$$\delta\alpha = \frac{189}{m \cdot z}\ \text{min}$$

und für

$m \cdot z =$ 5	10	20	50	100	200	500	1000	∞
$\delta\alpha =$ 38	19	9,5	3,8	1,9	0,9	0,4	0,2	0,0 min.

Der Winkel α ist derjenige, der für den praktischen Gebrauch des Zahnrades in Betracht kommt; denn bei richtiger und gleichmäßiger Eingriffsteilung muß sich, um den Einfluß des Schlags aufzuheben, der sich nach Abschnitt E 2 wie eine periodische Änderung der Kreisteilung auswirkt, diese umgekehrt wie $\cos\alpha$ ändern [s. Gl. (g)]. Jener wirksame Eingriffswinkel unterscheidet sich von dem am Teilkreis des schlagfreien Rades tatsächlich vorhandenen um den vorher berechneten Betrag.

Dieser interessiert in erster Linie den Hersteller, während es dem Gebraucher im wesentlichen auf die Güte des Zahnrades, d. h. die Gleichförmigkeit der Übertragung ankommt und es ihm (bis zum gewissen Grade) gleichgültig ist, ob der schlechte Lauf durch Schlag, Fehler von α_0 oder andere Fehler verursacht ist.

2. Bestimmung von α_0 aus den Hüllwinkeln.

Man legt in dem Schnittpunkt eines Kreises vom Halbmesser r mit den Zähnen die Tangenten an die Flanken und ermittelt so die Winkel $2 \cdot \varphi$ oder $2 \cdot \psi$. Nach Gl. (6a), (6b) und (7) ist dann

$$\begin{aligned} \operatorname{Ev}\alpha_0 &= \operatorname{tg}\alpha - \varphi + \left(\frac{\pi}{2z} + \frac{\varepsilon}{2}\right) \\ &= \operatorname{tg}\alpha - \psi - \left(\frac{\pi}{2z} - \frac{\varepsilon}{2}\right), \end{aligned}$$

$$\cos\alpha = \frac{r_0 \cos\alpha_0}{r},$$

somit

$$\text{(a)} \qquad \left\{ \begin{aligned} \operatorname{Ev}\alpha_0 &= \sqrt{\frac{d^2}{d_0^2\cos^2\alpha_0} - 1} - \varphi + \left(\frac{\pi}{2z} + \frac{\varepsilon}{2}\right) \\ &= \sqrt{\frac{d^2}{d_0^2\cos^2\alpha_0} - 1} - \psi - \left(\frac{\pi}{2z} - \frac{\varepsilon}{2}\right). \end{aligned} \right.$$

Die Gleichung ist nicht allgemein nach α_0 lösbar; möglich ist dies nur, wenn man die Tangenten im Teilkreise an die Zahnflanken anlegt. Nach Gl. (4a) und (5a) wird dann

$$\text{(b)} \qquad \left\{ \begin{aligned} \alpha_0 &= \varphi_0 - \left(\frac{\pi}{2z} + \frac{\varepsilon}{2}\right) \\ &= \psi_0 + \left(\frac{\pi}{2z} - \frac{\varepsilon}{2}\right). \end{aligned} \right.$$

Die Fehler $\delta\varphi_0$ bzw. $\delta\psi_0$ und $\delta\frac{\varepsilon}{2}$ von φ_0 bzw. ψ_0 und $\frac{\varepsilon}{2}$ gehen mit ihrem vollen Betrage in α_0 ein. Nun läßt sich ε nach Abschnitt D durch

Winkelmessung mit sehr großer Genauigkeit (etwa 10 sec) bestimmen, so daß sein Fehler gegenüber dem von φ_0 bzw. ψ_0 vernachlässigt werden kann. Dieser rührt — außer von reinen Beobachtungsfehlern — überwiegend davon her, daß es nicht möglich ist, die Tangenten genau im Teilkreisschnittpunkt mit den Flanken zur Anlage zu bringen. Erfolgt dies in dem Schnittpunkt eines Kreises vom Halbmesser $r = r_0 + \delta r$ mit den Flanken, so ermittelt man an Stelle von φ_0 den Winkel $\varphi = \varphi_0 + \delta\varphi_0$. Die Größe δr sei im Vergleich zu r_0 so klein, daß ihre zweiten und höheren Potenzen unberücksichtigt bleiben können.

Aus Gl. (4) und (4a) folgt

$$\delta\varphi = \varphi - \varphi_0 = \operatorname{tg}\alpha - \operatorname{tg}\alpha_0$$

und unter Berücksichtigung von Gl. (7) und (7a)

$$\begin{aligned}\delta\varphi &= \frac{1}{r_g}\cdot\left(\sqrt{r^2 - r_g^2} - \sqrt{r_0^2 - r_g^2}\right)\\ &\approx \frac{1}{r_g}\cdot\left(\sqrt{r_0^2 - r_g^2 + 2\,r_0\cdot\delta r} - \sqrt{r_0^2 - r_g^2}\right)\\ &\approx \frac{1}{r_g}\cdot\left(\sqrt{r_0^2\cdot\sin^2\alpha_0 + 2\,r_0\,\delta r} - r_0\sin\alpha_0\right)\\ &\approx \sqrt{\operatorname{tg}^2\alpha_0 + \frac{2\cdot\delta r}{r_0\cdot\cos^2\alpha_0}} - \operatorname{tg}\alpha_0\\ &\approx \sqrt{\operatorname{tg}^2\alpha_0 + \frac{4\cdot\delta r}{m\cdot z\cdot\cos^2\alpha_0}} - \operatorname{tg}\alpha_0\,.\end{aligned}$$

Bei großem $m\cdot z$ (aber nur bei diesem) wird

$$\delta\varphi \approx \frac{4\cdot\delta r}{m\cdot z\cdot\sin 2\,\alpha_0}\,.$$

Mit $\delta r = 0{,}5$ mm (demgegenüber der Einfluß des Schlages stets vernachlässigt werden kann) wird

$$\delta\varphi \approx \sqrt{0{,}1325 + \frac{2{,}265}{m\cdot z}} - 0{,}3640$$

und somit für

$m\cdot z =$	5	10	20	50	100	200	500	1000	∞
$\delta\varphi = \delta\alpha_0 =$	23° 8′	13° 34′	7° 36′	3° 20′	1° 44′	53′	21′	11′	0′.

Diese Fehler sind selbst bei großen Zahnrädern mit hohen Zähnezahlen und Moduln nicht tragbar, um so weniger, als zu diesen noch die reinen Beobachtungsfehler (von φ) und die (den ersteren gegenüber allerdings zu vernachlässigenden) von ε hinzukommen. Dieses Verfahren ist also praktisch nicht brauchbar, zumal dazu auch noch die Größe ε bekannt sein müßte. Im übrigen liefert es den (durch den Schlag beeinflußten) wirksamen Eingriffswinkel.

Das gilt wohl (abgesehen von sehr großen Rädern mit hohen Zähnezahlen und Moduln) auch noch, wenn es gelingt, den Fehler δr wesentlich, etwa auf 25 μ, herabzusetzen. Möglich ist dies vielleicht auf folgende Weise: an dem Prüfling wird der Mittelpunkt durch einen in seine Bohrung gesetzen Zapfen mit einer kleinen sehr feinen konzentrischen Kreismarke gekennzeichnet. Auf einem Koordinatenmeßgerät wird der Prüfling von dem Mittelpunkt aus um r_0 verschoben, nacheinander der Faden eines Goniometerokulars an zwei Zahn- oder Lückenflanken in dem derart eingestellten Abstande tangierend zur Anlage gebracht und so der Hüllwinkel φ oder ψ ermittelt.

Mit $\delta r = 25\,\mu$ ergibt sich für

$m \cdot z =$	5	10	20	50	100	200	500	1000	∞
$\delta\varphi = \delta\alpha_0 =$	1° 41′	52,4′	26,5′	10,7′	5,5′	2,6′	1,3′	0,8′	0,0′.

Zu diesem allein von δr herrührenden Fehler treten wieder noch die reinen Beobachtungsfehler von φ und ε hinzu, und muß letzteres gleichfalls bekannt sein. Außerdem ist das ganze Verfahren sehr umständlich und kommt höchstens ganz gelegentlich für das Meßlaboratorium, nicht aber für den Betrieb, in Frage.

a) Größe des Hüllwinkels im Teilkreis.

Die Hüllwinkel im Teilkreis sind nach Gl. (4a) und (5a) unabhängig von m und nur durch z bestimmt. Für spielfreie Räder haben sie folgende Werte:

$z =$	10	20	50	100	200	500	1000	∞
$\varphi_0 =$	29° 0′	24° 30′	21° 48′	20° 54′	20° 27′	20° 11′	20° 5,4′	20° 0′
$\psi_0 =$	11° 0′	15° 30′	18° 12′	19° 6′	19° 33′	19° 49′	19° 54,6′	20° 0′.

Bei Rädern mit verringerter Zahndicke kommen zu φ_0 und ψ_0 noch die Beträge von $\varepsilon/2$ hinzu.

b) Verlauf des Hüllwinkels längs der Zahnflanke.

Beim spielfreien Rad folgt der Verlauf des Hüllwinkels längs der Zahnflanke aus der Gl. (a) zu

$$\varphi = \sqrt{\frac{r^2}{r_0^2 \cos^2 \alpha_0} - 1} - \operatorname{Ev} \alpha_0 + \frac{\pi}{2z}.$$

Über die Zahnhöhe ändert sich r von $r_0 - k \cdot m$ bis $r_0 + k \cdot m$, wo k ein Faktor, der im allgemeinen $\leqq 1$ bzw. von $m \cdot (\frac{1}{2} z - k)$ bis $m \cdot (\frac{1}{2} z + k)$, so daß die Extremwerte von φ werden:

$$\varphi = \sqrt{\frac{(\frac{1}{2} z \mp k)^2}{\frac{1}{4} z^2 \cdot \cos^2 \alpha_0} - 1} - \operatorname{Ev} \alpha_0 + \frac{\pi}{2z},$$

$$\varphi = \frac{1}{\cos \alpha_0} \sqrt{\frac{z^2 \sin^2 \alpha_0 \mp 4k \cdot z + 4k^2}{z^2}} - \operatorname{Ev} \alpha_0 + \frac{\pi}{2z}$$

$$= 1{,}0642 \cdot \sqrt{0{,}1170 \mp \frac{4k}{z} + \frac{4k^2}{z^2}} - 0{,}0149 + \frac{1{,}5708}{z}.$$

ψ folgt nach Gl. (5) aus: $\psi = \varphi - \frac{180}{z}$.

Für $k = 1$ wird bei

	$z =$	10	20	50	100	200	500	1000	∞
Zahnfuß	$\varphi =$	—	—	13° 6′	17° 1′	18° 36′	19° 27′	19° 44′	20° 0′
	$\psi =$	—	—	9° 30′	15° 13′	17° 42′	19° 6′	19° 33′	20° 0′
Zahnkopf	$\varphi =$	53° 39′	38° 31′	28° 7′	24° 14′	22° 10′	20° 53′	20° 57′	20° 0′
	$\psi =$	35° 39′	29° 31′	24° 31′	22° 26′	21° 16′	20° 31′	20° 16′	20° 0′

Die Hüllwinkel hängen nur von z, dagegen nicht von m ab. Bei Rädern mit verringerter Zahndicke kommen zu φ und ψ noch die Beträge von $\varepsilon/2$ hinzu. Für $z = 10$ und 20 ist $r_0 - m < r_g$.

c) Grenzahl z, für die der Fußkreis $r_0 - m$ möglich ist.

Diese Grenzzahl bestimmt sich für $k = 1$ aus der Bedingung, daß die in der Gleichung für φ auftretende Wurzel nicht imaginär werden darf.

$$z^2 - \frac{4z}{\sin^2\alpha_0} + \frac{4}{\sin^2\alpha_0} = 0,$$

$$z = \frac{2}{\sin^2\alpha_0} \pm \sqrt{\frac{4}{\sin^4\alpha_0} - \frac{4}{\sin^2\alpha_0}},$$

$$z = \frac{2}{\sin^2\alpha_0}\cdot\left(1 \pm \cos\alpha_0\right) = \frac{2}{1 \mp \cos\alpha_0} = 17{,}1\cdot\left\{\begin{matrix}1{,}94\\0{,}06\end{matrix}\right. = \left\{\begin{matrix}33{,}2\\1{,}03\,.\end{matrix}\right.$$

Von diesen hat der Wert $z \approx 1$ naturgemäß keine praktische Bedeutung. Mit $z = 34$ (z muß ja eine ganze Zahl sein), werden die Hüllwinkel am Fuß:

$$\varphi = 5^\circ 6', \; \psi = -12'.$$

Eine andere Ableitung[1] folgt aus Abb. 5. Es ist

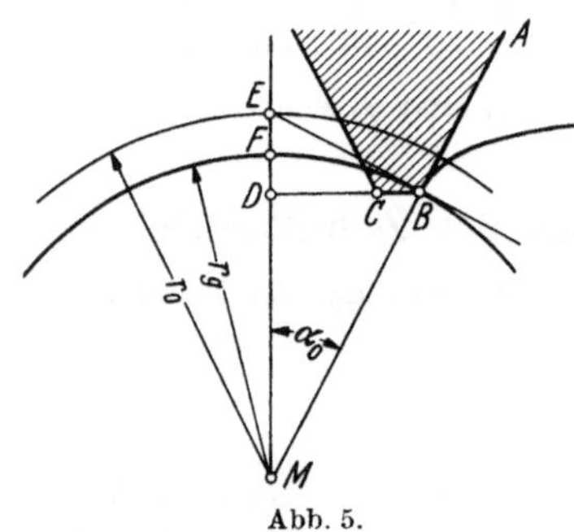

Abb. 5.

$$MF = MB = ME\cdot\cos\alpha_0$$

oder, da $EF = k\cdot m$, weil der Grundkreis vom Teilkreis um $k\cdot m$ abstehen soll,

$$r_0 - k\cdot m = r_0\cdot\cos\alpha_0,$$

$$k\cdot m = r_0\cdot(1-\cos\alpha_0)$$

$$= \tfrac{1}{2}\,m\cdot z\cdot(1-\cos\alpha_0),$$

$$z = \frac{2k}{1-\cos\alpha_0}$$

und für $k = 1$

$$z = \frac{2}{1-\cos\alpha_0},$$

wie vorher.

Der Gegensatz von $z = 34$ zu den sonstigen Angaben über die Grenzzähnezahl rührt daher, daß hier der Kreis mit dem Halbmesser $r_0 - m$ den kleinsten Kreis, somit der Grundkreis zugleich den Fußkreis darstellen soll. Legt man aber den Fußkreis unter den Grundkreis ($r_0 - m < r_g$), so folgt die Grenzzahl aus der Bedingung, daß ein am Grundkreis (auf dem die Evolvente senkrecht steht) mit seinem Kopf anliegender Zahn der Zahnstange die Stellung ABC (Abb. 5) einnimmt. Diese Höhenlage behält er auch beim Weiterdrehen des Zahnrades und der damit erfolgenden Verschiebung der Zahnstange bei. Damit ergibt sich der Halbmesser MD des unter diesen Umständen größtzulässigen Fußkreises durch Fällen der Senkrechten von M auf BC. Es ist also jetzt $DE = k\cdot m$ und folglich

$$MD = r_0 - k\cdot m = r_g\cdot\cos\alpha_0 = r_0\cdot\cos^2\alpha_0,$$

$$k\cdot m = r_0\cdot\sin^2\alpha_0 = \tfrac{1}{2}\,m\cdot z\cdot\sin^2\alpha_0,$$

$$z = \frac{2\cdot k}{\sin^2\alpha_0}.$$

Für $k = 1$ wird

$$z = 17{,}1.$$

[1] Angegeben von Dipl.-Ing. Harz.

Die Grenzzähnezahl ist unabhängig von der Zahndicke (und damit vom Flankenspiel), da die Größe ε unter der Quadratwurzel der Gl. (a) nicht auftritt.

3. Bestimmung von α_0 aus der Anlage eines Zahns oder Kegels.

Man führt in eine Lücke des Zahnrades (über den Zahn) einen Kegel oder den Zahn (bzw. die Lücke) einer Zahnstange vom Pressungswinkel χ ein und bestimmt den Abstand r ihrer Anlagepunkte an die Flanken von der Achse (vom Zahnkopf oder -fuß aus nur zulässig, wenn diese zur Achse laufen).

Da der Winkel χ gleich dem Hüllwinkel ist, so folgt aus Gl. (a) des Abschnittes C 2

$$\text{(c)} \qquad \operatorname{Ev}\alpha_0 = \sqrt{\frac{d^2}{d_0^2\cos^2\alpha_0} - 1} - \chi + \left(\frac{\pi}{2z} + \frac{\varepsilon}{2}\right).$$

Wie früher ist diese Gleichung nicht allgemein nach α_0 lösbar. Es sei deshalb angenommen, daß sich χ von dem Eingriffswinkel α_0 nur um den kleinen Betrag δ unterscheide, so daß die zweiten und höheren Potenzen von δ vernachlässigt werden können, also

$$\text{(d)} \qquad \alpha_0 = \chi + \delta.$$

Dann ist nach Gl. (6a)

$$\begin{aligned} \operatorname{tg}\alpha &= \chi + \operatorname{tg}(\chi + \delta) - (\chi + \delta) - \left(\frac{\pi}{2z} + \frac{\varepsilon}{2}\right) \\ &\approx \frac{\operatorname{tg}\chi + \delta}{1 - \delta\operatorname{tg}\chi} - \delta - \left(\frac{\pi}{2z} + \frac{\varepsilon}{2}\right) \\ &\approx (\operatorname{tg}\chi + \delta)\cdot(1 + \delta\cdot\operatorname{tg}\chi) - \delta - \left(\frac{\pi}{2z} + \frac{\varepsilon}{2}\right) \\ &\approx \delta\cdot\operatorname{tg}^2\chi + \operatorname{tg}\chi - \left(\frac{\pi}{2z} + \frac{\varepsilon}{2}\right). \end{aligned}$$

Nach Gl. (7) ist

$$\cos\alpha = \frac{m\cdot z\cdot\cos(\chi + \delta)}{2\cdot r} = \frac{m\cdot z\,(\cos\chi - \delta\cdot\sin\chi)}{2r},$$

somit

$$\sqrt{\frac{4r^2}{m^2\cdot z^2\cdot(\cos\chi - \delta\cdot\sin\chi)^2} - 1} = \delta\cdot\operatorname{tg}^2\chi - \left(\frac{\pi}{2z} + \frac{\varepsilon}{2} - \operatorname{tg}\chi\right),$$

$$\frac{4r^2}{m^2\cdot z^2\cdot(\cos\chi - \delta\sin\chi)^2} - 1 = \left(\frac{\pi}{2z} + \frac{\varepsilon}{2} - \operatorname{tg}\chi\right)^2 - 2\left(\frac{\pi}{2z} + \frac{\varepsilon}{2} - \operatorname{tg}\chi\right)\cdot\delta\cdot\operatorname{tg}^2\chi,$$

$$\frac{4r^2(1 + 2\delta\cdot\operatorname{tg}\chi)}{m^2\cdot z^2\cdot\cos^2\chi} - 1 = \left(\frac{\pi}{2z} + \frac{\varepsilon}{2} - \operatorname{tg}\chi\right)^2 - 2\left(\frac{\pi}{2z} + \frac{\varepsilon}{2} - \operatorname{tg}\chi\right)\cdot\delta\cdot\operatorname{tg}^2\chi,$$

$$\delta = \frac{m^2\cdot z^2\cdot\cos^2\chi\left[\left(\frac{\pi}{2z} + \frac{\varepsilon}{2} - \operatorname{tg}\chi\right)^2 + 1\right] - 4r^2}{2m^2\cdot z^2\cdot\sin^2\chi\left(\frac{\pi}{2z} + \frac{\varepsilon}{2} - \operatorname{tg}\chi\right) + 8r^2\cdot\operatorname{tg}\chi}.$$

α_0 folgt dann aus Gl. (d).

Die Ungenauigkeit, mit der α_0 zu ermitteln ist, hängt von den Fehlern $\delta\chi$ und δr von χ und r ab (denen gegenüber der Einfluß des Fehlers $\delta\varepsilon$ zu vernachlässigen ist). Aus Gl. (c) folgt

$$\delta\chi = \left(\frac{d^2 \cdot \sin\alpha_0}{d_0^2 \cdot \cos^3\alpha_0 \sqrt{\frac{d^2}{d_0^2 \cdot \cos^2\alpha_0} - 1}} - \operatorname{tg}^2\alpha_0\right) \cdot \delta\alpha_{0(\chi)}.$$

Setzt man für eine Überschlagsrechnung $d \approx d_0$, so wird

$$\delta\alpha_{0(\chi)} \approx \delta\chi.$$

Ein Meßfehler von χ geht also mit angenähert dem gleichen Betrage in α_0 ein.

Aus Gl. (6a) und (7) folgt

$$\text{(e)} \quad \begin{cases} r = r_0 \cdot \cos\alpha_0 \cdot \sqrt{1 + A^2}, \\ \text{wo} \\ A = \operatorname{tg}\alpha = \chi + \operatorname{Ev}\alpha_0 - \left(\frac{\pi}{2z} + \frac{\varepsilon}{2}\right). \end{cases}$$

$$\delta r = -r_0 \sin\alpha_0 \sqrt{1 + A^2} \cdot \delta\alpha_{0(r)} + \frac{r_0 \cdot \cos\alpha_0 \cdot A \cdot \operatorname{tg}^2\alpha_0}{\sqrt{1 + A^2}} \cdot \delta\alpha_{0(r)},$$

$$\delta\alpha_{0(r)} = \frac{\sqrt{1 + A^2}}{r_0 \cdot \sin\alpha_0 \left[A \cdot \operatorname{tg}\alpha_0 - (1 + A^2)\right]} \cdot \delta r.$$

Beim spielfreien Rad kann man in erster Annäherung setzen:

$$A = \operatorname{tg}\alpha_0 - \frac{\pi}{2z},$$

somit

$$\delta\alpha_{0(r)} = \frac{2\sqrt{1 + \left(\operatorname{tg}\alpha_0 - \frac{\pi}{2z}\right)^2}}{m \cdot z \cdot \sin\alpha_0 \left(\frac{\pi}{2z} \cdot \operatorname{tg}\alpha_0 - \frac{\pi^2}{4z^2} - 1\right)} \cdot \delta r$$

$$= -\frac{\delta r}{m \cdot z} \cdot \begin{cases} 6{,}172 & \text{für } z = 10 \\ 6{,}220 & \text{für } z = \infty \end{cases}$$

$$\approx -\frac{6{,}2}{m \cdot z} \cdot \delta r$$

und mit $\delta r = 0{,}5$ mm (dem gegenüber der Einfluß des Schlages zu vernachlässigen ist)

$$\delta\alpha_{0(r)} \approx -\frac{3{,}1}{m \cdot z} \approx -\frac{1{,}07 \cdot 10^4}{m \cdot z} \text{ min.}$$

Damit ergibt sich für

$m \cdot z =$	5	10	20	50	100	200	500	1000	∞
$\delta\alpha_{0(r)} =$	35° 40′	17° 50′	8° 55′	3° 34′	1° 47′	54′	21′	11′	0′.

Diese Fehler (denen gegenüber der Einfluß der Fehler von χ und erst recht der von ε verschwindet) sind also noch größer als bei dem in Abschnitt C 2 angegebenen Verfahren. Beide sind somit zur Bestimmung des Eingriffswinkels unbrauchbar, zumal sie auch noch die Kenntnis von ε voraussetzen. Sonst würde auch dieses Verfahren den wirksamen Eingriffswinkel liefern.

a) Anlagepunkt von Kegel, Zahn oder Kimme.

Im Anschluß hieran sei untersucht, in welchem Abstand von der Achse ein Kegel, Zahnstangezahn oder -lücke vom Pressungswinkel χ die Zahnflanken berührt. Für das spielfreie Rad ist nach Gl. (6a), (6b) und (7)

$$\operatorname{tg}\alpha = \chi + \operatorname{Ev}\alpha_0 \mp \frac{\pi}{2z},$$

$$r = \frac{r_0 \cdot \cos\alpha_0}{\cos\alpha} = r_0 \cdot \cos\alpha_0 \cdot \sqrt{1 + \left(\chi + \operatorname{Ev}\alpha_0 \mp \frac{\pi}{2z}\right)^2}. \tag{f}$$

Für den Sonderfall, daß die Anlagestücke den Eingriffswinkel ($\chi = \alpha_0$) haben, wird

$$r = r_0 \sqrt{\cos^2\alpha_0 + \left(\sin\alpha_0 \mp \frac{\pi}{2z} \cdot \cos\alpha_0\right)^2}$$

$$= r_0 \sqrt{1 \mp \frac{\pi}{2z} \cdot \sin 2\alpha_0 + \frac{\pi^2}{4z^2} \cdot \cos^2\alpha_0}$$

$$= r_0 \sqrt{1 \mp \frac{1,01}{z} + \frac{2,18}{z^2}}.$$

	$z =$	10	20	50	100	200	500	1000	∞
$\frac{r}{r_0}$	für Zahn	0,960	0,977	0,990	0,995	$0,997_5$	0,999	$0,999_5$	1,000
	für Kimme	1,060	1,028	1,010	1,005	$1,002_6$	1,001	$1,000_5$	1,000.

Es seien in Abb. 6 a, b, c und d, e, f ein Zahn bzw. Lücke einer Zahnstange, FG ihre halbe Teilung. Zieht man durch ihre Mitte E die Eingriffslinien, so folgt aus der Kongruenz der Dreiecke ECF und EAF, daß $v_1 = v_2$, daß also die Anlagepunkte von Zahn und Lücke symmetrisch zu EF liegen.

Da ferner $AB = CD$, so

$$r_1 \cdot \sin\beta/2 = r_2 \cdot \sin\gamma/2;$$

nach Gl. (7)

$$\frac{\sin\beta/2}{\sin\gamma/2} = \frac{\cos\alpha_1}{\cos\alpha_2}$$

und nach Gl. (6a) und (6b)

$$\operatorname{tg}\alpha_2 - \operatorname{tg}\alpha_1 = \pi/z.$$

Aus diesen Gleichungen lassen sich die Pressungswinkel α_1 und α_2 berechnen, da r_1 und r_2 aus Gl. (f) folgen.

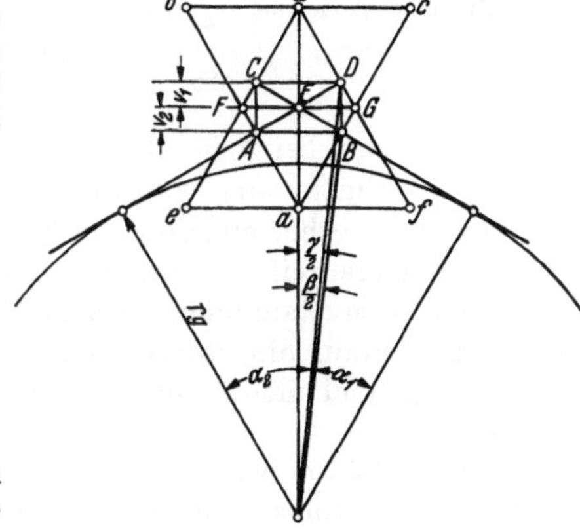

Abb. 6.

4. Bestimmung von α_0 aus dem Grundkreisdurchmesser d_g.

Da nach Gl. (7a)

$$\cos\alpha_0 = d_g/d_0,$$

so ist der Eingriffswinkel α_0 aus dem gegebenen (fehlerfreien) Teilkreisdurchmesser d_0 und dem am Prüfling bestimmten Grundkreisdurchmesser d_g zu berechnen.

Ein Verfahren zur Ermittlung von d_g wird im Abschnitt F 5 b β angegeben werden. Bei guten Rädern läßt sich r_g mit einer Ungenauigkeit von 5 bis 10 μ, somit d_g mit einer Ungenauigkeit von 10 bis 20 μ ermitteln. Die Ungenauigkeit $\delta\alpha_0$ von α_0 folgt zu

$$\delta\alpha_0 = -\frac{\delta d_g}{m \cdot z \cdot \sin\alpha_0} = -\frac{2{,}924 \cdot \delta d_g}{m \cdot z}$$

$$= -\frac{5{,}848 \cdot \delta r_g}{m \cdot z} = -\frac{20{,}1 \cdot \delta r_g}{m \cdot z} \text{ min } (\delta r_g \text{ in } \mu).$$

Mit $\delta r_g = 5\,\mu$ wird

$$\delta\alpha \approx \frac{100}{m \cdot z} \text{ min.}$$

$m \cdot z =$	5	10	20	50	100	200	500	1000	∞
$\delta\alpha_0 =$	20′	10′	5′	2′	1′	30″	12″	6″	0″.

Die (nach S. 9) für die Bestimmung von $\hat{t}_0$ erforderliche Genauigkeit von 1 min wird also von $m \cdot z = 100$ ab, und wenn r_g auf 3 μ ermittelt werden kann, von etwa $m \cdot z = 50$ ab erreicht. Dieses Verfahren ist also wesentlich genauer als die in Abschnitt C 2 und 3 betrachteten und wird bei größeren Rädern ohne weiteres angewendet werden können

Es gibt auch wieder den wirksamen Eingriffswinkel. Für den am schlagfreien Rade tatsächlich vorhandenen, muß man bedenken, daß, wenn durch den Schlag r_g um $\delta r_g'$ falsch ermittelt ist, noch ein Fehler

$$\delta\alpha_0' = -\frac{20{,}1 \cdot \delta r_g'}{m \cdot z} \text{ min}$$

hinzukommt, der bei $\delta r_g' = 10\,\mu$ doppelt so groß ist wie $\delta\alpha_0$ (das mit $\delta r_g = 5\,\mu$ berechnet war), so daß man dafür insgesamt mit etwa dem dreifachen der vorher angegebenen Zahlen rechnen muß. Zu vermeiden ist dieser Fehleranteil, wenn man r_g als Mittelwert aus mehreren gleichmäßig über den Radumfang verteilten Messungen bestimmt. Es sei aber wieder darauf hingewiesen, daß im allgemeinen nur die wirksame Größe von α_0 und nicht sein am schlagfreien Rade vorhandener Wert interessiert.

Dieses Verfahren weist ferner gegenüber den unter 2. und 3. betrachteten den großen Vorteil auf, daß die Ermittlung von α_0 nur an einer Flanke (aus der Bestimmung des zu ihrer Evolvente gehörigen Grundkreishalbmessers) erfolgt, während bei jenen beiden Messungen Anlage der Meßstücke an einer Rechts- und an einer Linksflanke erforderlich ist, die beide nicht denselben Eingriffswinkel zu haben brauchen.

5. Bestimmung von α_0 aus der Eingriffsteilung t_e.

Ist damit zu rechnen, daß der Eingriffswinkel für alle Zähne des Rades der gleiche ist, so ist α_0 aus Gl. (8)

$$\cos\alpha_0 = t_e/\hat{t}_0$$

zu berechnen. Hierin ist die Teilkreisteilung $\hat{t}_0$ stets fehlerfrei und t_e das Mittel aus den Beobachtungen an sämtlichen Zähnen. Dieses Verfahren wird z. B. an den Maag-Schleifmaschinen benutzt, um festzustellen, ob die Schleifscheiben richtig eingestellt sind. Dabei kommt es nicht auf die Gleichmäßigkeit von t_e an (diese ist durch das Teilrad der Maschine und evtl. die Übertragungselemente bestimmt), sondern auf den Durchschnittswert in mm. Dazu ist nötig, das Meßgerät nach einem möglichst genau bekannten Normal einzustellen, und die Abweichungen gegen den dabei gefundenen Wert bei der Messung am Zahnrad zu beobachten.

An den einzelnen Zähnen kann man α_0 nicht ermitteln, da das zu je zwei benachbarten Rechts- oder Linksflanken gehörige t_0 im allgemeinen nicht als bekannt vorausgesetzt werden darf.

Der in α_0 durch δt_e bewirkte Fehler ($\hat{t}_0$ ist fehlerfrei) ist

$$\delta\alpha_0 = -\frac{\delta t_e}{m \cdot \pi \cdot \sin \cdot \alpha_0} = -\frac{0{,}9307}{m} \cdot \delta t_e$$

$$\approx -\frac{3 \cdot 2}{m} \cdot \delta t_e \text{ min} \qquad (\delta t_e \text{ in } \mu).$$

Mit $\delta t_e = 5\,\mu$ (eine Genauigkeit, die unschwer zu erreichen ist) wird

$$\delta\alpha_0 = \frac{16}{m} \text{ min.}$$

$m =$ 0,5	1	2	5	10	20	50	100	∞
= 32′	16′	8′	3′	1,6′	0,8′	0,4′	0,2′	0,0′.

Bei gleichen Fehlern δr_g und δt_e ist die Ungenauigkeit bei dem zuletzt betrachteten Verfahren anscheinend um 60% größer als bei Ermittlung aus dem Grundkreishalbmesser. Dabei ist aber zu beachten, daß in diesem Falle der Fehler von $m \cdot z$, bei der Ermittlung aus der Eingriffsteilung dagegen nur vom Modul m abhängt.

Immerhin ist auch hierbei, etwa von Modul $m = 5$ ab, der Eingriffswinkel an guten Rädern auf etwa 1 min genau zu bestimmen, da bei diesem die Ungenauigkeit von t_e auf etwa $\pm 2\,\mu$ gehalten werden kann.

Wie bei den Verfahren 2. und 3. ist auch bei der Bestimmung von α_0 aus t_e die Anlage der Meßstücke an zwei Flanken nötig, die hier aber zwei Rechts- oder zwei Linksflanken sind, bei denen damit gerechnet werden kann, daß sich α_0 (wenigstens von einer Flanke zur nächsten) nicht wesentlich ändern wird.

Im übrigen liefert das Verfahren der Ermittlung von α_0 aus t_e den tatsächlichen (durch den Schlag unbeeinflußten) Wert, weil die Messung von t_e bezugsfrei, unabhängig vom Schlag ist (s. w. u.).

Ein Vorteil der beiden zuletzt betrachteten Verfahren gegenüber denen von Abschnitt C 2 und 3 ist, daß sie auch für Räder mit verringerter Zahndicke ohne weiteres gelten, die Kenntnis von ε oder p_e dabei also nicht nötig ist.

Da man die Zahnräder aus den früher erörterten Gründen stets mit verringerter Zahndicke ausführt, um im Getriebe ein Flankenspiel zu haben, so können zwei Räder mit (um ein geringes) verschiedenen Eingriffswinkeln richtig abwälzen (ohne zu klemmen), wenn nur nach Abschnitt B ihre Eingriffsteilungen t_e einander gleich sind. Deshalb sollte man für die Abnahme nicht den Eingriffswinkel α_0, sondern nur die Eingriffsteilung t_e tolerieren, da ja durch die Gleichung

$$t_e = m \cdot \pi \cdot \cos \alpha_0$$

— wegen des stets fehlerfreien m — durch t_e auch α_0 bestimmt ist. Meßtechnisch wird also die Bestimmung des Zahnrades nicht auf α_0, sondern auf t_e und damit auf die ursprüngliche Forderung, die Grundkreisteilung, zurückgeführt.

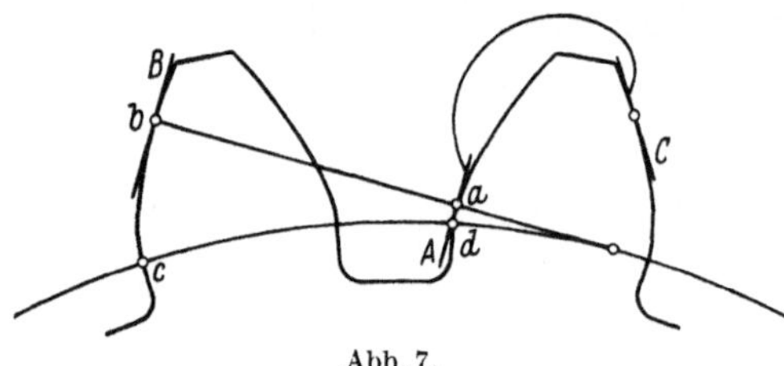

Abb. 7.

Andererseits wird α_0 zur Berechnung verschiedener Größen (z. B. des Flankenabmaßes p_e) gebraucht (s. Abschnitt D); für diese Fälle muß α_0 aus t_e berechnet werden.

Wenn auch die Bestimmung der Teilung erst im Abschnitt H behandelt werden soll, so seien hier doch bereits einige grundsätzliche Punkte für die Eingriffsteilung betrachtet, da sie wohl am meisten zur Bestimmung des Eingriffswinkels α_0 benutzt wird.

Die Bestimmung von t_e geschieht durch Messung der zwischen zwei benachbarten Rechts- oder Linksflanken gelegenen Strecke ab der Eingriffslinie (Abb. 7), die auf den beiden Zahnflanken senkrecht steht und somit ihre kürzesten Abstand darstellt; sie ist bei richtigen Evolventen gleich dem entsprechenden Stück cd des Grundkreises. Da diese Messung unabhängig vom Abstande vom Radmittelpunkt ist, wird sie durch einen etwaigen Schlag nicht beeinflußt; die Ermittlung von t_e entspricht also einer bezugsfreien Messung (am schlagfreien Zahnrad).

Die betreffenden Geräte werden in grundsätzlich verschiedenen Ausführungen hergestellt. Nach Abb. 7 bestehen die zur Anlage kommenden Meßstücke A und B aus zwei parallelen Flächen oder Schneiden, von denen das feste (auf das gewünschte Maß einstellbare) Stück A durch die Stützebene C gegen den Zahn gedrückt wird und B seine Verschiebung auf einen Fühlhebel überträgt. Bei Handgeräten führt B meist eine Bogenbewegung aus, die solange zulässig ist, wie der Bogen unbedenklich durch seine Tangente ersetzt werden kann. Bei großen Teilungsfehlern macht sich aber die dann auftretende Unparallelität zwischen A und B störend bemerkbar. Deshalb kommt diese Ausführung vorzugsweise nur für Standgeräte in Frage, wo die Parallelverschiebung von B gemessen werden kann.

Zweckmäßig führt man mindestens eines der beiden Meßstücke als Schneide oder Zylinder aus, dessen Kante bzw. Achse in der Zeichnungsebene liegt, um von der Forderung strenger Parallelität beider Meßstücke in Richtung senkrecht zur Zeichnungsebene unabhängig zu werden (und dadurch Kantenpressung und Verwindungsmomente auf die Hebel zu vermeiden). Dieses Gerät nimmt selbsttätig die richtige Lage ein. Bei der Einstellung nach dem Normal ist darauf zu achten, daß beide Meßstücke A und B satt an den zueinander parallelen Flächen des Einstellnormals anliegen (es muß hier also der größte Ausschlag gesucht werden).

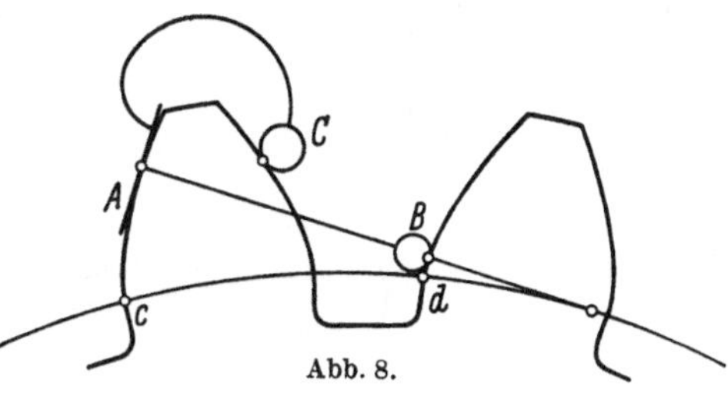

Abb. 8.

Darin liegt ein weiterer Nachteil dieser Konstruktion, die deshalb auch bei Handgebrauch wenig gebräuchlich ist.

Bei der Ausführung nach Abb. 8 wird das bewegliche Meßstück B von einer Kugel oder einem Zylinder (mit zur Zeichnungsebene senkrechter Achse) gebildet, dem man zweckmäßig eine schwache Balligkeit gibt, um wieder von der Forderung der Parallelität zur Ebene A unabhängig zu werden. Der Zylinder ist der Kugel vorzuziehen, weil er etwaige Rauhigkeiten der Flanken nahezu überbrückt, während sich die Kugel in dieselben einlegt. Da bei diesem Gerät der kleinste Abstand durch Schwenken gesucht werden muß, wird der Stütznocken C als Zylinder(-segment) gestaltet.

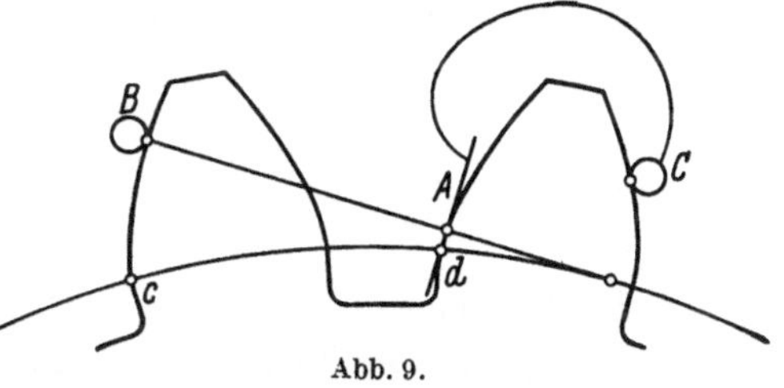

Abb. 9.

Die Ausführung nach Abb. 8 ist der nach Abb. 9 vorzuziehen, da bei ersterer die durch die Anlage von C gezogene Tangente mit der Fläche A einen Winkel von etwa 30 bis 20° einschließt und dadurch eine sichere Anlage liefert, während sie bei der Anordnung mit außerhalb der Meßstücke liegendem Stütznocken (Abb. 9) unsicher wird, da sie hier näher zum Grundkreis hinrückt, wo der Hüllwinkel sich dem Wert 0 nähert, so daß das Gerät unter Umständen auf dem Zahn gleitet (und zusätzlich gestützt werden muß, etwa auf dem Zahnkopf).

Daß der kleinste Ausschlag tatsächlich der Messung der Eingriffslinie entspricht, folgt aus Abb. 10 und 11. Es sei in Abb. 10 A die richtige Lage der Meßfläche, bei der ihr Anlagepunkt P und der der Kugel B (die durch einen Punkt ersetzt ist) auf der (zu A senkrechten) Eingriffslinie liegen; dabei ruhe der Stütznocken in C auf. Wird nun das Gerät geschwenkt, so rückt C nach C' bzw. C'', wodurch A in die Lagen A' bzw. A'' übergeht und der Punkt P nach P' bzw. P'' wandert (P' und P'' liegen nicht auf der Evolvente), derart, daß $CP = C'P' = C''P''$ bleibt. Die Kugel B liegt stets auf den in P' bzw. P'' zu A' bzw. A'' errichteten Senkrechten und berührt deshalb die Zahnflanke in B' bzw. B'', wodurch sich der Abstand $PB = t_e$ in $P'B' = l'$ bzw. $P''B'' = l''$ ändert.

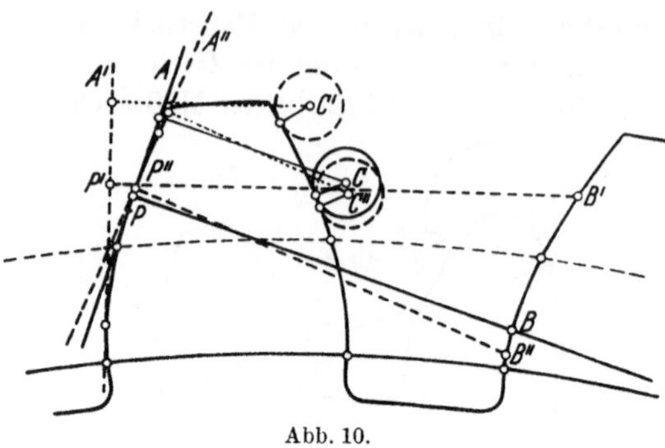

Abb. 10.

Durch den Berührungspunkt D von A'' mit der Flanke (Abb. 11) sei die (zu A'' senkrechte) Eingriffslinie DE gelegt, die als solche gleich PB (in Abb. 10) ist. Zieht man in D und E die (einander parallelen) Tangenten an die Zahnflanken, so ist $DE = P''G$, also DE und damit auch $PB < P''B''$. Man muß also den Umkehrpunkt des Fühlhebelzeigers (kleinsten Ausschlag) suchen.

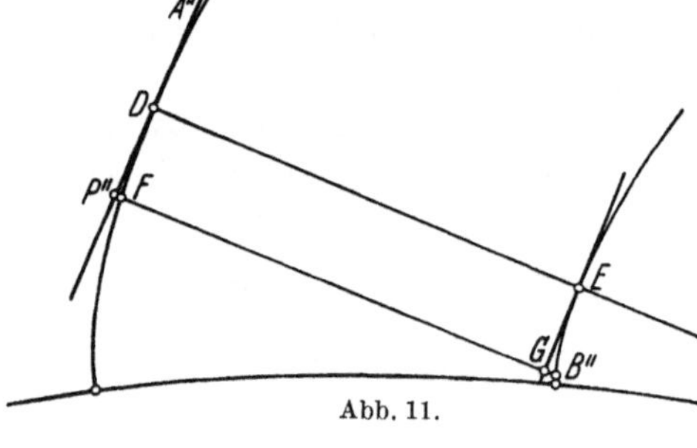

Abb. 11.

Bei der Ausführung nach Abb. 12 ist das sonst benutzte ebene Meßstück A durch einen Zylinder C ersetzt, der sich in eine Zahnlücke einlegt und damit zugleich den bei ebenem Meßstück erforderlichen Stütznocken C unnötig macht. Als bewegliches Meßstück nimmt man am besten wieder einen (schwach balligen) Zylinder B. Da der durch die Eingriffslinie AB gegebene senkrechte Abstand der beiden Flanken ihre kürzeste Entfernung gibt, so ist ohne weiteres ersichtlich, daß jede davon abweichende Lage (z. B. AB') einen größeren Ausschlag liefert, daß man also den an seinem Kleinstwert auftretenden Umkehrpunkt des Zeigers aufzusuchen hat. Um an verschiedenen Stellen die Flanken messen zu können, muß man den Zylinder C auswechseln, während man bei den übrigen Geräten den Abstand A—C in Abb. 8 und 9 ändert.

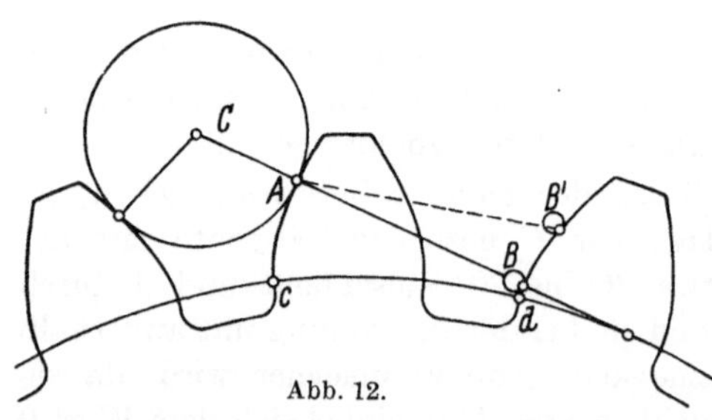

Abb. 12.

Ein Vorteil dieser (zum DRP. angemeldeten) Ausführung[1] ist, daß beim Schwenken des Gerätes sich die Anlagestelle des Zylinders C nicht verschiebt, so daß dieselbe Meßstelle stets leicht wiederzufinden ist, während eine Ebene mit dem dazugehörigen Gegenhalter gleitet und sich damit die Meßstelle verschiebt. Auch ist der Umkehrpunkt bei Benutzung des Zylinders C schärfer ausgeprägt, so daß das Schwenken langsamer erfolgen muß als bei Benutzung der Ebene.

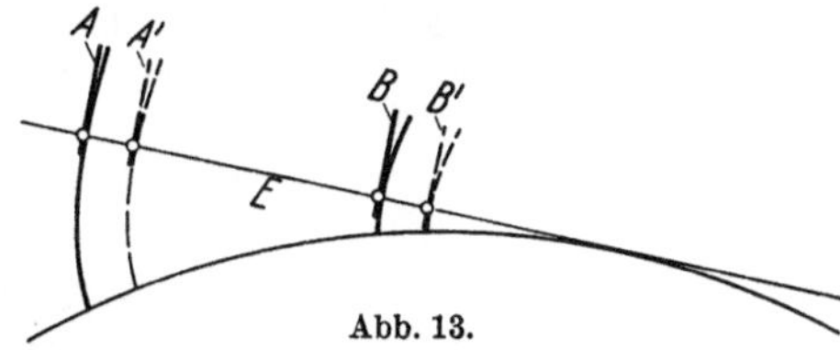

Abb. 13.

Bei Standgeräten verfährt man, wie vorher erwähnt, in der Regel so, daß man das Zahnrad dreht unter gleichzeitiger Verschiebung des Schlittens mit den beiden parallelen Meßstücken A und B (Abbildung 13), die man hier zweckmäßig als Schneiden (mit in der Zeichnungsebene liegen den Kanten) ausbildet. Ihre gemeinsame Senkrechte liegt stets auf der Eingriffslinie E, auch wenn sich durch jene Bewegungen die Flanken und die Schneiden von A und B nach A' und B' verlagern.

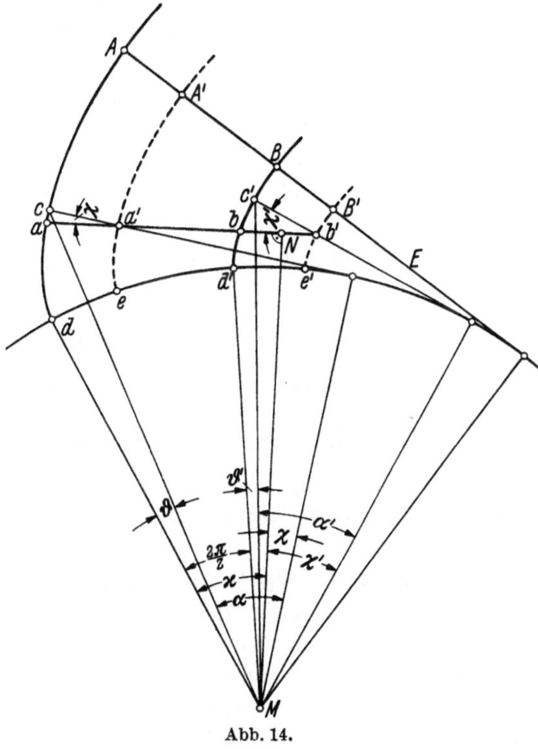

Abb. 14.

Zwei Kugeln (die wieder durch Punkte ersetzt seien), können sich nach Abb. 14 statt auf einer Eingriffslinie E in A und B auch auf einer anderen Geraden in a und b an die Zahnflanken anlegen. Wird jetzt das Rad gedreht unter gleichzeitiger Verschiebung der Kugeln in Richtung ab, so erfolgt die neue Anlage in a' und b'. Durch diese beiden Punkte lege man die Eingriffslinien $a'c$ und $b'c'$, ferner fälle man vom Mittelpunkt M auf ab die Senkrechte MN. Aus Abb. 14 ergibt sich, unter Berücksichtigung von Gl. (1)

$$\chi = \alpha + \vartheta - \varkappa = \operatorname{tg} \alpha - \varkappa,$$
$$\chi' = \alpha' + \vartheta' + \frac{2\pi}{z} - \varkappa = \operatorname{tg} \alpha' + \frac{2\pi}{z} - \varkappa.$$

[1] Angegeben von Dipl.-Ing. Harz.

Es ist
$$\chi = \chi',$$
wenn
$$\operatorname{tg}\alpha = \operatorname{tg}\alpha' + \frac{2\pi}{z}.$$
Dies ist nur der Fall, wenn die beiden Kugeln auf derselben Eingriffslinie E anliegen, da dann AB und $A'B'$ gleich der Grundkreisteilung, also der diesen Strecken entsprechende Winkel gleich $2\pi/z$ ist. Bei allen anderen Lagen ist $\chi \neq \chi'$.

Denkt man sich die kleinen Evolventenbögen ca und $c'b$ durch ihre Tangenten in c und c' ersetzt, so ist
$$aa' = \frac{a'c}{\cos\chi}, \qquad bb' = \frac{b'c'}{\cos\chi'}$$
und, da $a'c = b'c'$ (weil nach Voraussetzung $de = d'e'$), ferner $\chi \neq \chi'$, so ist auch
$$aa' \neq bb'$$
und damit auch
$$ab = a'b' + aa' - bb' \neq a'b'.$$

Beim Drehen des Rades unter gleichzeitiger Verschiebung des Meßschlittens mit den beiden Kugeln tritt also eine Änderung der Fühlhebelanzeige auf. Man muß den Abstand des Schlittens von der Achse solange ändern, bis jene bei den angegebenen Bewegungen gleich bleibt. Dann liegen die beiden Kugeln auf derselben Eingriffslinie an den Flanken an, so daß ihr Abstand gleich der Eingriffsteilung t_e ist.

Alle nur mit Zylindern oder Kugeln (also nicht mit Ebenen) ausgerüsteten Geräte, wie nach Abb. 12 und 14, sind auch zur Bestimmung der Eingriffsteilung von Innenzahnrädern geeignet.

D. Messung des Flankenabmaßes p_e.

1. Bestimmung von p_e aus dem Drehwinkel ε.

a) Bestimmung des Drehwinkels ε.

Bei der Ermittlung von p_e aus dem Drehwinkel ε zwischen zwei bestimmten Lagen des Zahnrades muß dieser möglichst genau gemessen werden.

α) **Messung von ε mittels Theodolit und Kollimator.** Auf das Zahnrad wird ein Theodolit gesetzt, der — bei einer Ungenauigkeit seines Teilkreises von $^3/_4$ bis 1 sec — Ablesung auf $^1/_1$ sec (und Schätzung der Bruchteile) gestattet. Seine Fernrohrachse wird in der Anfangsstellung des Prüflings nach einem feststehenden Kollimater ausgerichtet, so daß dessen Marke sich mit dem Fadenkreuz des Theodolitfernrohrs deckt. Die Kollimatormarke befindet sich im Brennpunkt seines Objektivs, wirkt also wie ein unendlich fernes Ziel. Nach Drehen des Zahnrades um ε in die andere Anlagestelle wird das Fernrohr des Theodoliten wieder in seine Anfangslage zurückgedreht, so daß die Marken von Kollimator und Fernrohr erneut zur Deckung gebracht werden. Der dafür abgelesene Drehwinkel ist das gesuchte ε.

Dabei braucht der Theodolit nicht zur Zahnradachse M (Abb. 15) zentriert zu sein, wie aus Nachstehendem folgt. Befindet sich seine Achse in O und ist OA die (auf den Kollimator eingestellte) Fernrohrachse des Theodoliten, so geht durch Drehung des Zahnrades um den Winkel $OMO' = \alpha$ der Punkt O nach O' und die Richtung OA in $O'A'$ über, wobei Winkel $AMA' = \alpha$ sein muß.

Um den Theodoliten wieder auf den Kollimator einzustellen, muß seine Visierlinie jetzt um O' in die Lage $OA'' \parallel OA$ gedreht werden; der Winkel $A''O'A'$ sei mit β bezeichnet. Es ist Dreieck

$$OMA \cong O'MA',$$

da

$$MA = MA'(=R), \quad MO = MO'(=e), \quad \sphericalangle\, AMO = A'MO'(=\alpha+\gamma),$$

also

$$\sphericalangle\, MOA = MO'A'(=\delta).$$

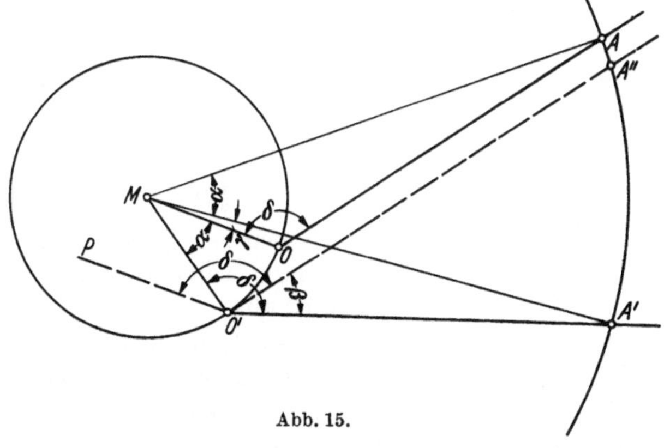

Abb. 15.

Zieht man durch O' die Parallele $O'P$ zu OM, so ist

$$\sphericalangle\, PO'A'' = \delta,$$

folglich

$$\sphericalangle\, MO'P = \beta.$$

Nun ist

$$\sphericalangle\, OMO' = MO'P,$$

also

$$\sphericalangle\, \alpha = \beta.$$

Fällt die Drehachse O des Theodoliten (Abb. 16) nicht mit der geometrischen Achse M seines Teilkreises zusammen, und schwenkt man seine Visierlinie um O um den Winkel $\varkappa$, der von der Anfangslage MO aus gezählt sei, in die Lage OA, so liest man an dem Teilkreis nicht den Winkel $\varkappa$, sondern den Winkel $\varkappa - \delta\varkappa$ ab, wie sich ergibt, wenn man durch M zu OA die Parallele MB zieht. Aus dem Dreieck OMA folgt (da $\delta\varkappa$ stets eine kleiner Winkel)

$$\delta\varkappa = \frac{e}{R} \cdot \sin\varkappa\,.$$

Den größten Wert erreicht $\delta\varkappa\ (= e/R)$ für $\varkappa = 90°$. Bei $e = 10\,\mu$, $R = 50$ mm, wird

$$\delta\varkappa = 2 \cdot 10^{-4} = 0{,}69 \text{ min} = 41 \text{ sec}.$$

Liegt der Ausgangspunkt nicht auf dem durch O und M gehenden Durchmesser, sondern ist er um 90° dagegen versetzt, so wird, wie leicht ersichtlich, der größte Fehler doppelt so groß, also

$$\delta\varkappa = 2\frac{e}{R}$$

und unter den angenommenen Verhältnissen 82 sec.

Dieser Fehler wäre nicht tragbar. Nimmt man nun aber auch die Ablesung in der Verlängerung OA' des Schenkels OA vor, so ermittelt man den Drehwinkel $\varkappa_1 = 180 + \varkappa$ um $\delta\varkappa_1$ zu groß. Aus dem Dreieck $OA'M$ folgt

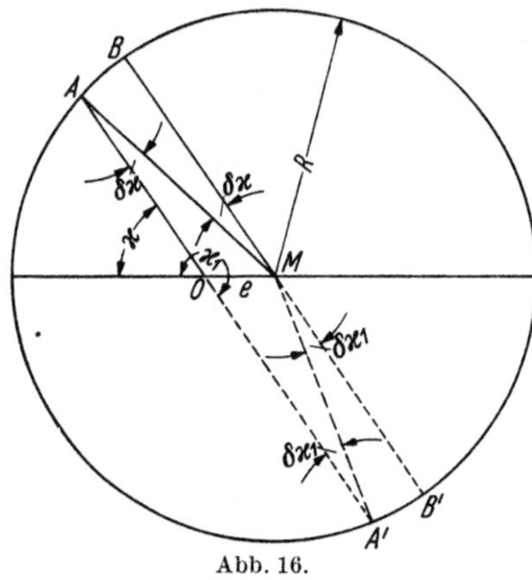

Abb. 16.

$$\delta\varkappa_1 = \frac{e}{R}\cdot\sin\varkappa_1 = -\frac{e}{R}\sin\varkappa\,.$$

Bildet man also das Mittel aus den Ablesungen an den beiden um 180° einander gegenüberliegenden Stellen, so wird der Fehler

$$\tfrac{1}{2}(\delta\varkappa + \delta\varkappa_1) = 0\,.$$

Bei neueren Theodoliten liest man an ihrer Teilung sofort jenen Mittelwert ab.

Der Einfluß der Exzentrizität e des Theodoliten ist also auf die angegebene Weise auszuschalten.

Bedeuten nunmehr in Abb. 16 M und O die geometrische und die tatsächliche Achse des Zahnrades, so werden die Drehwinkel $\varkappa'$ und $\varkappa''$ um die Beträge

$$\delta\varkappa' = \frac{e}{R}\cdot\sin\varkappa'$$

und

$$\delta\varkappa'' = \frac{e}{R}\cdot\sin\varkappa''$$

und der Drehwinkel $\varkappa' - \varkappa'' = \varepsilon$ um

$$\delta\varkappa = \delta\varkappa' - \delta\varkappa'' = \frac{e}{R}\cdot(\sin\varkappa' - \sin\varkappa'')$$

falsch gemessen. Da ε ein kleiner Winkel, wird

$$\begin{aligned}\delta\varkappa &= \frac{e}{R}\cdot(\sin\varkappa' - \sin\varkappa' + \varepsilon\cdot\cos\varkappa')\\ &= \varepsilon\cdot\frac{e}{R}\cdot\cos\varkappa'\,.\end{aligned}$$

$\delta\varkappa$ wird am größten $(= \varepsilon\cdot e/R)$ für $\varkappa' = 0°$, $\cos\varkappa' = 1$. Bei $e = 10\,\mu$, $R(=\tfrac{1}{2}\,m\cdot z) = 2{,}5$ mm, $\varepsilon = 7'$ (um möglichst ungünstige Verhältnisse zu erfassen) wird

$$\delta\varkappa = 4\cdot 10^{-3}\cdot 7 = 28\cdot 10^{-3}\,\text{min} = 2\,\text{sec}.$$

Bei größeren R wird $\delta\varkappa$ entsprechend kleiner, so daß der durch die Exzentrizität des Zahnrades in ε verursachte Fehler stets zu vernachlässigen ist. Grundsätzlich wird indessen stets das wirksame ε ermittelt.

β) Messung von ε mittels Fühlhebel. Einfacher läßt sich der Winkel ε bestimmen, indem man einen an der Achse M befestigten Arm der Länge L gegen einen Fühlhebel wirken läßt. Endet der Arm in eine Kugel, die sich gegen die Ebene des Meßbolzens legt (Abb. 17), so folgt ε aus

$$\varepsilon = \operatorname{arc\,sin} s/L;$$

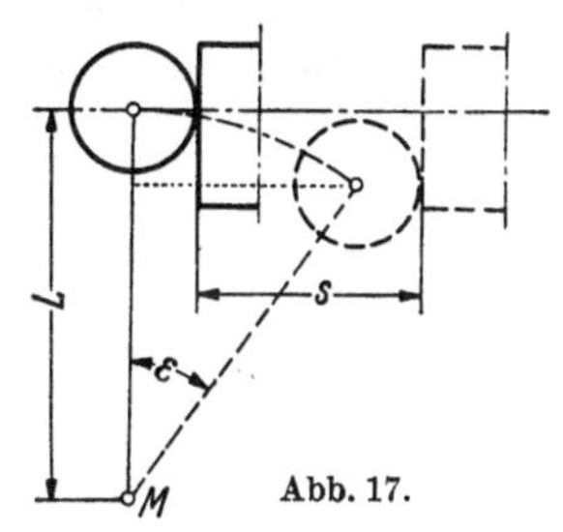

Abb. 17.

sitzt dagegen die Kugel am Meßbolzen (Abb. 18), so aus

$$\varepsilon = \operatorname{arc\,tg} \frac{s - R\left(\frac{1}{\cos\varepsilon} - 1\right)}{L},$$

$$\varepsilon = \operatorname{arc\,tg} \frac{s - \frac{1}{2} R \cdot \varepsilon^2}{L}.$$

Rechnet man selbst mit $\varepsilon = 10$ min, ferner $L = 100$ mm, $R = 2$ mm, so wird $\frac{1}{2} R \cdot \varepsilon^2 \approx 8{,}5 \cdot 10^{-6}$ mm, so daß völlig genügend

$$\varepsilon = \operatorname{arc\,tg} s/L.$$

Ferner kann man beide Gleichungen schreiben:

$$\varepsilon = s/L.$$

Es werden die Fehler

$$\delta\,\varepsilon_{(s)} = \frac{\delta\,s}{L},$$

$$\delta\,\varepsilon_{(L)} = \varepsilon \cdot \frac{\delta\,L}{L}$$

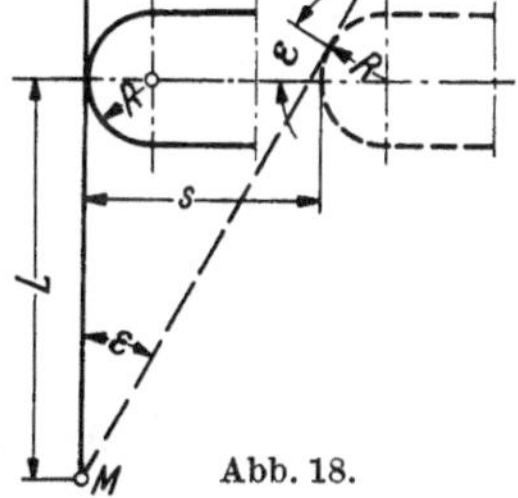

Abb. 18.

und mit $\delta s = 1\,\mu$, $\delta L = 0{,}05$ mm,

$$\delta\varepsilon_{(s)} \sim 2\,\text{sec}, \qquad \delta\varepsilon_{(L)} \sim 0{,}3\,\text{sec}.$$

Der Winkel ε ist also auf diese Weise sehr genau zu ermitteln.

b) Meßstück: Zahnstangenzahn oder Kegel.

Nach Abb. 19 stellt man einen Zahnstangenzahn oder Kegel vom Pressungswinkel χ fest so auf, daß er bei einem spielfreien Rade (dessen Zähne die theoretische Dicke π/z im Teilkreise haben) beide Flanken einer Lücke tangieren würde, und zwar in Punkten, die auf einem Kreise vom Halbmesser r liegen. Dann bringt man durch Drehen des Zahnrades erst die eine, darauf die andere Flanke der betreffenden Lücke zur Anlage am Meßstück. Aus dem dazu nötigen Drehwinkel ε ergibt sich p_e nach Gl. (10) zu

(a) $$p_e = \varepsilon \cdot r_0 \cdot \cos\alpha_0.$$

Bei einem nichtidealen (mit Schlag behafteten) Rade wird der Verdrehungswinkel ε durch den Schlag beeinflußt. Man bestimmt deshalb nicht die Größe ε, die beim schlagfreien Rade vorhanden wäre, sondern die im praktischen Gebrauch, beim schlagenden Rade auftretende, die wieder als wirksame Größe bezeichnet sei. Dies wirkt sich entsprechend auf p_e aus.

Dasselbe gilt gleichfalls für die in den weiteren Abschnitten beschriebenen Verfahren, bei denen auch p_e nicht unmittelbar gemessen, sondern aus anderen, durch den Schlag beeinflußten und deshalb wirksamen Größen ermittelt wird. Überhaupt sollten alle Messungen an Zahnrädern so ausgeführt werden, daß sie die wirksamen Bestimmungsgrößen liefern, weil diese allein (und nicht die für ein schlagfreies Rad bestimmten) im praktischen Gebrauch auftreten und für die Güte des Zahnrades (Gleichförmigkeit der Winkelgeschwindigkeit) maßgebend sind. Insofern ist z. B. die (vom Schlag freie) Eingriffsteilung t_e nicht für die Güte der Teilung entscheidend, wohl aber wird sie gebraucht zur Bestimmung des Eingriffswinkels α_0 (s. Abschnitt C).

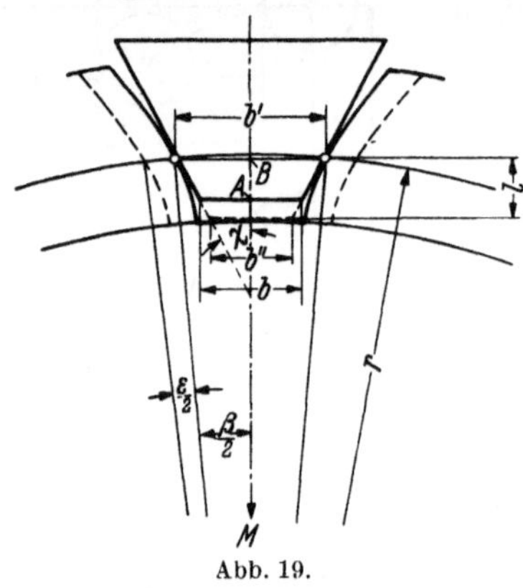

Abb. 19.

Der Abstand MA der Stirnfläche des Meßstückes von der Achse M in Abb. 19 folgt aus:

$$\text{(b)}\quad \begin{cases} MA = MB - AB = r\cdot\cos\beta/2 - \tfrac{1}{2}\cdot(b'-b)\cdot\operatorname{ctg}\chi \\ \quad = r\cdot\cos\beta/2 - \tfrac{1}{2}\cdot(2\,r\cdot\sin\beta/2 - b)\cdot\operatorname{ctg}\chi \\ \quad = r\cdot(\cos\beta/2 - \sin\beta/2\cdot\operatorname{cotg}\chi) + \tfrac{1}{2}\,b\cdot\operatorname{ctg}\chi. \end{cases}$$

Nach Gl. (e) des Abschnittes I C 3 ist beim spielfreien Rade

$$\text{(c)}\qquad r = \frac{1}{2}\cdot\frac{m\cdot z\cdot\cos\alpha_0}{\cos\alpha} = \frac{1}{2}\,m\cdot z\cdot\cos\alpha_0\cdot\sqrt{1+A^2}\,,$$

wo

$$\text{(d)}\qquad A = \operatorname{tg}\alpha = \chi + \operatorname{Ev}\alpha_0 - \frac{\pi}{2\,z}\,,$$

und nach Gl. (4)

$$\text{(e)}\qquad \beta/2 = \chi - \alpha = \chi - \operatorname{arc\,tg} A\,.$$

Somit

$$MA = \tfrac{1}{2}\cdot m\cdot z\cdot\cos\alpha_0\sqrt{1+A^2}\cdot[\cos(\chi-\operatorname{arc\,tg}A) - \sin(\chi-\operatorname{arc\,tg}A)\cdot\operatorname{ctg}\chi] + \tfrac{1}{2}\,b\cdot\operatorname{ctg}\chi$$

$$= \frac{1}{2}\,\frac{m\cdot z\cdot\cos\alpha_0\cdot\sqrt{1+A^2}}{\sin\chi}\,[\sin\chi\cdot\cos(\chi-\operatorname{arc\,tg}A) - \cos\chi\cdot\sin(\chi-\operatorname{arc\,tg}A)] + \tfrac{1}{2}\,b\cdot\operatorname{ctg}\chi$$

$$= \frac{1}{2}\,\frac{m\cdot z\cdot\cos\alpha_0\cdot\sqrt{1+A^2}}{\sin\chi}\cdot\sin(\operatorname{arc\,tg}A) + \frac{1}{2}\,b\cdot\operatorname{ctg}\chi$$

oder, da

$$\operatorname{arc\,tg} A = \operatorname{arc\,sin} \frac{A}{\sqrt{1+A^2}},$$

(f) $$MA = \frac{m \cdot z \cdot A \cdot \cos \alpha_0}{2 \cdot \sin \chi} + \frac{1}{2} b \cdot \operatorname{ctg} \chi,$$

worin $A = \operatorname{tg} \alpha$ aus Gl. (d) folgt. Der Abstand MA ist somit aus den gegebenen Größen: m, z, α_0, χ und b zu berechnen.

Geht die Mittellinie des Zahns nicht, wie in Abb. 19 angenommen, durch die Achse M, sondern steht er unsymmetrisch (Abb. 20), so bleibt der senkrechte Abstand MA seiner Stirnflächen von M der gleiche wie vorher. Er liegt beim spielfreien Rad wieder an beiden Flanken an,

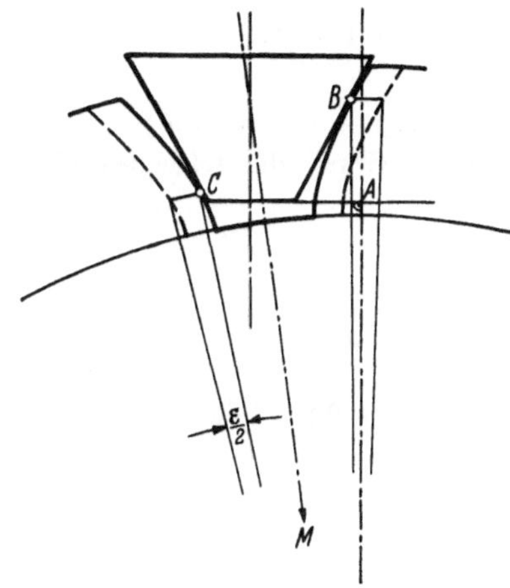

Abb. 20.

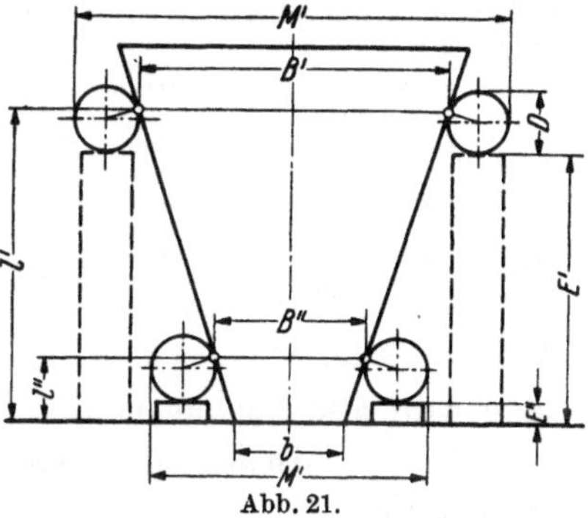

Abb. 21.

nur befinden sich die Berührungspunkte B und C nicht auf demselben Kreise. Der Verdrehwinkel ε bleibt aber derselbe wie bei symmetrischer Lage des Zahns, da er nach Gl. (10) nur von den konstanten Größen p_e, r_0 und α_0 abhängt.

Den Winkel χ bestimmt man am besten nach Abb. 21 aus

$$\operatorname{tg} \chi = \frac{\frac{1}{2}(B' - B'')}{l' - l''} = \frac{1}{2} \frac{M' - M''}{E' - E''} = \frac{1}{2} \cdot \frac{M}{E}$$

$$(M = M' - M'',\ E = E' - E'').$$

Die durch die Fehler δM und δE von M und E in χ verursachten Unsicherheiten sind

$$\delta \chi_{(M)} = \frac{1}{2} \cdot \frac{\delta M}{E} \cdot \cos^2 \chi = \frac{\delta M}{M} \cdot \operatorname{tg} \chi \cdot \cos^2 \chi = \frac{1}{2} \frac{\delta M}{M} \cdot \sin 2\chi,$$

$$\delta \chi_{(E)} = \frac{1}{2} \cdot \frac{M \cdot \delta E}{E^2} \cos^2 \chi = 2 \cdot \frac{\delta E}{M} \operatorname{tg}^2 \chi \cdot \cos^2 \chi = 2 \frac{\delta E}{M} \cdot \sin^2 \chi.$$

Rechnet man mit

$$\delta M' = \delta M'' = 2\,\mu, \quad \delta E' = \delta E'' = 0{,}5\,\mu$$

und somit

$$\delta M \approx \tfrac{2}{3} \cdot (\delta M' + \delta M'') \approx 2{,}7\,\mu, \quad \delta E \approx 0{,}7\,\mu,$$

so wird bei $M = 5$ mm und $\chi = 20°$

$$\delta\chi_{(M)} = 17{,}36 \cdot 10^{-5},$$
$$\delta\chi_{(E)} = 3{,}28 \cdot 10^{-5}.$$

Den Gesamtfehler $\delta\chi$ kann man somit zu $\approx 14 \cdot 10^{-5} \approx 0{,}5$ min ansetzen.

Die Größe b, die wegen der Kantenabrundung unmittelbar nicht mit der nötigen Genauigkeit zu messen ist, berechnet man nach Abb. 21 aus

$$\begin{aligned} b &= B' - 2 \cdot l' \cdot \operatorname{tg}\chi \\ &= M' - D(1 + \cos\chi) - [2\,E' + D \cdot (1 + \sin\chi)] \cdot \operatorname{tg}\chi \\ &= M' - 2\,E' \cdot \operatorname{tg}\chi - \frac{D}{\cos\chi} \cdot (1 + \sin\chi + \cos\chi). \end{aligned}$$

Die Meßfehler

$$\delta M' = 2\,\mu, \quad \delta E' = 0{,}5\,\mu, \quad \delta D = 0{,}5\,\mu, \quad \delta\chi = 1 \text{ min}$$

(womit sicherheitshalber gerechnet werden soll) bewirken die folgenden Ungenauigkeiten von b

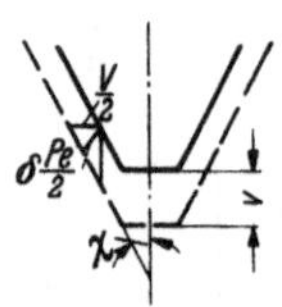

Abb. 22.

$$\begin{aligned} \delta b_{(M')} &= \delta M' = 2\,\mu; \\ \delta b_{(E)} &= 2 \cdot \delta E' \cdot \operatorname{tg}\chi = 0{,}36\,\mu; \\ \delta b_{(D)} &= \frac{1 + \sin\chi + \cos\chi}{\cos\chi} \cdot \delta D = 1{,}2\,\mu; \\ \delta b_{(\chi)} &= \frac{1}{\cos^2\chi}\,[2\,E' + D \cdot (1 + \sin\chi)] \cdot \delta\chi = 4{,}2\,\mu \end{aligned}$$

bei $E' = 3$ mm, $D = 5$ mm.

Man wird also mit einem Gesamtfehler

$$\delta b \approx \tfrac{2}{3} \cdot (2 + 0{,}36 + 1{,}2 + 4{,}2) \approx 5\,\mu$$

rechnen dürfen.

Bei der Messung des Zahnes heben sich die Abplattungen bei der Bestimmung des Winkels χ fort, da sie in M' und M'' mit gleicher Größe auftreten. Auch bei der Bestimmung der Breite b ist sie zu vernachlässigen, da sie nach Abschnitt D 1 e α bei $D = 5$ mm, 10 mm Zahnbreite und einem wirksamen Meßdruck von 1 kg nur $0{,}05\,\mu$ ausmacht. Für ein kegelförmiges Meßstück muß sie dagegen in beiden Fällen nach den im Abschnitt D 1 e gegebenen Formeln berechnet werden.

Ein Fehler δS in dem Abstande MA bewirkt in p_e nach Abb. 22 die Fehler

(g) $$\delta p_{e_{(S)}} = 2 \cdot \delta S \cdot \sin\chi = 0{,}684 \cdot \delta S.$$

Der Fehler δS wird nach Gl. (b) und (f) durch die Fehler von $b\,(\delta b = 5\,\mu)$, $\chi\,(\delta\chi = 1$ min$)$ und $\alpha_0\,(\delta\alpha_0 = 2$ min$)$ bestimmt. Es wird

$$\begin{aligned} \delta S_{(b)} &= \tfrac{1}{2} \cdot \operatorname{ctg}\chi \cdot \delta b = 6{,}9\,\mu. \\ \delta A_{(\chi)} &= \delta\chi, \\ \delta S_{(\chi)} &= \frac{1}{2 \cdot \sin^2\chi} \cdot [m \cdot z \cdot \cos\alpha_0\,(\sin\chi - A\,\cos\chi) - b] \cdot \delta\chi. \end{aligned}$$

Als Beispiel sei ein Zahnrad mit $m = 3{,}75$, $z = 24\,(m \cdot z = 90)$, $b = 4$ mm genommen. Dafür wird bei $\chi = 20°$

$$A = \operatorname{tg}\alpha = 0{,}29852 \approx 0{,}3\,, \quad \alpha = 16^\circ\,37'\,; \quad \beta/2 = \chi - \operatorname{arc\,tg} A = 3^\circ\,23'\,;$$

$$\delta S_{(\chi)} = 4{,}274 \cdot [84{,}5721 \cdot (0{,}34202 - 0{,}28052) - 4] \cdot d\chi$$
$$= 4{,}274 \cdot (5{,}202 - 4)\,\delta\chi = 1{,}5\,\mu\,.$$

Weiter ist

$$\delta A_{(\alpha_0)} = \operatorname{tg}^2\alpha_0 \cdot \delta\alpha_0\,,$$

$$\delta S_{(\alpha_0)} = \frac{1}{2}\,\frac{m \cdot z \cdot \sin\alpha_0}{\sin\chi} \cdot (\operatorname{tg}\alpha_0 - A) \cdot \delta\alpha_0$$
$$= \frac{1}{2}\,\frac{m \cdot z \cdot \sin\alpha_0}{\sin\chi} \cdot \left(\alpha_0 - \chi + \frac{\pi}{2z}\right) \cdot \delta\alpha_0\,.$$

$$\delta S_{(\alpha_0)} = \tfrac{1}{4}\,m \cdot \pi \cdot \delta\alpha_0 = 1{,}7\,\mu\,.$$

Der gesamte Fehler δS ist demnach anzusetzen zu etwa

$$\delta S \approx \tfrac{2}{3} \cdot (6{,}9 + 1{,}5 + 1{,}7) \approx 7\,\mu\,,$$

so daß wird

$$\delta p_{e_{(S)}} \approx 5\,\mu\,.$$

Dabei hat der Fehler δb der vorderen Zahnbreite den größten Einfluß. Um den dem $\delta p_{e_{(S)}}$ entsprechenden Betrag [s. Gl. (a)] wird der Winkel ε falsch gemessen. Im übrigen hängt p_e nach Gl. (a) noch von den Meßfehlern $\delta\varepsilon$ von ε und der Unsicherheit $\delta\alpha_0$ ($= 2$ min) von α_0 ab. Bei Rädern mit guten Flanken braucht man höchstens $\delta\varepsilon = 10$ sec anzusetzen.

Es wird

(h) $$\delta p_{e_{(\varepsilon)}} = \frac{1}{2}\,m \cdot z \cdot \cos\alpha_0 \cdot \delta\varepsilon = p_e \cdot \frac{\delta\varepsilon}{\varepsilon}\,,$$

$$\delta p_{e_{(\alpha_0)}} = -\tfrac{1}{2}\,m \cdot z \cdot \varepsilon \cdot \sin\alpha_0 \cdot \delta\alpha_0 = -p_e \cdot \operatorname{tg}\alpha_0 \cdot \delta\alpha_0\,.$$

Mit den vorher angegebenen Werten wird (bei $p_e \approx 0{,}1$ mm und damit $\varepsilon \approx 8$ min)

$$\delta p_{e_{(\varepsilon)}} \approx 2\,\mu\,,$$
$$\delta p_{e_{(\alpha_0)}} \approx 0{,}02\,\mu\,.$$

Der Gesamtfehler wird somit für das gewählte Beispiel

$$\delta p_e \approx \tfrac{2}{3}\left(\delta p_{e_{(S)}} + \delta p_{e_{(\varepsilon)}} + \delta p_{e_{(\alpha_0)}}\right) \approx 5\,\mu\,,$$

eine für diese Größe mehr als ausreichende Genauigkeit.

Sonderfälle.

α) Wählt man als Meßstück den zugehörigen Zahnstangenzahn, so ist $\chi = \alpha_0$ und es wird nach Gl. (d), (e) und (f):

$$A = \operatorname{tg}\alpha = \operatorname{tg}\alpha_0 - \frac{\pi}{2z}\,,$$

$$\beta/2 = \chi - \operatorname{arc\,tg} A = \alpha_0 - \alpha\,,$$

$$r = \frac{1}{2}\,\frac{m \cdot z \cdot \cos\alpha_0}{\cos\alpha}\,,$$

$$MA = \frac{1}{2}\,m \cdot z \cdot \operatorname{ctg}\alpha_0 \left(\operatorname{tg}\alpha_0 - \frac{\pi}{2z}\right) + \frac{1}{2}\,b \operatorname{ctg}\alpha_0$$
$$= \tfrac{1}{2} \cdot m \cdot z + \tfrac{1}{2}\,(b - \tfrac{1}{2}\,m \cdot \pi) \cdot \operatorname{ctg}\alpha_0\,.$$

β) Soll die Anlage des Meßstückes dagegen im Teilkreis des spielfreien Rades erfolgen, so muß nach Gl. (4a)

$$\chi = \alpha_0 + \frac{\pi}{2z}$$

sein, damit

$$\alpha = \alpha_0 \quad \text{und} \quad \frac{\beta}{2} = \frac{\beta_0}{2} = \frac{\pi}{2z},$$

$$r = r_0 = \tfrac{1}{2} \cdot m \cdot z,$$

$$MA = \frac{1}{2} \frac{m \cdot z \cdot \sin\alpha_0}{\sin\left(\alpha_0 + \frac{\pi}{2z}\right)} + \frac{1}{2} b \cdot \operatorname{ctg}\left(\alpha_0 + \frac{\pi}{2z}\right).$$

Am besten wählt man den Fall α), da man dann für alle Räder (von gleichem Eingriffswinkel) denselben Zahn als Meßstück verwenden kann. Eine Beschränkung tritt nur dadurch ein, daß

$$b_{\max} < b' \qquad \text{(s. Abb. 19)}$$

und

$$b_{\min} > b''$$

sein muß, wobei b'' die Breite des gerade auf den Fußkreis aufstoßenden Zahnes sein soll.

Da $b' = 2r \cdot \sin\beta/2$, so muß nach Gl. (c) und (e)

$$\begin{aligned}
b_{\max} &< 2r \cdot \sin\beta/2 \\
&< \frac{m \cdot z \cdot \cos\alpha_0}{\cos\alpha} \cdot \sin(\alpha_0 - \alpha) \\
&< m \cdot z \cdot \cos\alpha_0 \cdot (\sin\alpha_0 - \cos\alpha_0 \cdot \operatorname{tg}\alpha) \\
&< m \cdot z \cos^2\alpha_0 \cdot (\operatorname{tg}\alpha_0 - \operatorname{tg}\alpha) \\
&< m \cdot z \cdot \cos^2\alpha_0 \cdot \frac{\pi}{2z} < \frac{1}{2} m \cdot \pi \cdot \cos^2\alpha_0
\end{aligned}$$

sein.

Da der Fußkreis den Halbmesser $r_0 - k \cdot m$ hat, so wird (s. Abb. 19)

$$l = r \cdot \cos\beta/2 - r_0 + k \cdot m.$$

Somit ergibt sich

$$\begin{aligned}
b_{\min} &> b' - 2l \cdot \operatorname{tg}\alpha_0 \\
&> 2r \cdot (\sin\beta/2 - \cos\beta/2 \cdot \operatorname{tg}\alpha_0) + m \cdot (z - 2k) \cdot \operatorname{tg}\alpha_0 \\
&> m \cdot (z - 2k) \cdot \operatorname{tg}\alpha_0 - \frac{2r \cdot \sin\alpha}{\cos\alpha_0} \\
&> m \cdot (z - 2k) \cdot \operatorname{tg}\alpha_0 - m \cdot z \cdot \operatorname{tg}\alpha \\
&> m \cdot (z - 2k) \cdot \operatorname{tg}\alpha_0 - m \cdot z \cdot \left(\operatorname{tg}\alpha_0 - \frac{\pi}{2z}\right) \\
&> m \cdot \left(\frac{\pi}{2} - 2k \cdot \operatorname{tg}\alpha_0\right).
\end{aligned}$$

Für das vorher betrachtete Beispiel:

$$\chi = \alpha_0 = 20^\circ, \quad z = 24, \quad m = 3{,}75, \quad m \cdot z = 90, \quad r_0 = 45 \text{ mm},$$

wird

$\alpha = 16^\circ 37'$, $\beta/2 = 3^\circ 23'$, $r = 44{,}13$ mm; $MA = 36{,}898 + 1{,}37374 \cdot b$

und für $k = 1$

$$b_{\max} < 5{,}20 \text{ mm},$$

$$b_{\min} > (-26{,}859 + 30{,}027) > 3{,}16 \text{ mm}.$$

Die brauchbare Breite ist also in verhältnismäßig enge Grenzen (Spielraum etwa 2 mm) eingeschlossen.

c) Meßstück: Zylinder oder Kugel.

Da sich die Kugel in alle Vertiefungen der Rauhigkeiten der Zahnflanken einlegt, ist der Zylinder vorzuziehen.

Die Ausführung der Messung geschieht in gleicher Weise wie im Abschnitt D 1 b angegeben. Es gilt also wieder die Gleichung

(a) $$p_e = \varepsilon \cdot r_0 \cdot \cos \alpha_0 .$$

Der Abstand ME des Meßstückes von der Achse M folgt aus Abb. 23 zu

(b) $$\begin{aligned} ME &= MO - OE = \frac{r_g}{\cos\varphi} - R \\ &= \frac{r_0 \cdot \cos\alpha_0}{\cos\varphi} - R = \frac{1}{2}\,\frac{m \cdot z \cdot \cos\alpha_0}{\cos\varphi} - R; \end{aligned}$$

entsprechend ist

(b') $$MF = \left(\frac{r_0 \cdot \cos\alpha_0}{\cos\varphi} + R\right).$$

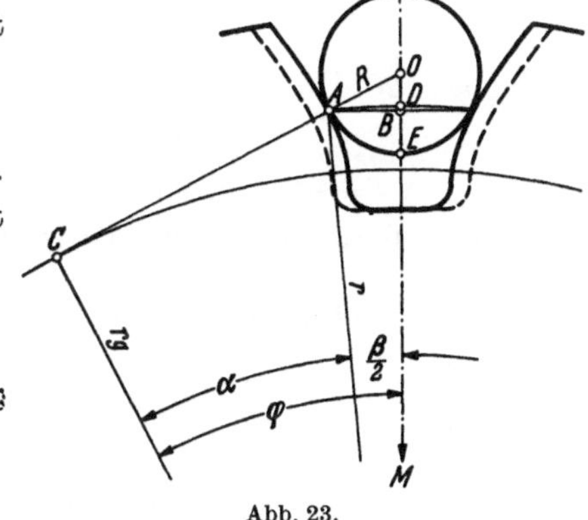

Abb. 23.

Zur Berechnung von ME muß außer den gegebenen Größen $r_0 = \frac{1}{2}\, m \cdot z$, α_0 und R noch der Hüllwinkel φ im Berührungspunkt der Kugel bekannt sein. Dieser folgt aus

$$\operatorname{tg}\varphi = \frac{CO}{r_g} = \frac{CA + R}{r_g} = \operatorname{tg}\alpha + \frac{R}{r_0 \cdot \cos\alpha_0}.$$

Nach Gl. (4) ist

(c) $$\varphi = \operatorname{tg}\alpha - \operatorname{Ev}\alpha_0 + \frac{\pi}{2z},$$

somit

(d) $$\operatorname{Ev}\varphi = \operatorname{Ev}\alpha_0 + \frac{R}{r_0 \cdot \cos\alpha_0} - \frac{\pi}{2z}.$$

Soll das Meßstück im Abstande r von der Achse an den Zahnflanken anliegen, so folgt sein Halbmesser R aus

(e) $$R = \frac{AB}{\cos\varphi} = \frac{r \cdot \sin\beta/2}{\cos(\alpha + \beta/2)},$$

wobei α und β sich aus den Gl. (7) und (2) ergeben:

$$\cos\alpha = \frac{r_0}{r}\cdot\cos\alpha_0,$$

$$\frac{\beta}{2} = \frac{\pi}{2z} + \operatorname{Ev}\alpha - \operatorname{Ev}\alpha_0.$$

Soll umgekehrt die Anlageentfernung r von der Achse für ein gegebenes R berechnet werden, so ermittelt man zunächst φ aus Gl. (d), dann α aus Gl. (c) und schließlich r aus Gl. (7).

Da der Mittelpunkt der Kugel stets auf der Symmetrielinie der Zahnlücke liegt, befinden sich ihre Anlagepunkte an die Flanken stets auf demselben Kreise. Ein der Abb. 20 (beim Zahn) entsprechender Fall unsymmetrischer Lage des Meßstückes tritt also bei Kugel oder Zylinder nicht auf.

Ein Fehler δS im Abstande ME bewirkt in p_e nach Gl. (g) des Abschnittes D 1 b wieder den Fehler (da auf eine kurze Strecke die Evolvente durch ihre Tangente ersetzt werden kann)

$$\delta p_{e_{(S)}} = 2\cdot\delta S\cdot\sin\varphi$$

und für $\varphi = 20°$

$$\delta p_{e_{(S)}} = 0{,}684\cdot\delta S.$$

Der Fehler δS wird nach Gl. (b) durch die Fehler von $\alpha_0 (\delta\alpha_0 = 2\,\text{min})$ und $R (\delta R = 0{,}5\,\mu)$ bestimmt. Es ist nach Gl. (d)

$$\operatorname{tg}^2\varphi\cdot\delta\varphi_{(\alpha_0)} = \left(\operatorname{tg}^2\alpha_0 + \frac{R\cdot\sin\alpha_0}{r_0\cdot\cos^2\alpha_0}\right)\cdot\delta\alpha_0,$$

$$\operatorname{tg}^2\varphi\cdot\delta\varphi_{(R)} = \frac{\delta R}{r_0\cdot\cos\alpha_0},$$

somit

$$\delta S_{(\alpha_0)} = \left[\frac{1}{2}\,\frac{m\cdot z}{\sin\varphi}\cdot\sin\alpha_0\cdot(\operatorname{tg}\alpha_0 - \operatorname{tg}\varphi) + \frac{R\cdot\operatorname{tg}\alpha_0}{\sin\varphi}\right]\cdot\delta\alpha_0$$

$$= \frac{\operatorname{tg}\alpha_0}{\sin\varphi}\cdot\left[\frac{1}{2}\,m\cdot z\cdot\frac{\sin(\alpha_0-\varphi)}{\cos\varphi} + R\right]\cdot\delta\alpha_0$$

$$= \left[\frac{m\cdot z\cdot\sin(\alpha_0-\varphi)}{\sin 2\varphi} + \frac{R}{\sin\varphi}\right]\cdot\operatorname{tg}\alpha_0\cdot\delta\alpha_0;$$

$$\delta S_{(R)} = \left(\frac{1}{\sin\varphi} - 1\right)\cdot\delta R.$$

Für $\varphi = 20°$ wird nach Gl. (d)

$$R = \tfrac{1}{4}\pi\cdot m\cdot\cos\alpha_0$$

und

$$\delta S_{(\alpha_0)} = m\cdot 0{,}785\cdot\delta\alpha_0.$$

Für das früher betrachtete Beispiel: $m = 3{,}75$ wird

$$\delta S_{(\alpha)} = 1{,}7\,\mu;$$

$$\delta S_{(R)} = 1{,}9\cdot\delta R \approx 1\,\mu.$$

Der gesamte Fehler δS wird mit etwa $2\,\mu$ anzusetzen sein, so daß

$$\delta p_{e(S)} \approx 1{,}5\,\mu$$

wird.

Der Einfluß der Beobachtungsfehler von ε und von α_0 in Gl. (a) auf p_e bleibt derselbe wie in Abschnitt D 1a, macht also nur 2 bzw. $0{,}02\,\mu$ aus, so daß der Gesamtfehler

$$\delta p_e \approx 3\,\mu,$$

also rund halb so groß wie bei Benutzung eines Zahnes wird.

Sonderfälle.

α) Wählt man den Kugelhalbmesser so, daß $\varphi = 20^\circ$ (wie in den vorhergehenden Beispielen), so wird nach Gl. (b) und (d)

$$\text{(f)} \quad \left\{ \begin{aligned} ME &= r_0 - R, \\ R &= \tfrac{1}{4}\pi \cdot m \cdot \cos\alpha_0 = \tfrac{1}{4}\hat{t}_0 \cdot \cos\alpha_0 = \tfrac{1}{4} t_e, \\ ME &= \frac{1}{2} m \cdot \left(z - \frac{\pi}{2} \cdot \cos\alpha_0\right). \end{aligned} \right.$$

Die Beziehung $R = \frac{1}{4} t_e$ folgt auch geometrisch aus Abb. 23. Ist nämlich der Hüllwinkel bei A gleich α_0, so muß nach Abb. 3 der Mittelpunkt O auf dem Teilkreis liegen. Somit ist der von D bis zur Zahnflanke gehende Bogen gleich $\frac{1}{4}\hat{t}_0$, während OA das zugehörige Stück der Eingriffsteilung, also $\frac{1}{4} t_e$, darstellt.

Ein Fehler $\delta\alpha_0$ würde den Fehler

$$\begin{aligned} \delta R &= -\tfrac{1}{4} \cdot m \cdot \pi \cdot \sin\alpha_0 \cdot \delta\alpha_0 \\ &= -0{,}27 \cdot m \cdot \delta\alpha_0 \end{aligned}$$

und für $\delta\alpha_0 = 2$ min

$$\delta R \approx -0{,}16 \cdot m \qquad \mu \ (m \text{ in mm})$$

veranlassen, so daß es bei nicht zu großen Werten von m stets zulässig ist, den Halbmesser R nach Gl. (f) mit dem theoretischen Wert von α_0 zu berechnen.

β) Soll dagegen die Anlage im Teilkreis des spielfreien Rades erfolgen, so ist nach Gl. (e) und (b), da

$$\text{(g)} \quad \left\{ \begin{aligned} &\alpha = \alpha_0, \qquad \frac{\beta}{2} = \frac{\pi}{2z}, \qquad r = r_0, \\ &R = \frac{r_0 \cdot \sin\dfrac{\pi}{2z}}{\cos\left(\alpha_0 + \dfrac{\pi}{2z}\right)}, \\ &ME = \frac{r_0}{\cos\left(\alpha_0 + \dfrac{\pi}{2z}\right)} \cdot \left(\cos\alpha_0 - \sin\frac{\pi}{2z}\right). \end{aligned} \right.$$

Am günstigsten scheint auch hier wieder der Fall α), da man für alle Räder vom gleichen Modul dasselbe Meßstück benutzen kann, während im Falle β) sein Halbmesser außerdem noch von der Zähnezahl abhängt.

Eine Beschränkung der brauchbaren Halbmesser tritt dadurch ein, daß das Meßstück nicht auf dem Fußkreis aufstoßen darf, und daß es mindestens noch am Kopfkreis zur Anlage kommen muß.

Für ersteres muß

$$ME > r_0 - k' \cdot m,$$

für letzteres nach Gl. (b) und (c)

$$\text{(h)} \qquad ME < \frac{r_0 \cdot \cos \alpha_0}{\cos(\alpha' + \beta'/2)} - R'$$

sein, wo

$$R' = \frac{(r_0 + k'' \cdot m) \cdot \sin \beta'/2}{\cos(\alpha' + \beta'/2)},$$

$$\text{(i)} \qquad \cos \alpha' = \frac{r_0}{r_0 + k'' \cdot m} \cdot \cos \alpha_0,$$

$$\frac{\beta'}{2} = \frac{\pi}{2z} + \operatorname{Ev} \alpha' - \operatorname{Ev} \alpha_0.$$

Da in den Beziehungen für ME [s. Gl. (b)] in φ auch R auftritt, so sind die beiden Ungleichungen nicht allgemein lösbar. Für den Fall α) ($\varphi = \alpha_0 = 20°$) wird nach Gl. (f) und (h)

$$\frac{1}{2} m \cdot \left(z - \frac{\pi}{2} \cdot \cos \alpha_0\right) > \frac{1}{2} m \cdot (z - 2k')$$

oder

$$k' > \tfrac{1}{4} \cdot \pi \cdot \cos \alpha_0 > 0{,}74.$$

Bei den üblichen Ausführungen der Zähne mit $k' = 1$ sind also Kugeln oder Zylinder mit einem Halbmesser $\frac{1}{4} t_e$ [s. Gl. (f)] stets zu benutzen.

Unter den gemachten Annahmen liegt das Meßstück stets unterhalb des Kopfkreises an, da sein Mittelpunkt sich auf dem Teilkreis befindet.

Bei manchen Messungen muß man als Bedingung stellen, daß das Meßstück unbedingt vor dem Zahnkopf vorsteht. Dann muß sein

$$\text{(k)} \qquad MF > r_0 + k'' \cdot m.$$

Da auch diese Ungleichung nicht allgemein lösbar ist, sei wieder der Fall α) ($\varphi = 20°$) betrachtet. Dafür gilt

$$\frac{1}{2} m \cdot \left(z + \frac{\pi}{2} \cdot \cos \alpha_0\right) > \frac{1}{2} m \cdot (z + 2k''),$$

$$k'' < \tfrac{1}{4} \pi \cdot \cos \alpha_0 < 0{,}74.$$

Muß die Kugel vor dem Zahnkopf vorstehen, so ist bei der üblichen Ausführung mit $k'' = 1$ die (mit dem Hüllwinkel $\varphi = 20°$ anliegende) Kugel mit dem Halbmesser $R = \frac{1}{4} t_e$ nicht zu brauchen.

Deshalb sei auch der Fall β), Anlage im Teilkreis, untersucht.

Dann werden Gl. (h) und (k)

$$\frac{\frac{1}{2} m \cdot z}{\cos\left(\alpha_0 + \frac{\pi}{2z}\right)} \cdot \left(\cos\alpha_0 \mp \sin\frac{\pi}{2z}\right) \gtrless \frac{1}{2} m\,(z \mp 2k)$$

und

$$k' > \frac{1}{2} z \cdot \left(\frac{\sin\frac{\pi}{2z} - \cos\alpha_0}{\cos\left(\alpha_0 + \frac{\pi}{2z}\right)} + 1\right),$$

$$k'' < \frac{1}{2} z \cdot \left(\frac{\sin\frac{\pi}{2z} + \cos\alpha_0}{\cos\left(\alpha_0 + \frac{\pi}{2z}\right)} - 1\right).$$

Es werden für

$z =$ 10	20	50	100	200	500	1000	∞
$k' >$ 0,522	0,535	0,545	0,55	0,55	0,55	0,55	0,55
$k'' <$ 1,266	1,189	1,145	1,135	1,130	1,125	1,100	1,000.

Bei der üblichen Ausführung der Zahnhöhen mit $k' = k'' = 1$ sind also sich im Teilkreise anlegende Meßstücke stets brauchbar.

Der Abstand OD des Kugelmittelpunktes von dem durch ihren Anlagepunkt A gehenden Kreis folgt aus Abb. 23 zu

$$\begin{aligned} OD &= OB - DB = OB - (DM - BM) \\ &= R \cdot \sin\varphi - r \cdot (1 - \cos\beta/2) \\ &= r \cdot [\sin\beta/2 \cdot \operatorname{ctg}(\alpha + \beta/2) + \cos\beta/2 - 1] \\ &= \frac{r}{\sin\beta/2} \cdot [\sin(\alpha + \beta) - \sin\beta/2], \end{aligned}$$

wobei sich α und β ergeben aus:

$$\cos\alpha = \frac{r_0 \cdot \cos\alpha_0}{r},$$

$$\beta = \frac{\pi}{z} + \varepsilon + 2 \cdot (\operatorname{Ev}\alpha - \operatorname{Ev}\alpha_0).$$

d) Meßstück: Zahnrad.

Man denke sich ein Zahnrad senkrecht zur Achse auseinandergeschnitten und die beiden übereinanderliegenden Hälften durch Federkraft so gegeneinander verdreht, daß sich seine Zahnflanken stets an die beiden Flanken eines Zahns oder einer Lücke des Prüflings anlegen. Je nach dessen p_e werden sich die beiden Hälften des Lehrrades mehr oder minder gegeneinander verdrehen.

Die beiden Zahnräder (Prüfling und Lehrrad) von gleichem Modul m und gleichem Eingriffswinkel α_0 werden in einem Achsabstand gleich der Summe ihrer Teilkreishalbmesser ($a = r_0' + r_0''$) aufgestellt. Nun handelt es sich noch darum, die Ausgangsstellung der beiden Hälften des Lehrrades zu finden, für die in seinem Teilkreis seine Zahndicke gleich seiner

Lückenweite ist. Dies geschieht am besten durch Aufstellung eines Zahnes vom Winkel χ in dem Abstande $M''A$ (s. Abschnitt D 1 b) oder eines Zylinders (bzw. einer Kugel) im Abstande $M''E$ (s. Abschnitt D 1 c).

Aus dieser Anfangsstellung verdrehen sich die beiden Lehrradhälften gegeneinander um den Winkel ε'', der dadurch gegeben ist, daß nach Abschnitt C bei Anlage an beide Flanken $\widehat{DE} = \widehat{FG}$ (Abb. 3) sein muß. Also

(a) $$\underset{\text{Prüfling}}{(\beta_0' + \varepsilon)\, r_0'} = \underset{\text{Lehrrad}}{(\gamma_0'' + \varepsilon'') \cdot r_0''}$$

oder, da
$$\beta_0' = \pi/z',\ \gamma_0'' = \pi/z'',$$

(b) $$\left(\frac{\pi}{z'} + \varepsilon\right) \cdot \frac{1}{2}\, m \cdot z' = \left(\frac{\pi}{z''} + \varepsilon''\right) \cdot \frac{1}{2}\, m \cdot z'',$$

(c) $$\varepsilon = \varepsilon'' \cdot \frac{z''}{z'},$$

$$p_e = \tfrac{1}{2}\, m \cdot z'' \cdot \varepsilon'' \cdot \cos\alpha_0 .$$

Von α_0 hängt p_e wie in Abschnitt D 1 b ab, so daß der durch $\delta\alpha_0$ verursachte Fehler zu vernachlässigen ist. Der durch $\delta\varepsilon''$ verursachte Fehler berechnet sich zu

(d) $$\delta\, p_{e_{(\varepsilon'')}} = p_e \cdot \frac{\delta\,\varepsilon''}{\varepsilon''} = p_e \cdot \frac{z''}{z'} \cdot \frac{\delta\,\varepsilon''}{\varepsilon}.$$

Der Fehler $\delta\varepsilon''$ setzt sich zusammen aus dem eigentlichen Meßfehler, den man nach Abschnitt D 1 b zu etwa 10 sec ansetzen kann, und dem Einfluß des Betrages δS, um den die Ausgangsstellung der beiden Lehrradhälften falsch gewählt ist.

Nach Abschnitt D 1 b entsteht dadurch ein Fehler

$$\delta\, p''_{e_{(S)}} = 2 \cdot \delta\, S \cdot \sin\chi$$

und ein Fehler

$$\delta\,\varepsilon''_{(S)} = \frac{\delta\, p''_{e_{(S)}}}{r_0'' \cdot \cos\alpha_0}.$$

Mit $m = 3{,}75$, $z'' = 24$, $b = 4$ mm, $\chi = 20°$ (s. Abschnitt D 1 b) und $\delta S = 7\,\mu$, $\delta p''_{e_{(S)}} \approx 5\,\mu$, wird

$$\delta\,\varepsilon''_{(S)} = \frac{5 \cdot 10^{-3}}{\frac{1}{2} \cdot 3{,}75 \cdot 24 \cdot \cos\alpha_0} \approx 24\ \text{sec}.$$

Ein weiterer Fehler kann daher rühren, daß der Achsabstand um δa falsch eingestellt wird, so daß

$$a = (r_0' + r_0'' + \delta a) = \tfrac{1}{2}\, m \cdot (z' + z'') + \delta a$$

ist. Nach Abschnitt B sind dann die Radien der beiden Wälzkreise

$$r' = \frac{a \cdot z'}{z' + z''} = \frac{1}{2}\, m \cdot z' + \frac{z' \cdot \delta a}{z' + z''},$$

$$r'' = \frac{a \cdot z''}{z' + z''} = \frac{1}{2}\, m \cdot z'' + \frac{z'' \cdot \delta a}{z' + z''}.$$

Die Pressungswinkel folgen nach Gl. (7) zu:

$$\cos\alpha = \frac{1}{2}\,\frac{m\cdot z'(z'+z'')\cdot\cos\alpha_0}{a\cdot z'} = \frac{1}{2}\,\frac{m\cdot z''(z'+z'')\cdot\cos\alpha_0}{a\cdot z''}$$

$$= \frac{1}{2}\,\frac{m\cdot(z'+z'')\cdot\cos\alpha_0}{\frac{1}{2}m\cdot(z'+z'')+\delta a} = \left[1-\frac{2\,\delta a}{m\cdot(z'+z'')}\right]\cdot\cos\alpha_0.$$

Setzt man $\alpha = \alpha_0 + \Delta$, so wird

$$\cos\alpha = \cos\alpha_0 - \Delta\cdot\sin\alpha_0$$

und

$$\Delta = \frac{2\,\delta a}{m\,(z'+z'')}\cdot\operatorname{ctg}\alpha_0.$$

Weiterhin wird

$$\operatorname{Ev}\alpha = \operatorname{tg}(\alpha_0+\Delta) - (\alpha_0+\Delta)$$

$$= \frac{\operatorname{tg}\alpha_0+\Delta}{1-\Delta\cdot\operatorname{tg}\alpha_0} - (\alpha_0+\Delta),$$

$$\operatorname{Ev}\alpha = \operatorname{tg}\alpha_0 + \frac{\Delta}{\cos^2\alpha_0} - (\alpha_0+\Delta) = \operatorname{Ev}\alpha_0 + \Delta\operatorname{tg}^2\alpha_0.$$

Nach Gl. (2) und (3) sind die Zahn- und Lückenwinkel β' und γ'' (für spielfreie Räder)

$$\beta' = \frac{\pi}{z'} + 2\cdot\Delta\cdot\operatorname{tg}^2\alpha_0,$$

$$\gamma'' = \frac{\pi}{z''} - 2\cdot\Delta\cdot\operatorname{tg}^2\alpha_0.$$

An Stelle der Gl. (a) dieses Abschnittes tritt jetzt die Gleichung

$$(\beta'+\varepsilon)\cdot r' = (\gamma''+\varepsilon'')\cdot r''$$

oder

$$\left(\frac{\pi}{z'} + 2\Delta\cdot\operatorname{tg}^2\alpha_0 + \varepsilon\right)\cdot\left(\frac{1}{2}m\cdot z' + \frac{z'\cdot\delta a}{z'+z''}\right)$$

$$= \left(\frac{\pi}{z''} - 2\Delta\cdot\operatorname{tg}^2\alpha_0 + \varepsilon''\right)\cdot\left(\frac{1}{2}\cdot m\cdot z'' + \frac{z''\cdot\delta a}{z'+z''}\right),$$

$$\varepsilon\cdot\left(\frac{1}{2}m\cdot z' + \frac{z'\cdot\delta a}{z'+z''}\right) = \varepsilon''\cdot\left(\frac{1}{2}m\cdot z'' + \frac{z''\cdot\delta a}{z'+z''}\right) - \Delta\cdot m\,(z'+z'')\cdot\operatorname{tg}^2\alpha_0,$$

$$\varepsilon = \frac{\varepsilon''\cdot\left(\frac{1}{2}\cdot m\cdot z'' + \frac{z''\cdot\delta a}{z'+z''}\right)\cdot\left(1-\frac{2\,\delta a}{m\,(z'+z'')}\right)}{\frac{1}{2}m\cdot z'} - \frac{2\,\delta a\cdot\operatorname{tg}\alpha_0\cdot\left(1-\frac{2\,\delta a}{m\,(z'+z'')}\right)}{\frac{1}{2}m\cdot z'},$$

$$\varepsilon = \varepsilon''\cdot\frac{z''}{z'} - \frac{4\cdot\delta a\cdot\operatorname{tg}\alpha_0}{m\cdot z'}.$$

Es entsteht somit ein Fehler

$$\delta\,\varepsilon_{(a)} = -\frac{4\,\delta a\cdot\operatorname{tg}\alpha_0}{m\cdot z'} = -\frac{1{,}476\cdot\delta a}{m\cdot z'}.$$

Der Fehler δa kann nun außer von einem reinen Einstellfehler, den man wohl zu $10\,\mu$ annehmen muß, auch davon herrühren, daß die Eingriffswinkel beider Räder verschieden sind (ihre Moduln sind ja stets einander genau gleich). Hat der Prüfling den Eingriffswinkel α_0', so kann man ihn nach Abschnitt B auffassen als ein Rad mit dem Eingriffswinkel α_0 (des Lehrrades) und dem Modul $m' = m \cdot \cos\alpha_0'/\cos\alpha_0$.

Man hätte also den Achsabstand einstellen müssen zu

$$a + \delta a = \tfrac{1}{2} m' \cdot z' + \tfrac{1}{2} m \cdot z''$$
$$= \frac{1}{2} m \cdot \left(z' \cdot \frac{\cos\alpha_0'}{\cos\alpha_0} + z''\right).$$

Da man aber eingestellt hat

$$a = \tfrac{1}{2} m \cdot (z' + z''),$$

so ist der Fehler

$$\delta a = \frac{1}{2} m \cdot z' \cdot \left(\frac{\cos\alpha_0'}{\cos\alpha_0} - 1\right).$$

Setzt man

$$\alpha_0' = \alpha_0 + \delta,$$

so

$$\delta a = -\tfrac{1}{2} m \cdot z' \cdot \delta \cdot \operatorname{tg}\alpha_0$$
$$= -0{,}182 \cdot m \cdot z' \cdot \delta \qquad (\delta \text{ in Bogenmaß})$$

oder

$$= -0{,}054 \cdot m \cdot z' \cdot \delta \; \mu \qquad (\delta \text{ in min, } m \text{ in mm}).$$

Mit $\delta = 5$ min wird

$$\delta a = 0{,}27 \cdot m \cdot z'.$$

Nimmt man auch für das zu prüfende Rad von $m = 3{,}75$ die Zähnezahl $z' = 24$, so wird

$$\delta a = 24{,}3\,\mu,$$

so daß man insgesamt mit rd. $25\,\mu$ für δa rechnen muß. Damit wird

$$\delta\varepsilon_{(a)} \approx 85 \text{ sec}.$$

Da in diesem Beispiel $z' = z''$ $(= 24)$ angenommen wurde, so wird der Gesamtfehler $\delta\varepsilon$ angesetzt werden können zu

$$\delta\varepsilon \approx \tfrac{2}{3} \cdot (10 + 24 + 85) \approx 80 \text{ sec}.$$

Damit wird

$$\delta p_e = \tfrac{1}{2} m \cdot z \cdot \cos\alpha_0 \cdot \delta\varepsilon \approx 16\,\mu.$$

Dieses Verfahren ist also wesentlich ungenauer als das in Abschnitt D 1b angegebene.

e) Abplattung.

Nach H. Hertz ist die Abplattung (gegenseitige Annäherung) M zweier Körper I und II mit den Hauptkrümmungen ϱ_{I1}, ϱ_{I2}, ϱ_{II1}, ϱ_{II2} und den Elastizitätskoeffizienten ϑ_I und ϑ_{II} unter der Kraft P

$$M = \frac{\sigma}{\mu} \sqrt[3]{\frac{9\,P^2 \cdot (\vartheta_I + \vartheta_{II})^2 \cdot (\varrho_{I1} + \varrho_{I2} + \varrho_{II1} + \varrho_{II2})}{512}} \text{ mm},$$

wo

$$\vartheta = \frac{4}{E} \cdot (1 - m^2)$$

(E der Elastizitätsmodul in kg/mm², m das Poissonsche Verhältnis), somit für Stahl

$$\vartheta = \frac{4}{2 \cdot 10^4} \cdot (1 - 0{,}29^2) = 1{,}832 \cdot 10^{-4}.$$

Die Koeffizienten μ und σ sind aus Tabellen zu entnehmen für einen Hilfswinkel τ, der sich bestimmt aus

$$\cos\tau = \frac{A - B}{A + B},$$

worin die Hilfsgrößen A und B bestimmt sind durch

$$2 \cdot (A + B) = \varrho_{I1} + \varrho_{I2} + \varrho_{II1} + \varrho_{II2},$$

$$2 \cdot (A - B) = \sqrt{(\varrho_{I1} - \varrho_{I2})^2 + 2 \cdot (\varrho_{I1} - \varrho_{I2}) \cdot (\varrho_{II1} - \varrho_{II2}) \cdot \cos 2\omega + (\varrho_{II1} - \varrho_{II2})^2}$$

und ω der Winkel zwischen den Ebenen der Hauptkrümmungen ϱ_{I1} und ϱ_{II1} der beiden Körper ist.

Nach H. Bochmann[1] ist M um 9,5% ($\approx$ 10%) kleiner als aus der Formel folgt, also noch der Faktor 0,9 vorzusetzen.

Für den Fall der Berührung eines Zylinders vom Durchmesser D mit einer Ebene (beide aus Stahl) gilt nach H. Bochmann

$$M' = 0{,}4615 \cdot \frac{P}{L} \cdot \sqrt[3]{\frac{1}{D}} \quad \mu \ (D \text{ in mm}),$$

wo L die Länge der gegenseitigen Berührung in mm ist.

Um einen Überblick über die Größe von M zu erhalten, soll der Fall der Anlage der Meßstücke im Teilkreis behandelt werden.

α) **Zahn der Zahnstange.** Der Krümmungsdurchmesser der Zahnflanke ist

$$D = 2 \cdot r_0 \cdot \sin\alpha_0 = m \cdot z \cdot \sin\alpha_0$$
$$= 0{,}342\, m \cdot z,$$

also

$$M' = 0{,}66 \cdot \frac{P}{L} \cdot \sqrt[3]{\frac{1}{m \cdot z}}$$

und für $P = 1$ kg, $L = 10$ mm

$$M' = 0{,}066 \cdot \sqrt[3]{\frac{1}{m \cdot z}}.$$

M' erreicht seinen größten Wert für kleines $m \cdot z$; es sei gewählt $m \cdot z = 10$, dann, da die Abplattung auf jeder Seite auftritt,

$$2\,M' = 0{,}06 \ \mu.$$

Dadurch wird ε zu groß gemessen um

$$\delta\varepsilon = \frac{0{,}06 \cdot 10^{-3}}{\frac{1}{2} m \cdot z} = 1{,}2 \cdot 10^{-5} \approx 2{,}5 \text{ sec}$$

[1] H. Bochmann: Die Abplattung von Stahlkugeln und Zylindern durch den Meßdruck. Diss. Dresden 1927.

und p_e nach Gl. (h) des Abschnittes D 1a um

$$\delta p_e = \tfrac{1}{2} m \cdot z \cdot \cos\alpha_0 \cdot \delta\varepsilon = 2\,M' \cos\alpha_0 \approx 0{,}06\,\mu .$$

β) Kegel. Da der Kegel (Körper I) im Teilkreis am Zahn (Körper II) anliegen soll, ist

$$\varrho_{I1} = \frac{1}{r_0 \cdot \sin\beta_0/2} = \frac{1}{r_0 \cdot \sin\frac{\pi}{2z}}, \qquad \varrho_{I2} = 0;$$

$$\varrho_{II1} = \frac{1}{r_0 \cdot \sin\alpha_0}, \qquad \varrho_{II2} = 0;$$

$$\omega = 90^\circ .$$

$$\cos\tau = \frac{\varrho_{I1} - \varrho_{II1}}{\varrho_{I1} + \varrho_{II1}} = \frac{\sin\alpha_0 - \sin\frac{\pi}{2z}}{\sin\alpha_0 + \sin\frac{\pi}{2z}} .$$

Es wird für

$$z = 10, \quad \tau = 68^\circ 8', \quad \sigma/\mu = 0{,}97,$$
$$z = \infty, \quad \tau = 90^\circ, \quad \sigma/\mu = 1 .$$

Es genügt also, um einen Überblick zu erhalten, mit $\frac{\sigma}{\mu} = 1$ zu rechnen. Damit wird

$$M = 0{,}9 \sqrt[3]{\frac{9 \cdot P^2 \cdot 3{,}664^2 \cdot 10^{-8}}{256 \cdot m \cdot z} \cdot \left(\frac{1}{\sin\frac{\pi}{2z}} + \frac{1}{\sin\alpha_0} \right)}$$

$$= 1{,}50 \cdot \sqrt[3]{\frac{P^2}{m \cdot z} \cdot \left(\frac{1}{\sin\frac{\pi}{2z}} + \frac{1}{\sin\alpha_0} \right)} \quad \mu \ (m \text{ in mm}) .$$

M wird am größten für kleines z. Mit $m \cdot z = 10$, $z = 10$ und $P = 1$ kg wird

$$M = 1{,}5, \quad 2\,M = 3{,}0\,\mu, \quad \delta\varepsilon = 6{,}0 \cdot 10^{-4} \approx 2{,}1 \text{ min}$$

und

$$\delta p_e = 2{,}8\,\mu ,$$

was auch meist vernachlässigt werden kann.

γ) Kugel (Körper I). Nach Gl. (g) des Abschnittes I D 1c ist

$$\varrho_{I1} = \varrho_{I2} = \frac{2 \cdot \cos\left(\alpha_0 + \frac{\pi}{2z}\right)}{m \cdot z \cdot \sin\frac{\pi}{2z}};$$

$$\varrho_{II1} = \frac{2}{m \cdot z \cdot \sin\alpha_0}, \qquad \varrho_{II2} = 0;$$

$$\cos\tau = \frac{\varrho_{II1}}{2 \cdot \varrho_I + \varrho_{II1}} = \frac{\sin\frac{\pi}{2z}}{2 \cdot \sin\alpha_0 \cdot \cos\left(\alpha_0 + \frac{\pi}{2z}\right) + \sin\frac{\pi}{2z}}$$

$$= \frac{\sin\frac{\pi}{2z}}{\sin\left(2\,\alpha_0 + \frac{\pi}{2z}\right)} .$$

Es wird für

$$z = 10, \quad \tau = 78°2', \quad \sigma/\mu = 0{,}99,$$
$$z = \infty, \quad \tau = 90°, \quad \sigma/\mu = 1.$$

Es kann durchweg mit $\sigma/\mu = 1$ gerechnet werden, und es wird

$$M = 0{,}9 \cdot \sqrt[3]{\frac{9 \cdot P^2 \cdot 3{,}664^2 \cdot 10^{-8}}{256 \cdot m \cdot z} \cdot \left[\frac{2 \cos\left(\alpha_0 + \frac{\pi}{2z}\right)}{\sin \frac{\pi}{2z}} + \frac{1}{\sin \alpha_0}\right]}$$

$$= 1{,}50 \sqrt[3]{\frac{P^2}{m \cdot z} \cdot \left[\frac{2 \cos\left(\alpha_0 + \frac{\pi}{2z}\right)}{\sin \frac{\pi}{2z}} + \frac{1}{\sin \alpha_0}\right]} \quad \mu \quad (m \text{ in mm}).$$

Mit wiederum $m \cdot z = 10$, $z = 10$, $P = 1$ kg wird

$M = 1{,}67\,\mu$, $2M = 3{,}34\,\mu$, $\delta\varepsilon = 6{,}7 \cdot 10^{-4} \approx 2{,}4$ min, $\delta p_e = 3{,}2\,\mu$.

δ) Zylinder. Für die Abplattung zweier paralleler Zylinder fehlen die Formeln, da aber ϱ_{I1} stets klein gegen ϱ_{II1}, so wird man in erster Näherung die Evolvente durch ihre Tangentialebene ersetzen können und hat dann

$$M' = 0{,}4615 \cdot \frac{P}{L} \cdot \sqrt[3]{\frac{\cos\left(\alpha_0 + \frac{\pi}{2z}\right)}{m \cdot z \cdot \sin \frac{\pi}{2z}}}.$$

Für $m \cdot z = 10$, $z = 10$, $P = 1$ kg, $L = 10$ mm wird

$M' = 0{,}038$; $2M' = 0{,}076\,\mu$, $\delta\varepsilon \approx 15{,}5$ sec, $\delta p_e \approx 0{,}07\,\mu$.

Selbst wenn δp_e den 10-fachen Wert erreichen sollte, kann es unbedenklich vernachlässigt werden.

f) Durchbiegung.

Es sei wieder Berührung im Teilkreis angenommen, ferner möge der Meßstückzahn die gleichen Abmessungen haben wie der des Rades.

Da die Rechnung doch nur einen angenäherten (Überschlags-) Wert liefern kann, weil die beiden Zähne nicht fest — im Sinne der Theorie — eingespannt sind, so genügt es, beide als prismatische Balken vom Querschnitt $b \cdot h$ anzusetzen, wobei für h die Zahndicke im Teilkreis genommen sei. Dann ist die Durchbiegung auf die Länge $l = \frac{1}{2}$ Zahnhöhe $= m$

$$B = \frac{4 \cdot l^3 \cdot P}{E \cdot h^3 \cdot b} = \frac{4 \cdot m^3 \cdot P}{2 \cdot 10^4 \cdot \left(\frac{r_0 \cdot \pi}{z}\right)^3 \cdot b} \approx 0{,}05 \cdot \frac{P}{b} \;\mu \; (P \text{ in kg}, b \text{ in mm}),$$

somit bei $P = 1$ kg, $b = 10$ mm

$$B = 10\ \mathrm{m}\mu.$$

Da die Biegung an beiden Zähnen und für die zwei Anlagen nach verschiedenen Seiten hin auftritt, so wird die gesamte Aufbiegung etwa 20 mμ. Erfolgt die Anlage am Kopf des einen und damit am Fuß des anderen Zahnes, so wird sie für den ersten $2^3 = 8$mal größer, für den letzteren gleich 0, insgesamt also 4mal größer als vorher und ist selbst dann nur von der Größenordnung von 0,1 μ. Sie ist zwar größer als die Abplattung, kann aber auch noch unbedenklich vernachlässigt werden. Bei anderen Meßstücken verschwindet sie dagegen bereits gegenüber der Abplattung.

2. Bestimmung von p_e aus der Radialverschiebung.

a) Meßstück: Zahnstangenzahn oder Kegel.

Wie im Abschnitt D 1 b wird der Zahn oder Kegel vom Winkel χ zunächst so aufgestellt, daß er bei einem spielfreien Rade beide Flanken einer Lücke (im Abstande r von der Achse) tangieren würde, dann aber radial um die Strecke v verschoben, bis diese Anlage beim Prüfling wirklich eintritt.

Für den Abstand MA (Abb. 19) und seine Genauigkeit gelten völlig die Ausführungen des Abschnittes D 1 b, ebenso für den Fall der Abb. 20, daß seine Mittellinie nicht durch die Achse geht.

Nach Abb. 22 ist

$$p_e = 2\,v \cdot \sin\chi,$$

damit auch

$$\widehat{p}_0 = \frac{2\,v \cdot \sin\chi}{\cos\alpha_0},$$

$$\varepsilon = \frac{4\,v \cdot \sin\chi}{m \cdot z \cdot \cos\alpha_0}.$$

Die Fehler δv und $\delta\chi$ von v und χ bewirken in p_e die Ungenauigkeiten $\delta p_{e_{(v)}}$ und $\delta p_{e_{(\chi)}}$:

$$\delta p_{e_{(v)}} = 2 \cdot \sin\chi \cdot \delta v,$$

also mit $\chi = 20°$

$$\delta p_{e_{(v)}} = 0{,}68\,\delta v.$$

In δv steckt nicht nur der eigentliche Beobachtungsfehler, den man bei Rädern mit guten Flanken zu etwa 5 μ ansetzen kann, sondern auch der Fehler $\delta S \approx 7$ μ von MA (für das in Abschnitt 1 behandelte Beispiel), so daß man insgesamt wohl mit $\delta v \approx 10$ μ wird rechnen müssen. Damit ist

$$\delta p_{e_{(v)}} \approx 7\ \mu.$$

$$\delta p_{e_{(\chi)}} = 2\,v \cdot \cos\chi \cdot \delta\chi = p_e \cdot \operatorname{ctg}\chi \cdot \delta\chi = 2{,}75 \cdot p_e \cdot \delta\chi,$$

also mit $p_e = 0{,}1$ mm, $\delta\chi = 1$ min, $\delta p_{e_{(\chi)}} = 0{,}08$ μ.

Der Gesamtfehler δp_e ist mit 7 μ praktisch ungefähr der gleiche wie bei der Bestimmung aus dem Verdrehungswinkel ε im Abschnitt D 1 b.

Gibt man dem Meßstück den Winkel α_0 oder $\alpha_0 + \frac{\pi}{2z}$ (so daß es im Teilkreis anliegt), so gelten wieder die in Abschnitt D 1 b α und β für r und MA abgeleiteten Formeln.

Die dort für die kleinst- und größtmöglichen Zahnbreiten abgeleiteten Werte b_{max} und b_{min} sind jetzt nach Abb. 22 größer zu halten um

$$b'' = 2v \cdot \operatorname{tg} \chi = \frac{p_e}{\cos \chi},$$

also bei $\chi = 20°$ um

$$b'' = 1{,}06\, p_e$$

und für $p_e = 0{,}1$ mm um 0,11 mm, so daß für das dort betrachtete Beispiel wird

$$b_{max} < 5{,}31 \text{ mm},$$
$$b_{min} > 3{,}27 \text{ mm}.$$

b) Meßstück: Zahnstangenlücke (Reiterlehre).

Während bei den im Abschnitt D 1 betrachteten Verfahren die Ersetzung des Zahnes der Zahnstange durch ihre Lücke kaum in Frage kommt, kann sie bei Bestimmung der radialen Verschiebung ebensogut wie der Zahn benutzt werden (für unsymmetrische Stellung der Reiterlehre gilt dasselbe wie beim Zahn).

Wie im Abschnitt D 2a ist

$$p_e = 2v \cdot \sin \chi.$$

Nach Abb. 24 ist

$$MA = MB - AB = r \cdot \cos \gamma/2 - \tfrac{1}{2}(b - b') \cdot \operatorname{ctg} \chi$$
$$= r \cdot (\cos \gamma/2 + \sin \gamma/2 \cdot \operatorname{ctg} \chi) - \tfrac{1}{2} b \cdot \operatorname{ctg} \chi,$$

worin

$$r = \frac{r_0 \cdot \cos \alpha_0}{\cos \alpha} = \frac{1}{2} m \cdot z \cdot \cos \alpha_0 \cdot \sqrt{1 + A^2},$$

$$A = \operatorname{tg} \alpha = \chi + \operatorname{Ev} \alpha_0 + \frac{\pi}{2z},$$

$$\frac{\gamma}{2} = \alpha - \chi = \operatorname{arc\,tg} A - \chi,$$

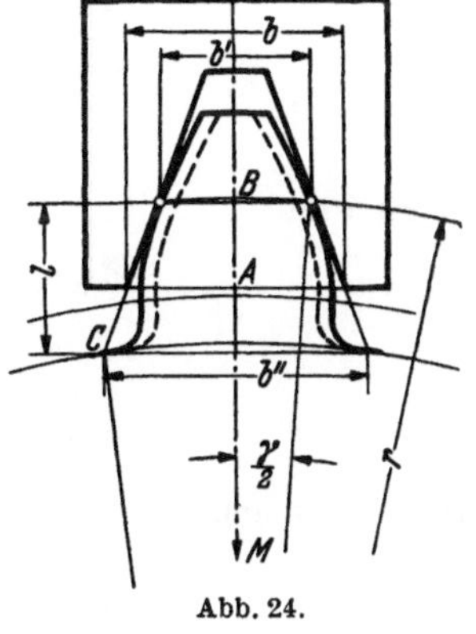

Abb. 24.

somit

$$MA = \tfrac{1}{2} m \cdot z \cdot \cos \alpha_0 \sqrt{1 + A^2} \cdot [\cos(\operatorname{arc\,tg} A - \chi) + \sin(\operatorname{arc\,tg} A - \chi) \cdot \operatorname{ctg} \chi] - \tfrac{1}{2} b \cdot \operatorname{ctg} \chi.$$

$$= \frac{1}{2} \frac{m \cdot z \cdot \cos \alpha_0 \sqrt{1 + A^2}}{\sin \chi} \cdot \sin(\operatorname{arc\,tg} A) - \frac{1}{2} b \operatorname{ctg} \chi$$

$$= \frac{1}{2} \frac{m \cdot z \cdot A \cdot \cos \alpha_0}{\sin \chi} - \frac{1}{2} b \cdot \operatorname{ctg} \chi.$$

Den Winkel χ bestimmt man am besten nach Abb. 25 aus

$$\sin\chi = \frac{\frac{1}{2}(D-d)}{AB} = \frac{D-d}{2\cdot(l'+l'')-(D-d)}$$
$$= \frac{\Delta}{2\,l-\Delta}; \quad (\Delta = D-d,\ l = l'+l'').$$

Die durch die Fehler $\delta\Delta$ und δl von Δ und l verursachten Ungenauigkeiten von χ sind:

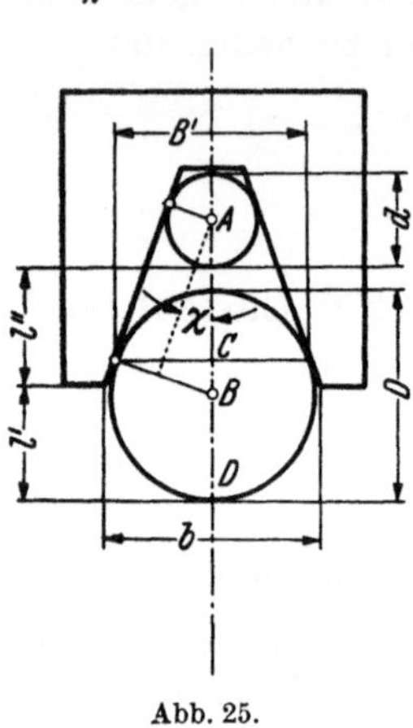

Abb. 25.

$$\delta\chi_{(\Delta)} = \frac{\operatorname{tg}\chi}{\Delta}\cdot(1+\sin\chi)\cdot\delta\Delta,$$
$$\delta\chi_{(l)} = -\frac{2\cdot\sin\chi\cdot\operatorname{tg}\chi}{\Delta}\cdot\delta l.$$

Man kann annehmen:

$$\delta D = \delta d = 0{,}5\,\mu, \quad \delta l' = \delta l'' = 1\,\mu,$$

somit

$$\delta\Delta = 0{,}7\,\mu, \quad \delta l = 1{,}3\,\mu.$$

Für $D = 10$ mm, $d = 5$ mm, $\Delta = 5$ mm, $\chi = 20°$ (wofür

$$l = \frac{1}{2}\Delta\cdot\left(1+\frac{1}{\sin\chi}\right) = 9{,}80 \text{ mm})$$

wird

$$\delta\chi_{(\Delta)} = 0{,}235 \text{ min},$$
$$\delta\chi_{(l)} = 0{,}223 \text{ min},$$

insgesamt

$$\delta\chi \approx \tfrac{2}{3}\cdot(\delta\chi_{(\Delta)} + \delta\chi_{(l)}) = 0{,}3 \text{ min}.$$

Sicherheitshalber soll mit $\delta\chi = \frac{1}{2}$ min gerechnet werden. Nach Abb. 25 ist

$$b = B' + 2\,(CD - l')\cdot\operatorname{tg}\chi$$
$$= D\cdot\cos\chi + [D\,(1+\sin\chi) - 2\,l']\cdot\operatorname{tg}\chi$$
$$= \frac{D}{\cos\chi}\cdot(1+\sin\chi) - 2\,l'\cdot\operatorname{tg}\chi.$$

Es wird

$$\delta b_{(D)} = \frac{1+\sin\chi}{\cos\chi}\cdot\delta D = 0{,}7\,\mu,$$
$$\delta b_{(l')} = -\,2\cdot\operatorname{tg}\chi\cdot\delta l' = -\,0{,}7\,\mu,$$
$$\delta b_{(\chi)} = \left[\frac{D}{\cos^2\chi}\cdot(1+\sin\chi) - \frac{2\,l'}{\cos^2\chi}\right]\cdot\delta\chi.$$

Mit $D = 10$ mm, $b = 10$ mm wird

$$l' = \frac{1}{2}\left[\frac{D}{\cos\chi}\cdot(1+\sin\chi) - b\right]\cdot\operatorname{ctg}\chi = 5{,}88 \text{ mm},$$

also

$$\delta b_{(\chi)} = 8{,}54\cdot\delta\chi \approx 1{,}2\ \ \mu \quad (\text{für } \delta\chi = \tfrac{1}{2} \text{ min}).$$

Demnach wird man mit einem Gesamtfehler von $\delta b \approx 2\,\mu$ rechnen dürfen.

Die Abplattung bei der Messung des Winkels und der Breite des Reiters mittels Zylinder werden auch zu vernachlässigen sein, da sie bei $D = 5$ mm nach Abschnitt D 2 g δ etwa nur $0{,}25\,\mu$ ausmachen.

Die durch $\delta b(=2\,\mu)$, $\delta\chi(=\frac{1}{2}\,\mathrm{min})$ und $\delta\alpha_0(=2\,\mathrm{min})$ in MA veranlaßten Fehler sind

$$\delta S_{(b)} = -\tfrac{1}{2}\operatorname{ctg}\chi\cdot\delta b = -2{,}7\,\mu,$$

$$\delta S_{(\chi)} = \frac{1}{2\cdot\sin^2\chi}\cdot[m\cdot z\cdot\cos\alpha_0\cdot(\sin\chi - A\cdot\cos\chi) + b]\cdot\delta\chi,$$

$$\delta S_{(\alpha_0)} = \frac{1}{2}\,\frac{m\cdot z\cdot\sin\alpha_0}{\sin\chi}\cdot\left(\alpha_0 - \chi - \frac{\pi}{2z}\right)\cdot\delta\alpha_0.$$

Für das im Abschnitt D 1 b betrachtete Beispiel wird bei $b=10$ mm

$$A = \operatorname{tg}\alpha = 0{,}42942 \sim 0{,}43,$$

$$\alpha = 23^\circ\,14', \quad \gamma/2 = \operatorname{arc\,tg} A - \chi = 3^\circ\,14';$$

$$\delta S_{(\chi)} = 4{,}274\cdot[84{,}572\cdot(0{,}34202 - 0{,}40352) + 10]\cdot\delta\chi$$

$$= 4{,}274\,(-5{,}202 + 10)\cdot\delta\chi = 6{,}0\,\mu.$$

$$\delta S_{(\alpha_0)} = -1{,}7\,\mu.$$

Der gesamte Fehler ist demnach anzusetzen zu etwa $7\,\mu$, so daß wieder wird

$$\delta p_{e(S)} \approx 5\,\mu.$$

Bei der Reiterlehre wird gleichfalls

$$\delta p_{e_{(v)}} = 0{,}68\cdot 10 \approx 7\,\mu,$$

demgegenüber der Fehler $\delta p_{e_{(\chi)}}$ völlig zurücktritt.

Der Gesamtfehler $\delta p_e \approx 7\,\mu$ ist bei der Reiterlehre also praktisch der gleiche wie bei Bestimmung der Verschiebung des Zahnes.

Sonderfälle.

α) Falls der Zahn den Eingriffswinkel $\chi = \alpha_0$ hat, wird

$$A = \operatorname{tg}\alpha = \operatorname{tg}\alpha_0 + \frac{\pi}{2z},$$

$$\gamma/2 = \alpha - \alpha_0,$$

$$r = \frac{1}{2}\,\frac{m\cdot z\cdot\cos\alpha_0}{\cos\alpha}.$$

$$MA = \frac{1}{2}\,m\cdot z\cdot\operatorname{ctg}\alpha_0\left(\operatorname{tg}\alpha_0 + \frac{\pi}{2z}\right) - \frac{1}{2}\,b\cdot\operatorname{ctg}\alpha_0$$

$$= \tfrac{1}{2}\,m\cdot z - \tfrac{1}{2}\,(b - \tfrac{1}{2}\,m\cdot\pi)\cdot\operatorname{ctg}\alpha_0.$$

Bezeichnet man die Größen MA und b für den Zahn (Abschnitt D 1 b α) und den Reiter mit den Indizes $'$ und $''$, so wird

$$MA' - MA'' = \tfrac{1}{2}\,(b' + b'' - m\cdot\pi)\cdot\operatorname{ctg}\alpha_0.$$

Nach Abb. 26 ist bei einer Zahnstange

$$b' + b'' = t = m\cdot\pi,$$

also

$$MA' = MA'',$$

(da ja eine Zahnstange beim spielfreien Rade mit ihren Flanken stets an beiden Flanken der Radzähne anliegt).

Die Verschiebung

$$v = \frac{1}{2} \frac{p_e}{\sin \alpha_0}$$

ist, wie bei allen Winkeln χ, für Zahn und Reiter die gleiche.

β) Soll dagegen die Anlage im Teilkreis erfolgen, so nach Gl. (5a)

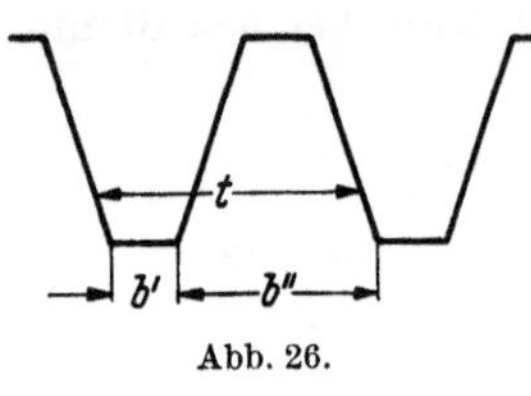

Abb. 26.

$$\chi = \alpha_0 - \frac{\pi}{2z},$$

$$\alpha = \alpha_0, \quad \frac{\gamma}{2} = \frac{\gamma_0}{2} = \frac{\pi}{2z},$$

$$r = r_0 = \tfrac{1}{2} m \cdot z,$$

$$MA = \frac{1}{2} \frac{m \cdot z \cdot \sin \alpha_0}{\sin\left(\alpha_0 - \frac{\pi}{2z}\right)} - \frac{1}{2} b \cdot \operatorname{ctg}\left(\alpha_0 - \frac{\pi}{2z}\right).$$

Eine Beschränkung in der Verwendung des Reiters tritt dadurch ein, daß beim spielfreien Rad

$$b_{\min} > b' \quad \text{(s. Abb. 24)}$$

und

$$b_{\max} < b''$$

sein muß, wobei b'' die Breite des gerade auf den Fußkreis aufstoßenden Reiters sein soll.

Für den Fall α) ergibt sich, da

$$b' = 2r \cdot \sin \gamma/2 = 2r \cdot \sin(\alpha - \alpha_0),$$

$$\begin{aligned} b_{\min} &> \frac{m \cdot z \cdot \cos \alpha_0}{\cos \alpha} \cdot \sin(\alpha - \alpha_0) \\ &> m \cdot z \cdot \cos \alpha_0 \cdot (\operatorname{tg} \alpha \cdot \cos \alpha_0 - \sin \alpha_0) \\ &> m \cdot z \cdot \cos^2 \alpha_0 \cdot (\operatorname{tg} \alpha - \operatorname{tg} \alpha_0) \\ &> m \cdot z \cdot \cos^2 \alpha_0 \cdot \frac{\pi}{2z} \\ &> \tfrac{1}{2} m \cdot \pi \cdot \cos^2 \alpha_0. \end{aligned}$$

In Abb. 24 ist

$$\begin{aligned} l &= r \cdot \cos \gamma/2 - (r_0 - k \cdot m) \cdot \cos CMA \\ &= r \cdot \cos \gamma/2 - (r_0 - k \cdot m) \cdot \sqrt{1 - \tfrac{1}{4} \frac{b_{\max}^2}{(r_0 - k \cdot m)^2}}, \end{aligned}$$

$$\begin{aligned} b_{\max} &< b' + 2l \cdot \operatorname{tg} \alpha_0 \\ &< 2r(\sin \gamma/2 + \cos \gamma/2 \cdot \operatorname{tg} \alpha_0) - 2(r_0 - k \cdot m) \cdot \sqrt{1 - \tfrac{1}{4} \frac{b_{\max}^2}{(r_0 - k \cdot m)^2}} \cdot \operatorname{tg} \alpha_0 \\ &< 2r \cdot \frac{\sin \alpha}{\cos \alpha_0} - 2(r_0 - k \cdot m) \cdot \sqrt{1 - \tfrac{1}{4} \frac{b_{\max}^2}{(r_0 - k \cdot m)^2}} \cdot \operatorname{tg} \alpha_0; \end{aligned}$$

$$[4 \cdot (r_0 - k \cdot m)^2 - b_{\max}^2] \cdot \operatorname{tg}^2 \alpha_0 < b_{\max}^2 - 4r \cdot b_{\max} \cdot \frac{\sin \alpha}{\cos \alpha_0} + 4r^2 \frac{\sin^2 \alpha}{\cos^2 \alpha_0};$$

$$b_{\max}^2 - 4\,r \cdot b_{\max} \cdot \sin\alpha \cdot \cos\alpha_0 + 4\,r^2 \cdot \sin^2\alpha - 4 \cdot (r_0 - k \cdot m)^2 \cdot \sin^2\alpha_0 > 0;$$

$$(2\,r \cdot \sin\alpha \cdot \cos\alpha_0 - b_{\max})^2 > 4\,(r_0 - k \cdot m)^2 \cdot \sin^2\alpha_0 - 4\,r^2 \cdot \sin^2\alpha \cdot \sin^2\alpha_0;$$

$$b_{\max} < 2\,r \cdot \sin\alpha \cdot \cos\alpha_0 - 2 \cdot \sin\alpha_0 \cdot \sqrt{(r_0 - k \cdot m)^2 - r^2 \cdot \sin^2\alpha}$$

$$< m \cdot z \cdot \operatorname{tg}\alpha \cdot \cos^2\alpha_0 - 2 \cdot \sin\alpha_0 \cdot \sqrt{(r_0 - k \cdot m)^2 - r^2 \sin^2\alpha}$$

$$< m \cdot z \cdot \left(\operatorname{tg}\alpha_0 + \frac{\pi}{2z}\right) \cdot \cos^2\alpha_0$$

$$- 2 \cdot \sin\alpha_0 \sqrt{(r_0 - k \cdot m)^2 - r_0^2 \cdot \left(\operatorname{tg}\alpha_0 + \frac{\pi}{2z}\right)^2 \cdot \cos^2\alpha_0}.$$

Für das vorher betrachtete Beispiel

$$\chi = \alpha_0 = 20^\circ, \quad z = 24, \quad m = 3{,}75, \quad m \cdot z = 90, \quad r_0 = 45 \text{ mm}$$

wird

$$\alpha = 23^\circ\,14', \quad \gamma/2 = 3^\circ\,14'$$

$$r = 46{,}02 \text{ mm},$$

$$MA = 53{,}068 - 1{,}37374 \cdot b \text{ mm}$$

und für $k = 1$

$$b_{\min} > 5{,}20 \text{ mm},$$

$$b_{\max} < 34{,}12 - 25{,}18 < 8{,}94 \text{ mm}.$$

Ließe man $b_{\max}$ den Fußkreis tangieren, so wird (nach Abb. 24)

$$l = r\cos\gamma/2 - (r_0 - k \cdot m),$$

$$b_{\max} < 2\,r \cdot \frac{\sin\alpha}{\cos\alpha_0} - m \cdot (z - 2\,k) \cdot \operatorname{tg}\alpha_0$$

$$< m \cdot z \cdot \operatorname{tg}\alpha - m \cdot (z - 2\,k) \cdot \operatorname{tg}\alpha_0$$

$$< m \cdot z \cdot \left(\operatorname{tg}\alpha_0 + \frac{\pi}{2z}\right) - m \cdot (z - 2\,k) \cdot \operatorname{tg}\alpha_0$$

$$< m \cdot \left(\frac{\pi}{2} + 2\,k \cdot \operatorname{tg}\alpha_0\right)$$

$$< 8{,}62 \text{ mm}.$$

In allgemeinen dürfte es genügen, mit dieser wesentlich einfacheren Formel zu rechnen, wenn man damit auch die höchstzulässige Breite des Reiters nicht völlig ausnutzt.

Diese für das spielfreie Rad geltenden Werte sind im vorliegenden Falle nach Abb. 22 um

$$b'' = 2\,v \cdot \operatorname{tg}\chi = \frac{p_e}{\cos\chi},$$

also für $\chi = 20^\circ$ um $b'' = 1{,}06\,p_e$ und bei $p_e = 0{,}1$ mm um 0,11 mm kleiner zu halten, so daß die obigen Werte übergehen in

$$b_{\min} > 5{,}09 \text{ mm}, \qquad b_{\max} < 8{,}83 \text{ mm}.$$

c) Meßstück: Zylinder oder Kugel.

α) Zylinder oder Kugel. Die Ausführung der Messung geschieht in der gleichen Weise wie in Abschnitt D 2a.

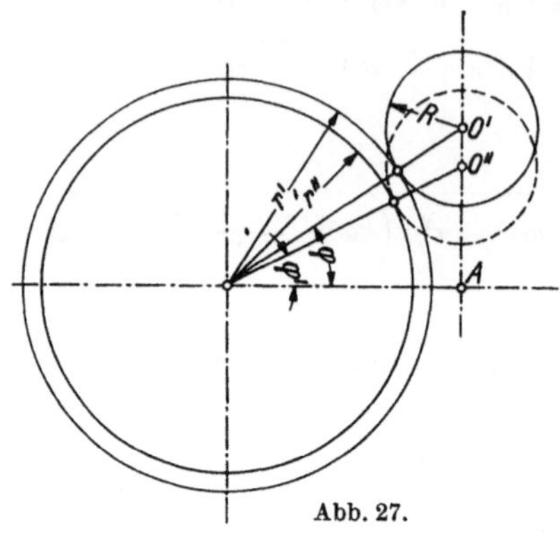

Abb. 27.

Für den Abstand ME bzw. MF und seine Genauigkeit gelten völlig die Ausführungen von Abschnitt D 1c.

Dagegen ist es fraglich, ob hier noch mit der Formel

$$p_e = 2\,v \cdot \sin\varphi$$

gerechnet werden kann, da sich der Hüllwinkel φ bei der Anlage der Kugel an die beiden Evolventen ändert.

Zu dem Zweck seien in Abb. 27 die beiden Evolventen durch ihre (konzentrischen) Hüllkreise mit den Halbmessern r' und $r'' = r' - \delta r$ ersetzt, wobei $\delta r = \frac{1}{2}\,p_e$ ist. Von der Anlage an den Kreis 1 zu der am Kreise 2 verschiebt sich der Zylinder (Kugel) um $O'O'' = v$.

Es ist

$$AO' = (r' + R) \cdot \sin\varphi,$$

$$AO'' = (r'' + R) \cdot \sin\varphi'$$

$$= (r'' + R) \cdot \sqrt{1 - \frac{(r' + R)^2}{(r'' + R)^2} \cdot \cos^2\varphi},$$

$$v = (r' + R) \cdot \sin\varphi - \sqrt{(r' + R - \delta r)^2 - (r' + R)^2 \cos^2\varphi},$$

$$v = (r' + R) \cdot \sin\varphi - (r' + R)\sin\varphi \sqrt{1 - \frac{2 \cdot \delta r}{(r' + R)\sin^2\varphi} + \frac{(\delta r)^2}{(r' + R)^2 \sin^2\varphi}}.$$

Bei Anlage im Teilkreis, die man nach den früheren Ausführungen stets angenähert zu erreichen suchen wird, ist $\alpha_0 = 20°$; ferner sei, um ungünstig zu rechnen, angenommen:

$$r_0 = 10\text{ mm}, \quad z = 10, \quad p_e = 0{,}1\text{ mm}, \quad \delta r = 0{,}05\text{ mm}.$$

Damit wird

$$r' = r_0 \cdot \sin\alpha_0 = 3{,}4\text{ mm};$$

$$\varphi = \alpha_0 + \frac{\pi}{2z} = 29° \qquad \text{[nach Gl. (4a)]};$$

$$R = \frac{r_0 \cdot \sin 9°}{\cos 29°} = 0{,}6\text{ mm} \qquad \text{[s. Gl. (g) in Abschnitt D 1c]}.$$

Damit wird der Ausdruck unter der Wurzel

$$1 - 0{,}0106 + 0{,}0007 \approx 0{,}99 + 0{,}0007.$$

Es kann also unbedenklich das Glied mit δr^2 vernachlässigt werden. Dann

$$v = \frac{\delta r}{\sin\varphi}$$

oder

$$p_e = 2\,v \cdot \sin\varphi;$$

es kann also unbedenklich mit der früheren Formel gerechnet, d. h. die Evolvente durch ihre Tangente ersetzt werden.

Da hier der Gesamtfehler $\delta S \approx 2\,\mu$ (s. Abschnitt D 1 c), so wird der Gesamtfehler von v, wenn man den reinen Beobachtungsfehler bei der Bestimmung von v wieder mit $5\,\mu$ ansetzt,

$$\delta v \approx 5\,\mu$$

und somit

$$\delta p_{e_{(v)}} = 0{,}68 \cdot \delta v \approx 3{,}5\,\mu.$$

Um den Einfluß des Fehlers $\delta\varphi$ auf p_e zu bestimmen, ist zu beachten, daß nach Gl. (d) des Abschnittes D 1 c φ eine Funktion von R und α_0 ist. Es wird

$$\delta p_{e_{(R)}} = \frac{2\,v \cdot \cos\varphi}{r_0 \cdot \cos\alpha_0 \cdot \operatorname{tg}^2\varphi} \cdot \delta R,$$

$$\delta p_{e_{(\alpha_0)}} = \frac{2\,v \cdot \cos\varphi}{\operatorname{tg}^2\varphi} \cdot \left(\operatorname{tg}^2\alpha_0 + \frac{R \cdot \sin\alpha_0}{r_0 \cdot \cos^2\alpha_0}\right) \cdot \delta\alpha_0.$$

Für $\varphi = 20^\circ$ wird (bei dem früher gewählten Beispiel)

$$R = \tfrac{1}{4}\,\pi \cdot m \cdot \cos\alpha_0 = 2{,}77 \text{ mm}$$

und bei $p_e = 0{,}1$ mm, $v = 0{,}146$ mm

$$\delta p_{e_{(R)}} = 0{,}049 \cdot \delta R \approx 25 \quad \text{m}\mu \qquad (\text{bei } \delta R = 0{,}5\,\mu);$$

$$\delta p_{e_{(\alpha_0)}} = 0{,}324 \cdot \delta\alpha_0 \approx 0{,}2 \quad \mu.$$

Somit sind die Gesamtfehler

$$\delta p_e \approx 3\,\mu.$$

Er ist somit der gleiche wie bei der Bestimmung aus dem Verdrehungswinkel ε und etwa nur halb so groß wie bei Benutzung des Zahnes.

Für Anlage mit dem Hüllwinkel 20° oder im Teilkreis gelten die im Abschnitt D 1 c unter α) und β) angegebenen Formeln.

Bei den in den Gl. (h), (i) und (k) des Abschnittes D 1 c abgeleiteten Beziehungen für die zulässigen Halbmesser R muß beachtet werden, daß die Kugel um die Größe v näher zum Mittelpunkt M rückt. Es muß also der Abstand ME um v größer, oder aber $m \cdot k'$ um

$$v = \frac{1}{2}\,\frac{p_e}{\sin\left(\alpha_0 + \frac{\pi}{2z}\right)}$$

größer, $m \cdot k''$ um denselben Betrag v kleiner gehalten werden bzw. sind die nötigen Beschränkungen von k' und k''

$$\frac{v}{m} = \frac{1}{2} \cdot \frac{p_e}{m \cdot \sin\left(\alpha_0 + \frac{\pi}{2z}\right)}.$$

und es muß sein für

$z =$	10	20	50	100
$k' >$	$0{,}522 + 1{,}03\,\frac{p_e}{m}$	$0{,}535 + 1{,}21\,\frac{p_e}{m}$	$0{,}545 + 1{,}35\,\frac{p_e}{m}$	$0{,}55 + 1{,}40\,\frac{p_e}{m}$
$k'' <$	$1{,}266 - 1{,}03\,\frac{p_e}{m}$	$1{,}189 - 1{,}21\,\frac{p_e}{m}$	$1{,}145 - 1{,}35\,\frac{p_e}{m}$	$1{,}135 - 1{,}40\,\frac{p_e}{m}$
$z =$	200	500	1000	∞
$k' >$	$0{,}55 + 1{,}43\,\frac{p_e}{m}$	$0{,}55 + 1{,}45\,\frac{p_e}{m}$	$0{,}55 + 1{,}46\,\frac{p_e}{m}$	$0{,}55 + 1{,}46\,\frac{p_e}{m}$
$k'' <$	$1{,}130 - 1{,}43\,\frac{p_e}{m}$	$1{,}125 - 1{,}45\,\frac{p_e}{m}$	$1{,}100 - 1{,}46\,\frac{p_e}{m}$	$1{,}00 - 1{,}46\,\frac{p_e}{m}$

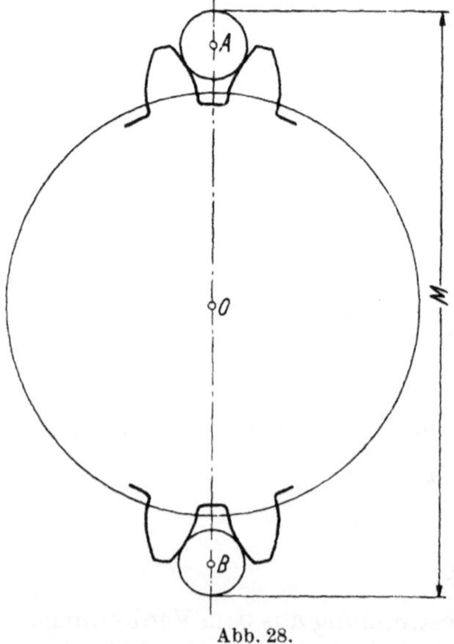

Abb. 28.

β) Mit 2 bzw. 3 Zylindern oder Kugeln. Im Schrifttum findet sich des öfteren ein Verfahren zur Ermittlung der Zahndicke und damit auch von p_e behandelt, das auf der Messung des Abstandes M (Abb. 28) über zwei ineinander gegenüberliegende Lücken eingefügte gleiche Zylinder oder Kugeln beruht.

1. Räder mit gerader Zähnezahl. Da hier zwei Lücken einander diametral gegenüberliegen, so ist nach Abschnitt D 1c, Gl. (b') für ein spielfreies Rad

(a) $$M_0 = 2 \cdot MF = \frac{2\,r_0 \cdot \cos\alpha_0}{\cos\varphi} + 2R.$$

Werden die Größen p_e für die beiden Meßstellen (oben und unten) mit p_e' und p_e'' bezeichnet, so wird der Abstand über die sich in die Lücken einlegenden Meßstücke, wobei sie gegenüber dem spielfreien Rad die radialen Verschiebungen v' und v'' erfahren:

$$M = M_0 - (v' + v'') = M_0 - \frac{1}{2}\,\frac{p_e' + p_e''}{\sin\varphi},$$

$$p_e' + p_e'' = 2\,(M_0 - M) \cdot \sin\varphi.$$

Hierin wird M_0 nach obiger Gl. (a) und φ aus Gl. (d) des Abschnittes D 1c berechnet, während M durch Messung erhalten wird (für den Fall, daß die Meßstücke im Teilkreis anliegen sollen, sei auf die Ausführungen in

Abschnitt D 1 c verwiesen). Die Ungenauigkeit für $p_e = \frac{1}{2}(p_e' + p_e'')$ ist praktisch die gleiche wie bei der Bestimmung von p_e mit einer Kugel in Abschnitt D 2 c α.

Zur Ermittlung von p_e an einem bestimmten Zahn (oder Lücke) ist dieses Verfahren aber unbrauchbar, weil man stets die Summe der p_e an den beiden Meßstellen erhält und diese nicht in die einzelnen Anteile zerlegt werden kann, da sie durchaus nicht als einander gleich vorausgesetzt werden dürfen.

2. Räder mit ungerader Zähnezahl. Hierbei muß die untere Kugel mit dem Mittelpunkt C (Abb. 29) in einer Lücke liegen, die von der oberen um $180° \pm \frac{1}{2}$ Teilung absteht. Man denke sich diametral zur oberen Lücke eine (gestrichelt gezeichnete) Lücke gegenüber und in dieser eine Kugel mit dem Mittelpunkt B, der mit C auf demselben Kreise um den Radmittelpunkt O liegt.

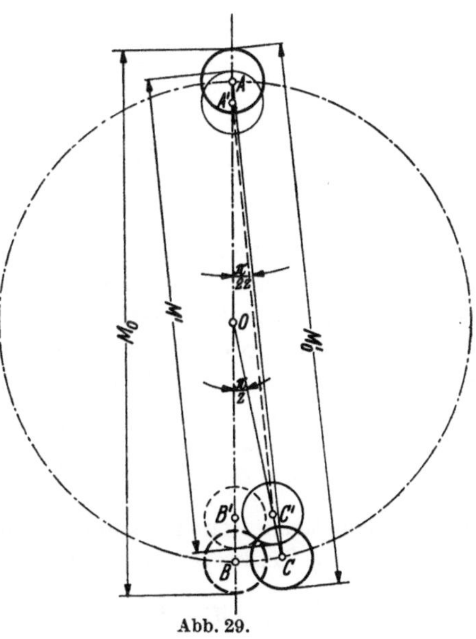

Abb. 29.

Für das spielfreie Rad ist dann

$$OA = OB = \tfrac{1}{2} M_0 - R = N,$$

wo N eine Abkürzung für $\frac{1}{2} M_0 - R$ sein soll.

Aus Abb. 29 folgt

$$M_0' - 2R = (M_0 - 2R) \cdot \cos\frac{\pi}{2z}$$

und nach Gl. (a)

$$M_0' = \frac{2 r_0 \cdot \cos\alpha_0}{\cos\varphi} \cdot \cos\frac{\pi}{2z} + 2R,$$

wobei zunächst die Teilung als fehlerfrei angenommen ist.

Durch die Flankenabmaße p_e' und p_e'' haben sich die Mittelpunkte A, B, C nach A', B', C' (in Abb. 29) verschoben, so daß

$$OA' = \tfrac{1}{2} M_0 - R - v' = N - v',$$
$$OB' = \tfrac{1}{2} M_0 - R - v'' = N - v'';$$

da C' auf dem durch B' gehenden Kreise (um O) liegt, so ist

$$\begin{aligned}
A'C'^2 &= OA'^2 + OB'^2 - 2 \cdot OA' \cdot OB' \cdot \cos\left(180 - \frac{\pi}{z}\right) \\
&= (N - v')^2 + (N - v'')^2 + 2(N - v') \cdot (N - v'') \cdot \cos\frac{\pi}{z} \\
&= 2N^2 \cdot \left(1 + \cos\frac{\pi}{z}\right) - 2N \cdot (v' + v'') \cdot \left(1 + \cos\frac{\pi}{z}\right) \\
&\qquad + v'^2 + v''^2 + 2v' \cdot v'' \cdot \cos\frac{\pi}{z} \\
&\approx 2N^2 \cdot \left(1 + \cos\frac{\pi}{z}\right) - 2N \cdot (v' + v'') \cdot \left(1 + \cos\frac{\pi}{z}\right) \\
&\approx 2 \cdot \left(1 + \cos\frac{\pi}{z}\right) \cdot [N^2 - N \cdot (v' + v'')].
\end{aligned}$$

Es ist nämlich in der Nähe des Teilkreises

$$v = \tfrac{1}{2}\, p_e/\sin\varphi \approx 1{,}46\, p_e$$

und mit $p_e = 0{,}1$ mm

$$v \approx 0{,}146\,, \quad v^2 \approx 0{,}02\,,$$

so daß die Glieder $v'^2 + v''^2 + 2\, v' \cdot v'' \cdot \cos\frac{\pi}{z}$ den anderen gegenüber vernachlässigt werden können, da diese infolge der Multiplikatoren $2\,N$ und $2\,N^2$ groß sind. Damit wird

$$A'C' = M' - 2\,R \approx 2 \cdot \cos\frac{\pi}{2\,z} \cdot \sqrt{N^2 - N \cdot (v' + v'')}$$

$$\approx 2\,N \cdot \cos\frac{\pi}{2\,z} \cdot \left(1 - \frac{v' + v''}{2\,N}\right).$$

$$1 - \frac{v' + v''}{M_0 - 2\,R} = \frac{M' - 2\,R}{(M_0 - 2\,R) \cdot \cos\frac{\pi}{2\,z}}\,,$$

$$v' + v'' = (M_0 - 2\,R) - \frac{M' - 2\,R}{\cos\frac{\pi}{2\,z}}\,,$$

$$p_e' + p_e'' = 2\left[(M_0 - 2\,R) - \frac{M' - 2\,R}{\cos\frac{\pi}{2\,z}}\right] \cdot \sin\varphi\,.$$

In den vorhergehenden Ausführungen sind die Winkel BOC bzw. $B'OC'$ gleich π/z also gleich der halben idealen Teilung gerechnet. Streng genommen muß statt dessen die halbe an der Meßstelle vorhandene Teilung gesetzt werden. Weicht diese von der gleichförmigen um $\hat{\tau}/2$ ab, so würde das zweite Glied lauten:

$$2\,\frac{M' - 2\,R}{\cos\left(\frac{\pi}{2\,z} + \frac{\hat{\tau}}{4}\right)} \cdot \sin\varphi = 2\,\frac{M' - 2\,R}{\cos\frac{\pi}{2\,z}} \cdot \left(1 + \frac{\hat{\tau}}{4} \cdot \operatorname{tg}\frac{\pi}{2\,z}\right) \cdot \sin\varphi\,.$$

Zu den sonstigen Fehlern kommt also noch hinzu der Fehler (falls in der Nähe des Teilkreises gemessen wird)

$$f = \frac{1}{2}\,\frac{(M' - 2\,R) \cdot \hat{\tau} \cdot \operatorname{tg}\frac{\pi}{2\,z}}{\cos\frac{\pi}{2\,z}} \cdot \sin\left(\alpha_0 + \frac{\pi}{2\,z} + \frac{\varepsilon}{2}\right).$$

Für $z = 10$, um einen ungünstigen Fall zu betrachten, und da für eine Überschlagsrechnung $M' - 2\,R \approx 2\,r_0$ gesetzt werden kann, wird

$$f \approx 0{,}08 \cdot r_0 \cdot \hat{\tau}\,.$$

Rechnet man mit

$$\tau = 5\,\mu\,, \qquad \hat{\tau} = \frac{5 \cdot 10^{-3}}{r_0}\,.$$

so wird

$$f \approx 0{,}4\,\mu\,.$$

Da dieser Fehler nichts Wesentliches mehr zu der Summe der sonstigen Fehler beiträgt, kann in der Formel mit dem Winkel $\frac{\pi}{2z}$ also $^1/_4$ der idealen Teilung gerechnet werden, und wird die Ungenauigkeit praktisch die gleiche wie bei einem entsprechenden Rad mit gerader Zähnezahl. Bestehen aber bleibt, daß man auch hier die Summe der Größen p'_e und p''_e erhält.

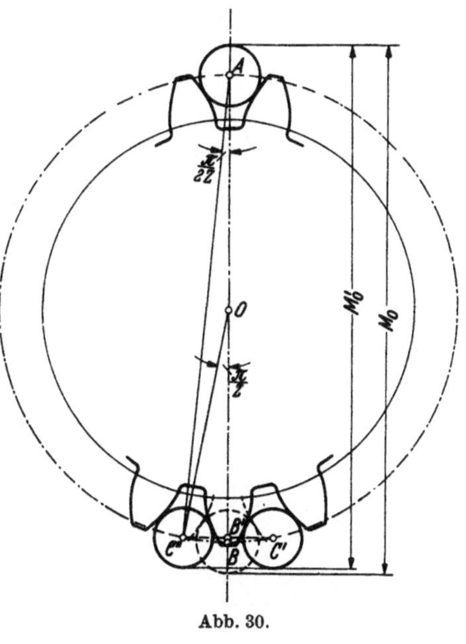

Abb. 30.

Die Messung ist auch so auszuführen, daß man in die beiden, rechts und links an den der oberen Lücke um 180° gegenüberliegenden Zahn stoßenden Lücken je eine Kugel mit den Mittelpunkten C' und C'' legt (Abb. 30). Der Mittelpunkt B der in die (gestrichelte) Ersatzlücke eingefügten Kugel liegt auf dem durch C' und C'' gehenden Kreise um O. Für das spielfreie Rad ist, falls zunächst wieder mit gleichförmiger Teilung gerechnet wird,

$$A B' = M'_0 - 2 R = \frac{1}{2} M_0 - R + OC' \cdot \cos\frac{\pi}{z}$$

$$= \left(\frac{1}{2} M_0 - R\right) \cdot \left(1 + \cos\frac{\pi}{z}\right) = (M_0 - 2 R) \cdot \cos^2\frac{\pi}{2z}.$$

Sind nur die radialen Verschiebungen der Kugeln von A und B (wobei die von B gleich denen von C' und C'' ist, die zunächst als einander gleich angenommen seien) wieder v' und v'', so wird wie vorher

$$A C' = A C'' = 2 N \cdot \left(1 - \frac{v' + v''}{2 N}\right) \cdot \cos\frac{\pi}{2 z}.$$

Da

$$M' - 2 R = A C' \cdot \cos\frac{\pi}{2 z},$$

so

$$M' - 2 R = 2 N \cdot \left(1 - \frac{v' + v''}{2 N}\right) \cdot \cos^2\frac{\pi}{2 z},$$

woraus analog wie vorher folgt:

$$p'_e + p''_e = 2\left[(M_0 - 2 R) - \frac{M' - 2 R}{\cos^2\frac{\pi}{2 z}}\right] \cdot \sin\varphi.$$

Der wegen örtlicher Teilungsfehler $\hat{\tau}$ zu $2\,\frac{M'-2R}{\cos^2\frac{\pi}{2z}}\cdot\sin\varphi$ hinzutretende Faktor wird jetzt

$$\left(1+\frac{\hat{\tau}}{4}\cdot\operatorname{tg}\frac{\pi}{2z}\right)^2=\left(1+\frac{\hat{\tau}}{2}\cdot\operatorname{tg}\frac{\pi}{2z}\right),$$

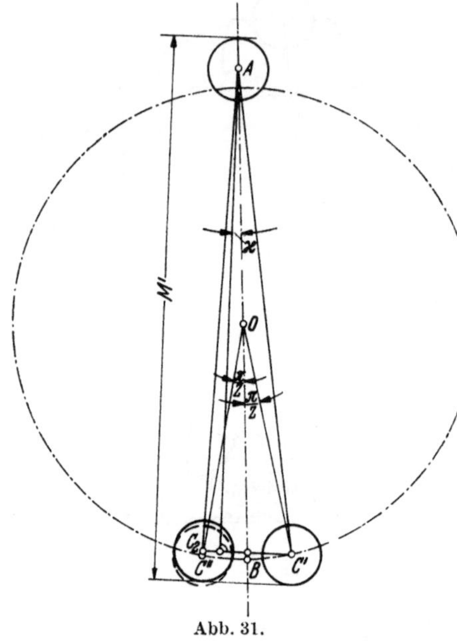

Abb. 31.

so daß der vorher berechnete Fehler f doppelt so groß wird. Immerhin trägt er auch jetzt noch nichts Wesentliches zu der Ungenauigkeit des ganzen Verfahrens bei.

Sind die Größen p_e und damit auch v für die beiden unteren Meßstellen verschieden (p_{e_1} und p_{e_2} bzw. v_1 und v_2), so daß sich die Mittelpunkte der beiden Kugeln nach C' und C_2 (statt nach C' und C'') verschieben (Abb. 31), so wird

$$A\,C'=2N\cdot\left(1-\frac{v'+v_1}{2N}\right)\cdot\cos\frac{\pi}{2z},$$

$$A\,C''=2N\cdot\left(1-\frac{v'+v_2}{2N}\right)\cdot\cos\frac{\pi}{2z}.$$

Nun ist

$$M'-2R=A\,C'\cdot\cos\left(\frac{\pi}{2z}+\varkappa\right)=A\,C'\cdot\left(\cos\frac{\pi}{2z}-\varkappa\cdot\sin\frac{\pi}{2z}\right)$$

und

$$M'-2R=A\,C''\cdot\left(\cos\frac{\pi}{2z}+\varkappa\cdot\sin\frac{\pi}{2z}\right),$$

da $\varkappa$ ein sehr kleiner Winkel. Demnach

$$M'-2R=2N\cdot\left(1-\frac{v'+v_1}{2N}\right)\cdot\cos^2\frac{\pi}{2z}$$
$$-2N\cdot\left(1-\frac{v'+v_1}{2N}\right)\cdot\varkappa\cdot\cos\frac{\pi}{2z}\cdot\sin\frac{\pi}{2z}$$

und

$$M'-2R=2N\cdot\left(1-\frac{v'+v_2}{2N}\right)\cdot\cos^2\frac{\pi}{2z}$$
$$+2N\cdot\left(1-\frac{v'+v_2}{2N}\right)\cdot\varkappa\cdot\cos\frac{\pi}{2z}\cdot\sin\frac{\pi}{2z}.$$

$$M'-2R=2N\cdot\left(1-\frac{v'+v''}{2N}\right)\cdot\cos^2\frac{\pi}{2z}$$
$$-\frac{1}{2}(v_1-v_2)\cdot\varkappa\cdot\sin\frac{\pi}{2z}\cdot\cos\frac{\pi}{2z}$$
$$\approx 2N\cdot\left(1-\frac{v'+v''}{2N}\right)\cdot\cos^2\frac{\pi}{2z},$$

worin $v''=\frac{1}{2}(v_1+v_2)$ gesetzt [da $\varkappa\cdot(v_1-v_2)$ klein von der 2. Ordnung].

Somit gilt auch in diesem Falle

$$p_e' + p_e'' = 2\left[(M_0 - R) - \frac{M' - 2R}{\cos^2 \frac{\pi}{2z}}\right] \cdot \sin\varphi,$$

worin $p_e'' = \frac{1}{2}(p_{e_1} + p_{e_2})$ das Mittel der Größen p_e für die beiden unteren Meßstellen, so daß man in diesem Falle eine Art Summe der 3 Größen p_e an den 3 Meßstellen erhält, die über die Einzelwerte an den 3 Stellen nichts erkennen läßt.

Damit scheidet dieses Verfahren in jeder Form für genaue Messungen aus und kann für gute Zahnräder nur in der Vorfabrikation benutzt werden, um zu sehen, ob eine Endbearbeitung überhaupt noch zum Ziel führt.

d) Meßstück: Zahnstange.

Wie im Abschnitt D 2 b α abgeleitet, sind die Abstände MA' und MA'' in Abb. 19 für eine Zahnstange, falls sie den Eingriffswinkel $\chi = \alpha_0$ hat, einander gleich. Für andere Winkel trifft dies aber nicht mehr zu. Von den richtigen Einstellungen aus sind zwar die Verschiebungen $v = \frac{1}{2}\, p_e/\sin\chi$ auch in diesem Falle einander gleich; sie werden aber verschieden, wenn man sie von derselben Einstellung für Zahn und Zahnlücke aus beobachtet. Da sie nach dem Zahnkopf der Zahnstange leichter auszuführen ist, wird man im Abstande MA' von der Prüflingsachse aus einstellen. Das von hier aus für symmetrische Lage ihrer Lücke an den beiden Flanken eines Zahnes des Prüflings ermittelte v'' ist dann aber nicht gleich der Verschiebung v' bis zur symmetrischen Anlage eines Zahnes an den beiden Flanken einer Lücke des Zahnrades.

Allgemein lassen sich die Verhältnisse nicht übersehen. Da man aber stets Prüfling und Zahnstange denselben Eingriffswinkel zu geben bestrebt sein wird, so werden seine Werte bei beiden nicht sehr voneinander abweichen. Wird er für den Prüfling mit α_0 bezeichnet, so kann man $\chi = \alpha_0 + \delta$ setzen, wo δ eine kleine Größe ist.

Für den Zahn wird nach Abschnitt D 1b, Gl. (d)

$$\begin{aligned}\operatorname{tg}\alpha &= \alpha_0 + \delta + \operatorname{Ev}\alpha_0 - \frac{\pi}{2z}\\ &= \operatorname{tg}\alpha_0 + \left(\delta - \frac{\pi}{2z}\right) = \operatorname{tg}\alpha_0 + a' \quad \left(a' = \delta - \frac{\pi}{2z}\right).\end{aligned}$$

Es werde ein Hilfswinkel $\varDelta'$ gesucht, derart, daß

$$\operatorname{tg}\alpha = \operatorname{tg}(\alpha_0 + \varDelta') = \frac{\operatorname{tg}\alpha_0 + \operatorname{tg}\varDelta'}{1 - \operatorname{tg}\alpha_0 \cdot \operatorname{tg}\varDelta'} = \operatorname{tg}\alpha_0 + a',$$

$$\operatorname{tg}\varDelta'(1 + \operatorname{tg}^2\alpha_0 + a'\operatorname{tg}\alpha_0) = a',$$

$$\operatorname{tg}\varDelta' = \frac{a' \cdot \cos^2\alpha_0}{1 + \frac{1}{2}a' \cdot \sin 2\alpha_0}.$$

Rechnet man ungünstig mit

$$\delta = 30' = 0{,}0087; \quad z = 10,$$

so wird

$$\operatorname{tg} \Delta' = \frac{-0{,}14835 \cdot \cos^2 \alpha_0}{1 - 0{,}07418 \cdot \sin 2\alpha_0} = -\frac{0{,}14835 \cdot \cos^2 \alpha_0}{0{,}9522},$$

$$\Delta' = -7^\circ 50'.$$

Nun ist

$$\operatorname{tg} \Delta' = -0{,}13758,$$

$$\Delta' = -0{,}13671.$$

Da der Unterschied zwischen $\operatorname{tg} \Delta'$ und Δ' selbst in dem angenommenen ungünstigen Fall weniger als $^2/_3\%$ ausmacht, kann man noch mit genügender Genauigkeit

$$\operatorname{tg} \Delta' \approx \Delta'$$

setzen.

Es gilt somit:

$$\chi = \alpha_0 + \delta,$$

$$\alpha = \alpha_0 + \Delta',$$

$$\beta/2 = \chi - \alpha = \delta - \Delta',$$

$$r' = \frac{1}{2} \frac{m \cdot z \cdot \cos \alpha_0}{\cos(\alpha_0 + \Delta')} \approx \frac{1}{2} m \cdot z \cdot (1 + \Delta' \cdot \operatorname{tg} \alpha_0),$$

somit nach Gl. (b) des Abschnittes D 1 b

$$\begin{aligned} MA' &= \tfrac{1}{2} m \cdot z \cdot (1 + \Delta' \cdot \operatorname{tg} \alpha_0) \cdot [\cos(\delta - \Delta') - \sin(\delta - \Delta') \cdot \operatorname{ctg}(\alpha_0 + \delta)] \\ &\quad + \tfrac{1}{2} b' \cdot \operatorname{ctg}(\alpha_0 + \delta) \\ &\approx \frac{1}{2} m \cdot z \cdot (1 + \Delta' \cdot \operatorname{tg} \alpha_0) \left[1 - (\delta - \Delta') \cdot \frac{1 - \delta \cdot \operatorname{tg} \alpha_0}{\delta + \operatorname{tg} \alpha_0}\right] \\ &\quad + \frac{1}{2} b' \cdot \frac{1 - \delta \cdot \operatorname{tg} \alpha_0}{\delta + \operatorname{tg} \alpha_0} \\ &\approx \frac{1}{2} m \cdot z \cdot (1 + \Delta' \cdot \operatorname{tg} \alpha_0) \cdot \left(1 - \frac{\delta - \Delta'}{\delta + \operatorname{tg} \alpha_0}\right) + \frac{1}{2} b' \cdot \frac{1 - \delta \cdot \operatorname{tg} \alpha_0}{\delta + \operatorname{tg} \alpha_0} \\ &\approx \frac{1}{2} m \cdot z \cdot \left(1 + \Delta' \cdot \operatorname{tg} \alpha_0 + \frac{\Delta' - \delta}{\delta + \operatorname{tg} \alpha_0}\right) + \frac{1}{2} b' \cdot \frac{1 - \delta \cdot \operatorname{tg} \alpha_0}{\delta + \operatorname{tg} \alpha_0} \\ &\approx \frac{1}{2} m \cdot z \cdot \left(1 + \frac{\Delta'/\cos^2 \alpha_0 - \delta}{\delta + \operatorname{tg} \alpha_0}\right) + \frac{1}{2} b' \cdot \frac{1 - \delta \operatorname{tg} \alpha_0}{\delta + \operatorname{tg} \alpha_0} \\ &\left[\approx \frac{1}{2} m \cdot z \cdot \left(1 + 2 \frac{\Delta' - \delta \cdot \cos^2 \alpha_0}{\sin 2\alpha_0}\right) + \frac{1}{2} b' \cdot \operatorname{ctg} \alpha_0 \cdot \left(1 - 2 \frac{\delta}{\sin 2\alpha_0}\right)\right]. \end{aligned}$$

Analog wird für die Lücke

$$\chi = \alpha_0 + \delta,$$

$$\operatorname{tg} \alpha = \operatorname{tg} \alpha_0 + \delta + \frac{\pi}{2z}, \quad a'' = \delta + \frac{\pi}{2z},$$

$$\alpha = \alpha_0 + \Delta'',$$

$$\Delta'' = \frac{a'' \cdot \cos^2 \alpha_0}{1 + \frac{1}{2} a'' \cdot \sin 2\alpha_0},$$

$$\gamma/2 = \alpha - \chi = \Delta'' - \delta,$$

$$M A'' = \frac{1}{2}\, m \cdot z \left(1 + \frac{\Delta''/\cos^2\alpha_0 - \delta}{\delta + \operatorname{tg}\alpha_0}\right) - \frac{1}{2}\, b'' \cdot \frac{1 - \delta \cdot \operatorname{tg}\alpha_0}{\delta + \operatorname{tg}\alpha_0}$$

$$\left[\approx \frac{1}{2}\, m \cdot z \cdot \left(1 + 2\,\frac{\Delta'' - \delta \cdot \cos^2\alpha_0}{\sin 2\alpha_0}\right) - \frac{1}{2}\, b'' \cdot \operatorname{ctg}\alpha_0 \cdot \left(1 - 2\,\frac{\delta}{\sin 2\alpha_0}\right)\right].$$

Nun ist $b'' = t'' - b' = m'' \cdot \pi - b' = (m + \mu) \cdot \pi - b'$, wobei noch angenommen ist, daß die Teilungen und damit die Moduln von Prüfling und Zahnstange nicht völlig einander gleichen, sondern sich um die kleine Größe τ bzw. μ voneinander unterscheiden. Es wird

$$v = M A' - M A'' = \frac{1}{2}\,\frac{m}{\delta + \operatorname{tg}\alpha_0}\left[\left(1 + \frac{\mu}{m}\right) \cdot \pi \cdot (1 - \delta \cdot \operatorname{tg}\alpha_0) + \frac{z \cdot (\Delta' - \Delta'')}{\cos^2\alpha_0}\right],$$

$$\Delta' - \Delta'' = \left[\frac{\delta - \frac{\pi}{2z}}{1 + \frac{1}{2}\left(\delta - \frac{\pi}{2z}\right)\sin 2\alpha_0} - \frac{\delta + \frac{\pi}{2z}}{1 + \frac{1}{2}\left(\delta + \frac{\pi}{2z}\right)\sin 2\alpha_0}\right] \cdot \cos^2\alpha_0$$

$$= \left\{\left(\delta - \frac{\pi}{2z}\right) \cdot \left[1 - \frac{1}{2}\left(\delta - \frac{\pi}{2z}\right) \cdot \sin 2\alpha_0\right] - \right.$$

$$\left. - \left(\delta + \frac{\pi}{2z}\right) \cdot \left[1 - \frac{1}{2}\left(\delta + \frac{\pi}{2z}\right) \cdot \sin 2\alpha_0\right]\right\} \cdot \cos^2\alpha_0.$$

Da in dem angenommenen Falle $\frac{1}{2}\left(\delta - \frac{\pi}{2z}\right)\sin 2\alpha_0 = -0{,}0478$, $\frac{1}{2}\left(\delta + \frac{\pi}{2z}\right) \cdot \sin 2\alpha_0 = 0{,}0533$, also nur 5% von dem anderen Gliede des Nenners ausmacht, die bereits bei $\operatorname{tg}\Delta'$ vernachlässigt waren, so wird

$$\Delta' - \Delta'' \approx -\frac{\pi}{z} \cdot \cos^2\alpha_0,$$

$$\text{(a)}\quad \left\{\begin{aligned} v &= \frac{1}{2}\,\frac{m \cdot \pi}{\delta + \operatorname{tg}\alpha_0}\left(1 + \frac{\mu}{m} - \delta \cdot \operatorname{tg}\alpha_0 - 1\right) \\ &= \tfrac{1}{2} \cdot \pi \cdot \operatorname{ctg}\alpha_0\,(\mu - m \cdot \delta \cdot \operatorname{tg}\alpha_0)\,(1 - \delta \cdot \operatorname{ctg}\alpha_0) \\ &= \tfrac{1}{2}\,\tau \cdot \operatorname{ctg}\alpha_0 - \tfrac{1}{2}\, m \cdot \pi \cdot \delta, \qquad \text{wo } \tau = \mu \cdot \pi. \end{aligned}\right.$$

Diese Differenz wird außer für $\delta = 0$ und $\tau = 0$ auch gleich 0, falls

$$\tau = m \cdot \pi \cdot \delta \cdot \operatorname{tg}\alpha_0,$$

d. h. wenn die Eingriffsteilungen von Zahnrad und Zahnstange einander gleich sind, wie aus nachstehendem folgt:

Diese sind nämlich

$$t'_e = \tfrac{1}{2}\, m \cdot \pi \cdot \cos\alpha_0$$

bzw.

$$t''_e = \tfrac{1}{2}\,(m + \mu) \cdot \pi \cdot \cos(\alpha_0 + \delta) = \tfrac{1}{2}\,(m + \mu) \cdot \pi \cdot (\cos\alpha_0 - \delta \cdot \sin\alpha_0)$$

und werden einander gleich, wenn

$$\mu = m \cdot \delta \cdot \operatorname{tg}\alpha_0.$$

Mit $\delta = 30\,\text{min} = 0{,}00873$, $\tau = 5\,\mu$ wird

$$v_\delta = -13{,}7 \cdot m \quad \mu\ (m \text{ in mm}),$$
$$v_\tau = 6{,}9\,\mu.$$

Zeichnet man die gegenseitigen Verschiebungen von Lehrstange und Zahnrad (Achsabstandsänderung) kontinuierlich auf, so erhält man bei idealen Verhältnissen (also von Zahn zu Zahn gleichbleibendem p_e) eine Kurve, deren obere und untere Spitzen (Umkehrpunkte) auf zwei parallelen Geraden liegen, deren Abstand das vorher berechnete ν darstellt. Ob er durch abweichenden Eingriffswinkel oder Kreisteilung der Lehre verursacht ist, läßt sich nicht entscheiden. Sind aber die Abweichungen der Teilung vom Sollwert bei der Zahnstange zu vernachlässigen, so rühren sie nur von falschem Eingriffswinkel des Prüflings her, da seine (Kreis-)Teilung (in Winkelgrad oder mm, als Durchschnittswert über alle Zähne) ja stets fehlerfrei ist. Aus dem Abstand der Umkehrpunkte kann man also auch den Eingriffswinkel des Zahnrades berechnen.

Allgemein ist:

$$\delta = \frac{\tau \cdot \operatorname{ctg} \alpha_0 - 2\nu}{m \cdot \pi}. \tag{b}$$

Zieht man den durch einen etwaigen Teilungsfehler τ der Zahnstange veranlaßten Betrag $\frac{1}{2}\tau \cdot \operatorname{ctg} \alpha_0$ von ν ab ($\nu' = \nu - \frac{1}{2}\tau \cdot \operatorname{ctg} \alpha_0$), so wird der Unterschied der Eingriffswinkel

$$\delta = -\frac{2\nu'}{m \cdot \pi}$$

und der Fehler $d\delta$ von δ (wobei δ den Unterschied gegen den Eingriffswinkel der Zahnstange darstellt)

$$d\delta_{\nu'} = -\frac{2\,d\nu'}{m \cdot \pi};$$

$d\nu'$ wird man (zumal darin der Anteil von $\frac{1}{2}\tau \cdot \operatorname{ctg} \alpha_0$ enthalten ist) mit mindestens $5\,\mu$ ansetzen müssen. Damit wird

$$d\delta_{\nu'} = 10{,}9/m \quad \text{min}.$$

Die Differenz der Eingriffsteilungen ergibt sich unter Berücksichtigungen von Gl. (b) zu

$$\begin{aligned} \delta t_e = t_e' - t_e'' &= \tfrac{1}{2} m \cdot \pi \cdot \delta \cdot \sin \alpha_0 - \tfrac{1}{2}\mu \cdot \pi \cdot \cos \alpha_0 \\ &= \tfrac{1}{2}\tau \cdot \cos \alpha_0 - \nu \cdot \sin \alpha_0 - \tfrac{1}{2}\tau \cdot \cos \alpha_0 \\ &= -\nu \cdot \sin \alpha_0 = -0{,}34 \cdot \nu. \end{aligned}$$

Der Abstand der beiden Einhüllenden ist also rund der 3-fache Unterschied der Eingriffsteilungen von Prüfling und (Lehr-)Zahnstange.

Schwankt p_e von Zahn zu Zahn, sind also die Einhüllenden der (Umkehr-)Spitzen der aufgezeichneten Kurve keine Geraden, so kann dies verursacht sein durch Schlag (was aber nicht interessiert, da man ja das wirksame, d. h. das durch den Schlag beeinflußte p_e erfassen will), weiterhin durch Fehler in der Zahndicke und der Lückenweite von Prüfling und Zahnstange, die sich auch, mindestens für einen Umlaufsinn, in der Regel aber wohl für beide Richtungen, als Teilungsfehler auswirken. Insofern vermag man aus dem Verlauf der beiden Einhüllenden keine Schlüsse über den Teilungsverlauf der Rechts- und Linksflanken alleine zu ziehen. Deshalb ist die Feststellung des Flankenabmaßes p_e (hier ermittelt aus den axialen Verschiebungen) noch zu ergänzen durch eine Prüfung, die die Gleichmäßigkeit der wirksamen Kreisteilung des Prüflings für die Rechts- und die Linksflanken getrennt, einschließlich der Formfehler der Flanken, zu ermitteln gestattet, d. h. es ist noch die Gleichförmigkeit der Winkelgeschwindigkeit mit einem Ein-Flankenabrollgerät zu untersuchen.

e) Meßstück: Lehr(zahn)rad.

Das Flankenabmaß p_e läßt sich ferner bestimmen, und zwar für die verschiedenen Zähne bzw. Lücken, wenn man den Prüfling mit einem idealen spielfreien Zahnrade (Lehrrad) abwälzen läßt. Man stellt ihre beiden Achsen zunächst auf den für spielfreie Räder maßgebenden Abstand (Summe ihrer Teilkreishalbmesser $r_0'+r_0''$) ein und beobachtet mittels eines Fühlhebels, um welchen Betrag v sich dieser Achsabstand ändert, wenn sich entweder der Zahn des Lehrrades symmetrisch an beide Flanken einer Lücke des Prüflings oder umgekehrt eine Lücke des Lehrrades sich entsprechend an die beiden Flanken eines Zahns des Prüflings anlegt. Das Abrollen beider Räder erfolgt dann auf den Wälzkreisen mit dem Eingriffswinkel α_w und den Halbmessern r' und r''.

Nach Abschnitt B ist unter diesen Umständen die (als Bogen) auf dem Wälzkreise gemessene Zahndicke des spielfreien Lehrrades ($''$) gleich der auf dem Wälzkreise gemessenen Lückenweite des Prüflings ($'$), also nach Gl. (3) und (2)

$$r''\cdot\left(\frac{\pi}{2z''}-\operatorname{Ev}\alpha_w+\operatorname{Ev}\alpha_0\right)=r'\cdot\left(\frac{\pi}{2z'}+\frac{\varepsilon}{2}+\operatorname{Ev}\alpha_w-\operatorname{Ev}\alpha_0\right),$$

$$r'\cdot\frac{\varepsilon}{2}=(\operatorname{Ev}\alpha_0-\operatorname{Ev}\alpha_w)\cdot(r'+r'')-\frac{\pi}{2}\left(\frac{r'}{z'}-\frac{r''}{z''}\right)$$

und mit Rücksicht auf Gl. (d) des Abschnittes B

$$\frac{\varepsilon}{2}=(\operatorname{Ev}\alpha_0-\operatorname{Ev}\alpha_w)\cdot\left(\frac{z'+z''}{z'}\right)$$

(dieselbe Gleichung ergibt sich auch, wenn man die auf den Wälzkreisen gemessene Lückenweite des Lehrrades gleich der Zahndicke des Prüflings setzt), somit nach Gl. (10)

$$p_e=m\cdot(z'+z'')\cdot(\operatorname{Ev}\alpha_0-\operatorname{Ev}\alpha_w)\cos\alpha_0. \tag{a}$$

Der Winkel α_w folgt nach Gl. (7) und Gl. (e) des Abschnittes B aus

$$\left.\begin{aligned}\cos\alpha_w&=\frac{r_0'\cdot\cos\alpha_0}{r'}=\frac{r_0''\cdot\cos\alpha_0}{r''}\\&=\frac{r_0'\cdot\cos\alpha_0\cdot(z'+z'')}{z'\cdot(r_0'+r_0''-v)}=\frac{r_0''\cdot\cos\alpha_0\cdot(z'+z'')}{z''\cdot(r_0'+r_0''-v)}\\&=\frac{1}{2}\,\frac{m\cdot(z'+z'')\cdot\cos\alpha_0}{r_0'+r_0''-v}\\&=\frac{\cos\alpha_0}{1-\dfrac{2v}{m\cdot(z'+z'')}}.\end{aligned}\right| \tag{b}$$

Damit wird

$$p_e = m \cdot (z' + z'') \cdot \cos\alpha_0 \left[\operatorname{Ev}\alpha_0 - \sqrt{\frac{\left[1 - \frac{2v}{m \cdot (z' + z'')}\right]^2}{\cos^2\alpha_0} - 1} + \arccos\left(\frac{\cos\alpha_0}{1 - \frac{2v}{m \cdot (z' + z'')}}\right)\right].$$

Diese Gleichung läßt sich in geschlossener Form darstellen, wenn v so klein, daß die zweiten und höheren Potenzen von

$$\frac{2v}{m \cdot (z' + z'')}$$

zu vernachlässigen sind (rechnet man mit

$$v \sim 0{,}15\,\text{mm}, \quad m \cdot (z' + z'') = 20, \quad \text{so wird} \left[\frac{2v}{m\,(z' + z'')}\right]^2 \approx 0{,}0002).$$

Setzt man $\alpha_w = \alpha_0 - \delta$, so wird

$$\cos\alpha_0 + \delta\sin\alpha_0 = \cos\alpha_0\left[1 + \frac{2v}{m \cdot (z' + z'')}\right],$$

$$\delta = \frac{2v}{m \cdot (z' + z'')} \cdot \operatorname{ctg}\alpha_0.$$

$$\operatorname{Ev}\alpha_w = \frac{\operatorname{tg}\alpha_0 - \delta}{1 + \delta\operatorname{tg}\alpha_0} - (\alpha_0 - \delta) = \operatorname{tg}\alpha_0 - \frac{\delta}{\cos^2\alpha_0} - (\alpha_0 - \delta)$$

$$= \operatorname{Ev}\alpha_0 - \delta \cdot \operatorname{tg}^2\alpha_0,$$

$$\operatorname{Ev}\alpha_0 - \operatorname{Ev}\alpha_w = \frac{2v \cdot \operatorname{tg}\alpha_0}{m \cdot (z' + z'')},$$

(c) $$p_e = 2v \cdot \sin\alpha_0.$$

Bei kleinen Verschiebungen v berechnet sich also p_e wie bei einer Zahnstange (Zahn oder Reiter vom Winkel $\chi = \alpha_0$).

Man kann somit Lehrrad und Prüfling auch gleich auf den Achsabstand

$$r_0' + r_0'' - v = r_0' + r_0'' - \tfrac{1}{2}\,p_e/\sin\alpha_0$$

mittels Endmasse einstellen (dies gilt sinngemäß auch für Zahn, Reiter, Zylinder, Kugel oder Zahnstange) und dann nur beobachten, um wieviel dieser sich ändert, bzw. ob er innerhalb der vorgeschriebenen Toleranz bleibt (die — um Klemmen unter allen Umständen zu vermeiden — nur negativ sein darf).

Schwankt die Größe p_e von Zahn zu Zahn des Prüflings, so erhält man eine Kurve. Die Einhüllende ihrer Spitzen begrenzt die Schwankungen von v, aus denen man nach Gl. (c) die Schwankungen des wirksamen p_e leicht zu berechnen vermag. Voraussetzung ist dabei, daß der Eingriffswinkel α_0 konstant bleibt.

Hat auch das Lehrrad nicht die volle Zahnstärke, so beobachtet man die Summe $p_e' + p_e''$ und ebenso die Summe der Schwankungen dieser beiden Größen. Es ist dann nämlich anzusetzen:

$$r'' \cdot \left(\frac{\pi}{2z''} - \frac{\varepsilon''}{2} - \mathrm{Ev}\,\alpha_w + \mathrm{Ev}\,\alpha_0 \right) = r' \cdot \left(\frac{\pi}{2z'} + \frac{\varepsilon'}{2} + \mathrm{Ev}\,\alpha_w - \mathrm{Ev}\,\alpha_0 \right),$$

woraus mit Rücksicht auf Gl. (d) des Abschnitts B folgt

$$r' \cdot \frac{\varepsilon'}{2} + r'' \cdot \frac{\varepsilon''}{2} = (\mathrm{Ev}\,\alpha_0 - \mathrm{Ev}\,\alpha_w) \cdot (r' + r'')$$

und

$$\begin{aligned} p_e = p_e' + p_e'' &= (r' \cdot \varepsilon' + r'' \cdot \varepsilon'') \cdot \cos\alpha_w \\ &= 2\,(\mathrm{Ev}\,\alpha_0 - \mathrm{Ev}\,\alpha_w) \cdot (r' + r'') \cdot \cos\alpha_w \\ &= 2\,(\mathrm{Ev}\,\alpha_0 - \mathrm{Ev}\,\alpha_w) \cdot (r_0' + r_0'') \cdot \cos\alpha_0 \\ &= m \cdot (z' + z'') \cdot (\mathrm{Ev}\,\alpha_0 - \mathrm{Ev}\,\alpha_w) \cdot \cos\alpha_0 . \end{aligned}$$

Für kleine v wird wieder

$$p_e = p_e' + p_e'' = 2\,v \cdot \sin\alpha_0 .$$

Nun werden die besten handelsüblichen Räder bereits mit Lehrengenauigkeit hergestellt, so daß für diese das Lehrrad nicht genauer als der Prüfling ist und man aus jener Summe nicht auf die Gleichmäßigkeit und Größe des Flankenabmaßes p_e' des zu untersuchenden Zahnrades schließen kann.

Das gilt um so mehr, als man immer die durch den Schlag beeinflußte, also die w i r k s a m e Größe p_e bzw. die Summe der beiden w i r k s a m e n p_e bestimmt. Dadurch kommt es auch, daß die erhaltenen Kurven (bei Rädern mit gleichen Zähnezahlen) sehr verschieden ausfallen, je nachdem, in welcher Winkelphase sie miteinander gepaart werden.

Mit einem einzelnen Zahn oder Reiter vermag man zwar p_e mit der genügenden Genauigkeit zu bestimmen, doch ist eine kontinuierliche Aufzeichnung seiner Schwankungen durch einfaches Durchdrehen des Prüflings nicht möglich. Wohl gelingt dies aber unter Benutzung eines Kugel- oder Zylinderkranzes.

Stimmen die Eingriffswinkel von Prüfling und Lehrrad nicht überein (ihre rechnerischen Kreisteilungen sind — bei gleichem Modul — ja stets völlig identisch), so erhält man wieder zwei einhüllende Kurven, deren Abstand ν sich aus der Gl. (b) des vorhergehenden Abschnittes D 2d berechnet, falls darin noch $\tau = 0$ gesetzt wird. Es gelten also die Gleichungen

$$\delta = -\frac{2\,\nu}{m \cdot \pi} \quad \text{und} \quad \delta t_e = -\nu \cdot \sin\alpha_0 ,$$

wobei δ die Differenz der Abweichungen der Eingriffswinkel der beiden Zahnräder vom Sollwert $\alpha_0 = 20^\circ$ ist.

Deutlicher geht dies noch aus folgender Überlegung hervor: Man denke sich zwei identische Zahnräder (also mit gleichem α_0) gegen eine aus unendlich dünnem Blech hergestellte Zahnstange, von anderem

Eingriffswinkel und anderer Teilung, gleichzeitig abwälzen. Man erhält dann zwei identische Kurven mit gleichen Abständen der Einhüllenden. Arbeiten nun die beiden Zahnräder unmittelbar gegeneinander, so muß der Abstand der Einhüllenden in diesem Falle gleich 0 sein, da ja die beiden Zahnräder als ideal übereinstimmend vorausgesetzt waren. Demnach müssen die vorher mit der Zahnstange erhaltenen Ergebnisse voneinander subtrahiert werden. Dabei fällt dann auch der Einfluß des Unterschiedes in der Teilung gegenüber der der Zahnstange heraus (weil ja zwei Räder von gleichem Modul, wie vorher bereits erwähnt, stets gleiche Teilung haben). Da somit nur der Einfluß der Unterschiede der Eingriffswinkel bei zwei Rädern mit verschiedenen α_0 bleibt, so ist der Abstand der Einhüllenden, wie oben ausgeführt, ein Maß für die Differenz der Eingriffswinkel bzw. der Eingriffsteilungen von Lehrrad und Prüfling.

Örtliche Verschiedenheiten von Eingriffswinkel und Teilung machen sich wieder durch Abweichungen von den Ausgleichs-Einhüllenden bemerkbar.

Da bei Benutzung einer Zahnstange als Lehre auch der Unterschied ihrer Teilung gegen die des Prüflings mit eingeht, so ist sie für diesen Zweck beim Zweiflanken-Abrollgerät weniger geeignet, es sei denn, daß es gelingt, sie so genau herzustellen, daß ihre Teilungsfehler und auch die ihres Eingriffswinkels gegen die des Prüflings zu vernachlässigen sind. Ebenso ist aber auch ein Zahnrad nur als Lehre zu verwenden, wenn sein Eingriffswinkel bzw. Eingriffsteilung sich dem Sollwert sehr weitgehend annähert, seine Teilung gleichmäßig und es spielfrei ist.

Andernfalls kann man aus dem Abstande der ausgleichenden Einhüllenden immer nur den Unterschied der α_0 bzw. der t_e der beiden Räder erhalten. Die Form der Einhüllenden ist in erster Linie bedingt durch den Schlag; da aber auch der Eingriffswinkelfehler und die Ungleichförmigkeit der Teilung periodisch verlaufen können, so läßt sich der Schlag durch Aussonderung des periodischen Anteils der Kurve nicht abtrennen. Man kann also nur auf örtliche Fehler von α_0 und $\hat{t}$, und zwar aus den über die Ausgleichskurven hinausgehenden Spitzen schließen. Solange nicht (spielfreie) Lehrräder mit wesentlich geringeren Fehlern als die jeweils zu prüfenden Zahnräder zur Verfügung stehen (was zu erreichen bei guten Rädern ihrer sehr geringen Ungenauigkeit wegen so gut wie ausgeschlossen ist), sagt also die Feststellung der Achsabstandsänderung von Prüf- und Lehrzahnrad auf einem Zweiflanken-Abrollgerät über den Prüfling nichts Eindeutiges aus.

f) Meßstück: Zylinder- oder Kugelkranz.

Man hängt eine Reihe gleicher Zylinder oder Kugeln (sie sind durch Aussuchen bis auf etwa 0,25 μ von gleichem Durchmesser zu erhalten) in ungefähr dem der benötigten Teilung entsprechenden Abstande längs des Umfanges einer leicht drehbaren Scheibe auf; an der Achse ist ein schwach hohl gehaltenes Stück (Abb. 32) oder auch eine Kreisscheibe (Abb. 33) so befestigt, daß sich die Meßstücke in geringem Abstande dagegen vorbeibewegen und durch das zu prüfende Zahnrad dagegen gedrückt werden.

Bei einer anderen Ausführung werden die Kugeln durch zwei Scheiben derart an einer sich drehenden zylindrischen Scheibe gehalten, daß sie sich längs deren Umfang etwas frei zu bewegen vermögen, um sich so, ohne Beeinflussung durch Teilungsfehler des Prüflings, symmetrisch in die einzelnen Zahnlücken einlegen zu können. Beim Drehen des zu prüfenden Zahnrades werden die Kugeln oder Zylinder nacheinander von je einem Zahn mitgenommen und dadurch ihre Aufhängungsscheibe oder die (bei der zweiten Ausführung benutzte) als Gegenlage wirkende Scheibe gedreht.

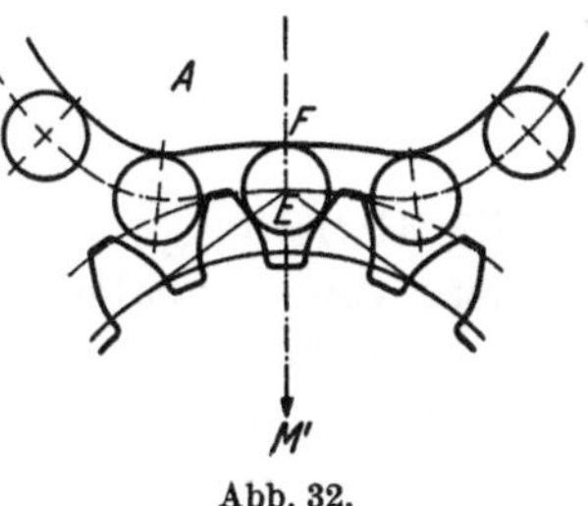

Abb. 32.

In der erhaltenen Kurve beobachtet man zwei Scharen von Spitzen, von denen die eine der symmetrischen Lage der Kugeln in den Zahnlücken, die andere der der Zähne zwischen zwei Kugeln entsprechen, die aber nicht interessiert. Die Einhüllende der zuerst genannten Spitzen gibt wieder eine Darstellung der v- und damit auch der p_e-Schwankungen, während ihre (mittleren) Werte selbst wie vorher beobachtet werden.

Dem Gegenhalter der Kugeln gibt man den Abstand MF nach Abb. 23 ($M'F$ in Abb. 33). Die Wälzkreise gehen nach Abb. 2 durch die Kugelmittelpunkte O in Abb. 33. Zur Berechnung des Halbmessers $M''F = r''$ der Kreisscheibe geht man von Gl. (d) des Abschnittes B aus. Danach

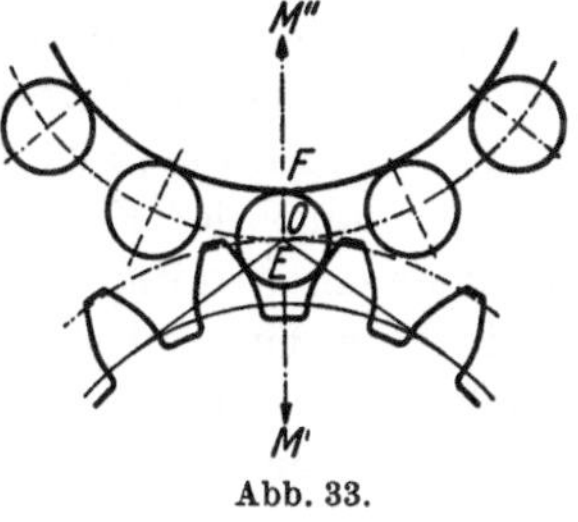

Abb. 33.

$$r'' + R = r' \cdot \frac{z''}{z'},$$

wo

$$r' = M'O = \frac{r_0 \cdot \cos \alpha_0}{\cos \varphi}$$

und φ aus Gl. (d) des Abschnittes D 1 c zu berechnen ist. Somit wird

$$r'' = r_0 \cdot \frac{z''}{z'} \cdot \frac{\cos \alpha_0}{\cos \varphi} - R = \frac{1}{2} m \cdot z'' \cdot \frac{\cos \alpha_0}{\cos \varphi} - R;$$

ferner der (Bogen-)Abstand der Mittelpunkte der einzelnen Kugeln

$$\frac{2\pi \cdot (r'' + R)}{z''} = \frac{2\pi \cdot r'}{z'} = \frac{m \cdot \pi \cdot \cos \alpha_0}{\cos \varphi}$$

und ihr Sehnenabstand:

$$(r'' + R) \cdot \sin \frac{2\pi}{z''} = \frac{1}{2} m \cdot z'' \cdot \frac{\cos \alpha_0}{\cos \varphi} \cdot \sin \frac{2\pi}{z''}.$$

Der Achsabstand wird

$$a = r' + r'' + R = \frac{1}{2} m \cdot (z' + z'') \cdot \frac{\cos \alpha_0}{\cos \varphi}$$

und, falls die Anlage der Kugeln im Teilkreis des Prüflings erfolgen soll,

$$a = \frac{1}{2} m \cdot (z' + z'') \cdot \frac{\cos \alpha_0}{\cos\left(\alpha_0 + \frac{\pi}{2z'}\right)},$$

$$R = \frac{1}{2} m \cdot z' \cdot \frac{\sin \frac{\pi}{2z'}}{\cos\left(\alpha_0 + \frac{\pi}{2z'}\right)}.$$

Die Entfernung wird am besten wieder als $M'E$ eingestellt, um von Fehlern von r'' unabhängig zu werden, die durch die Ausführung der Scheibe verursacht sein können. Andererseits wird $M'E$ beeinflußt durch Ungleichmäßigkeiten der Kugeln (die, wie erwähnt, unter $0{,}25\,\mu$ zu halten sind) und durch den Schlag der sich drehenden Scheibe bei der Ausführung nach Abb. 33. Rechnet man für beide zusammen $3\,\mu$, so kann dadurch nach Abschnitt D 1c insgesamt $\delta S \approx 5\,\mu$ und $\delta p_e \approx 5\,\mu$ werden, was zureichend ist.

Alle bisher erörterten sowie auch die weiterhin noch zu besprechenden Verfahren der Bestimmung des Flankenabmaßes p_e (mittels Zahn, Kegel, Reiter, Zylinder, Kugel, Zahnstange, Zahnrad, Zylinder- oder Kugelkranz und auch aus der Zahndicke) liefern die Größe von p_e immer nur für eine Stelle, aus der aber nichts über den Verlauf des Flankenabmaßes längs der Flanken geschlossen werden kann. Es wird deshalb im allgemeinen nötig sein, die Größe von p_e an verschiedenen Stellen der Flanken zu ermitteln, was leicht durch Benutzung von Meßstücken verschiedener Größe, also z. B. von Zylinder- oder Kugelkränzen mit Zylindern bzw. Kugeln verschiedener Durchmesser, möglich ist.

g) Abplattung.

α) Zähne der Zahnstange oder Reiter (Zahnlücke). Die wirksame Kraftkomponente ist nach Abb. 34

$$P = \frac{1}{2} \frac{P_M}{\sin \chi}.$$

Infolge der Abplattung M' rückt der Zahn tiefer um

$$C = \frac{M'}{\sin \chi}.$$

Somit (siehe Abschnitt D 1e)

$$C = \frac{0{,}4615 \cdot P_M}{2 \sin^2 \chi \cdot L} \sqrt{\frac{1}{D}}.$$

Soll wieder die Anlage im Teilkreis erfolgen, so ist für den Zahn

$$\chi = \alpha_0 + \frac{\pi}{2z}.$$

C wird am größten für kleines χ, also großes z. Da im Abschnitt D 1 e α $m \cdot z = 10$ gewählt war, so sei angenommen $z = 10$, $\chi = 29°$. Der im Abschnitt D 1 e α gefundene Wert 0,03 μ ist zu multiplizieren mit

$$\frac{1}{2\sin^2\chi} = 2{,}13.$$

Damit wird (falls $P_M = 1$ kg, $L = 10$ mm),

$$C = 0{,}065\,\mu$$

$$\delta\varepsilon \approx 2{,}5 \text{ sec}, \qquad \delta p_e \approx 0{,}06\,\mu.$$

Beim Reiter ist $\chi = \alpha_0 - \frac{\pi}{2z} = 11°$ und wird der Faktor

$$\frac{1}{2 \cdot \sin^2\chi} = 13{,}7,$$

damit C und δp_e rd. 6,5mal größer als beim Zahn, bleiben aber unter 1 μ und sind somit zu vernachlässigen.

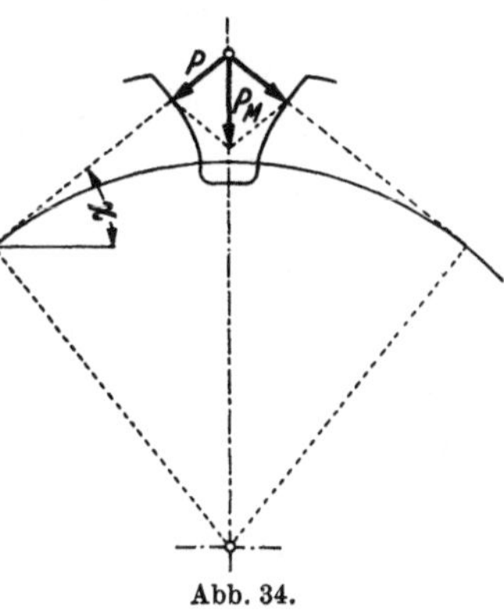

Abb. 34.

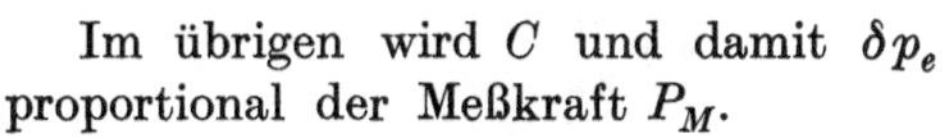

Im übrigen wird C und damit δp_e proportional der Meßkraft P_M.

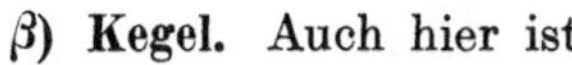

β) **Kegel.** Auch hier ist

$$P = \frac{1}{2}\frac{P_M}{\sin\chi},$$

$$C = \frac{M}{\sin\chi}.$$

Der im Abschnitt D 1 e β gefundene Wert ist also zu multiplizieren mit

$$\frac{1}{\sin\chi}\sqrt[3]{\frac{1}{4\sin^2\chi}} = 2{,}16 \qquad (\text{für } z = 10).$$

Damit wird

$$C = 3{,}2\,\mu,$$

$$\delta\varepsilon \approx 2{,}4', \qquad \delta p_e \approx 3{,}1\,\mu \qquad (\text{bei } P_M = 1 \text{ kg}).$$

γ) **Kugel.** Auch hier ist

$$P = \frac{1}{2}\frac{P_M}{\sin\chi}, \qquad C = \frac{M}{\sin\chi}$$

und der Wert in Abschnitt D 1 e γ zu multiplizieren mit 2,16. Damit wird

$$C = 3{,}64\,\mu,$$

$$\delta\varepsilon \approx 2{,}5', \qquad \delta p_e \approx 3{,}4\,\mu.$$

δ) **Zylinder.** Auch hierfür sind die Werte aus Abschnitt D 1 e δ zu multiplizieren mit 2,13.

Die Werte sind, da im Abschnitt D 1 e die Abplattung $2M$ auftritt gegen hier $(2{,}13 \text{ bis } 2{,}16) \cdot M$, für die angenommene Anlage im Teilkreis bei gleichem Meßdruck nur um 7 bis 8% größer als früher.

ε) **Zahnrad.** Da es sich hier grundsätzlich um den Fall zweier paralleler Zylinder handelt, ist die Abplattung nicht zu berechnen. Sie wird aber nur unwesentlich größer als bei Berührung von Zylinder und Ebene und ist somit nach α) zu vernachlässigen.

ζ) **Kugelkranz.** Zu der Abplattung der Kugeln gegen die Zähne des Prüflings kommt hier noch die der Kugeln gegen die Kreisscheibe hinzu (es sei Ausführung nach Abb. 33 angenommen).

Für den Fall der Anlage im Teilkreis ist (s. Abschnitt D 1 e γ und D 2 f)

$$\varrho_{I1} = \varrho_{I2} = \frac{2 \cdot \cos\left(\alpha_0 + \frac{\pi}{2z'}\right)}{m \cdot z' \cdot \sin\frac{\pi}{2z'}},$$

$$\varrho_{II1} = \frac{2 \cdot \cos\left(\alpha_0 + \frac{\pi}{2z'}\right)}{m \cdot \left(z'' \cdot \cos\alpha_0 - z' \cdot \sin\frac{\pi}{2z'}\right)}, \qquad \varrho_{II2} = 0,$$

$$\cos\tau = \frac{\varrho_{II1}}{2 \cdot \varrho_I + \varrho_{II1}} = \frac{z' \cdot \sin\frac{\pi}{2z'}}{2z'' \cdot \cos\alpha_0 - z' \cdot \sin\frac{\pi}{2z'}}.$$

Da für

$$z' = 10 \qquad z' \cdot \sin\frac{\pi}{2z'} = 1{,}564$$

$$z' = \infty \qquad z' \cdot \sin\frac{\pi}{2z'} = \frac{\pi}{2} = 1{,}571$$

wird, der Unterschied also nur 0,45% beträgt, genügt es zu rechnen

$$\cos\tau = \frac{\pi/2}{2z'' \cdot \cos\alpha_0 - \frac{\pi}{2}}.$$

Das kleinste τ tritt auf bei kleinstem z''. Für $z'' = 5$ wird

$$\tau = 78°25',$$
$$\sigma/\mu = 0{,}99.$$

Es genügt somit, durchweg mit $\sigma/\mu = 1$ zu rechnen.

Es wird

$$\sum\varrho = \varrho_{I1} + \varrho_{I2} + \varrho_{II1} + \varrho_{II2} = \frac{4\cos\left(\alpha_0 + \frac{\pi}{2z'}\right)}{m \cdot z' \cdot \sin\frac{\pi}{2z'}} + \frac{2 \cdot \cos\left(\alpha_0 + \frac{\pi}{2z'}\right)}{m \cdot \left(z'' \cdot \cos\alpha_0 - z' \cdot \sin\frac{\pi}{2z'}\right)},$$

$$\sum\varrho = \frac{2 \cdot \cos\left(\alpha_0 + \frac{\pi}{2z'}\right) \cdot \left(2z'' \cdot \cos\alpha_0 - z'\sin\frac{\pi}{2z'}\right)}{m \cdot z' \cdot \sin\frac{\pi}{2z'} \cdot \left(z''\cos\alpha_0 - z' \cdot \sin\frac{\pi}{2z'}\right)}.$$

Mit $m \cdot z' = 10$, $z' = 10$, $z'' = 5$ wird für $P = 1$ kg,

$$\sum \varrho = 2{,}795,$$

$$M = 0{,}9 \sqrt[3]{\frac{9 \cdot P^2 \cdot 3{,}664^2 \cdot 10^{-8} \cdot 2{,}80}{512}} = 1{,}69\,\mu.$$

Somit wird insgesamt bei

$$P_M = 1 \text{ kg} \qquad C + M = 3{,}6 + 1{,}7 \approx 5{,}3\,\mu,$$
$$P_M = 5 \text{ kg} \qquad C + M = 11{,}15 + 4{,}94 \approx 16\,\mu,$$

und dadurch ein Flankenabmaß p_e von 4,9 bzw. 15,2 μ vorgetäuscht. Wenn diese Beträge auch bei größeren Moduln mit $\sqrt[3]{1/m}$ kleiner werden, so können sie doch nicht vernachlässigt werden. Es würde deshalb zweckmäßig sein, sich auf bestimmte Meßkraft und Kugeldurchmesser zu einigen.

η) **Zylinderkranz.** Hier tritt an der Kreisscheibe nur eine Abplattung der Größenordnung 0,05 μ auf, die gesamte Abplattung (einschließlich der an den Flanken) wird also $\sim$0,2 μ bei $P = 1$ kg und $\sim$1 μ bei $P = 5$ kg nicht überschreiten.

Darin liegt ein Vorteil dieser Meßstücke. Da sie ferner die Rauhigkeiten der Zahnflanken in Richtung senkrecht zur Achse überbrücken (während sich Kugeln in jede Vertiefung einlegen), sollte man möglichst Zylinderkränze verwenden.

h) Durchbiegung.

In der Formel des Abschnittes D 1e ist $P = \frac{P_M}{\sin \chi}$. Für den ungünstigsten Fall: Anlage eines Zahnes des Rades in einer Lücke (Reiter), deren begrenzende Schenkel mit der halben Zahnbreite ausgeführt seien, wird B 8mal größer, außerdem ist hier $P = P_M/\sin \chi$ und bei kleiner Zähnezahl ($z = 10$) $\chi = \alpha_0 - \frac{\pi}{2z} = 11°$, so daß B noch zu multiplizieren ist mit 5,24, insgesamt also mit 42. Damit wird $B \approx 0{,}2\,\mu$, auf beiden Seiten zusammen also 0,4 μ, so daß die Wirkung der Aufbiegung auf p_e stets zu vernachlässigen ist.

3. Bestimmung von p_e aus der Tangentialverschiebung.

a) Meßstück: Zahnstangenzahn oder Kegel.

Wie im Abschnitt D 1b wird der Zahn oder Kegel vom Winkel χ zunächst so aufgestellt, daß er bei einem spielfreien Rade beide Flanken einer Lücke (im Abstande r von der Achse) tangieren würde, und dann tangential um die Strecke V von Anlage an der rechten bis zur Anlage an der linken Flanke der Prüfungslücke verschoben.

Für den Abstand MA (Abb. 19) und seine Ungenauigkeit gelten wieder völlig die Ausführungen des Abschnittes D 1b, ebenso für den Fall der Abb. 20, daß seine Mittellinie parallel zu MA verschoben ist.

Nach Abb. 22 ist

$$p_e = V \cdot \cos\chi ,$$

$$\widehat{p}_0 = \frac{V \cdot \cos\chi}{\cos\alpha_0} ,$$

$$\varepsilon = \frac{2V \cdot \cos\chi}{m \cdot z \cdot \cos\alpha_0} .$$

Man ermittelt auch hier die durch den Schlag beeinflußte „wirksame" Verschiebung V. Durch Änderung der Lückenweite (gegenüber dem spielfreien Rade) rücke die Flanke in Abb. 35 von a nach b, durch den Schlag weiter nach c.

Bezeichnet man die Größe $\frac{1}{2} p_e$ mit l, so mißt man bei radialer Verschiebung

$$B' = v + s = \frac{l}{\sin\chi} + s ,$$

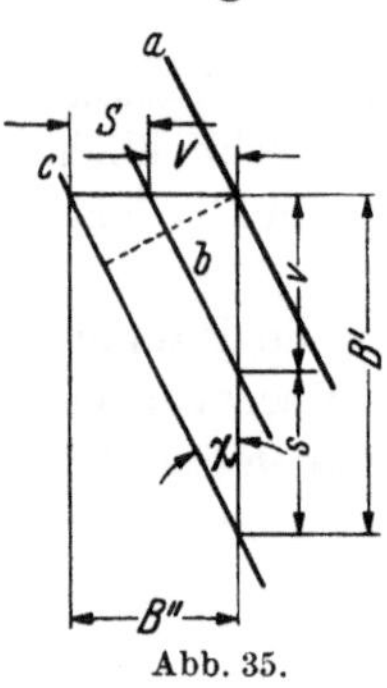

Abb. 35.

bei tangentialer Verschiebung

$$B'' = V + S = \frac{l}{\cos\chi} + s \cdot \operatorname{tg}\chi$$

$$= \frac{l + s \cdot \sin\chi}{\cos\chi} .$$

Da nun

$$l + s \cdot \sin\chi = B' \cdot \sin\chi ,$$

$$l + s \cdot \sin\chi = B'' \cdot \cos\chi$$

und nach Abb. 35

$$B'' = B' \cdot \operatorname{tg}\chi ,$$

so lassen sich die Größen l und s aus den beiden Messungen nicht getrennt bestimmen.

Die Fehler δV von V und $\delta\chi$ von χ bewirken in p_e die Ungenauigkeiten $\delta p_{e_{(V)}}$ und $\delta p_{e_{(\chi)}}$.

$$\delta p_{e_{(V)}} = \cos\chi \cdot \delta V ,$$

also mit $\chi = 20°$

$$\delta p_{e_{(V)}} = 0{,}94 \cdot \delta V .$$

In δV stecken wiederum nicht nur die eigentlichen Beobachtungsfehler, die bei Rädern mit guten Flanken zu etwa $5\,\mu$ angesetzt werden können, sondern auch der Einfluß des Fehlers δS von MA, der hier nach Abb. 22 mit $2\,\delta S \cdot \operatorname{tg}\chi = 0{,}73 \cdot \delta S$ (bei $\chi = 20°$) eingeht, also für das im Abschnitt D 1 behandelte Beispiel mit $\sim 5{,}0\,\mu$, so daß insgesamt mit $\delta V \approx 7\,\mu$ zu rechnen ist. Damit wird

$$\delta p_{e_{(V)}} \approx 7\,\mu .$$

$$\delta p_{e_{(\chi)}} = - V \cdot \sin\chi \cdot \delta\chi = - p_e \cdot \operatorname{tg}\chi \cdot \delta\chi$$
$$= - 0{,}36 \cdot p_e \cdot \delta\chi$$

und mit $p_e = 0{,}1$ mm, $\delta\chi = 1$ min

$$\delta p_{e_{(\chi)}} = 0{,}01\,\mu .$$

Der Gesamtfehler $\delta p_e \approx 7\,\mu$ wird praktisch der gleiche wie bei Bestimmung von p_e aus der Axialverschiebung.

Gibt man den Meßstücken den Winkel α_0 oder $\alpha_0 + \frac{\pi}{2z}$ (so daß sie im Teilkreise anliegen), so gelten wieder die in Abschnitt D 1 bα und β für r und MA abgeleiteten Formeln.

Ebenso bleiben die dort für die größt- und kleinstmöglichen Zahnbreiten b_{max} und b_{min} abgeleiteten Formeln bestehen.

b) Meßstück: Zahnstangenlücke (Reiterlehre).

Wie vorher ist

$$p_e = V \cdot \cos\chi .$$

Der Abstand MA berechnet sich genau so wie in Abschnitt D 2b. Unter den dort angenommenen Verhältnissen ist seine Unsicherheit $\delta S \approx 7\,\mu$. Damit wird

$$2\,\delta S \cdot \operatorname{tg}\chi \approx 5\,\mu$$

und

$$\delta p_e \approx 7\,\mu .$$

Der Fehler ist also wiederum praktisch der gleiche wie bei Benutzung des Zahns.

Für Meßstücke mit den Winkeln α_0 oder $\alpha_0 - \frac{\pi}{2z}$ gelten die in Abschnitt D 2b angegebenen Formeln, ebenso die für das größt- und kleinstzulässige b bei spielfreiem Rad.

Bei Benutzung eines Zahns oder Reiters von einem mit dem des Prüflings übereinstimmenden Eingriffswinkels α_0 sind die Abstände MA' und MA'' (wobei sich MA' auf dem Zahn, MA'' auf die Lücke bezieht) einander gleich, somit auch die tangentialen Verschiebungen V' und V''.

c) Meßstück: Zylinder oder Kugel.

Wie in Abschnitt D 2c abgeleitet, kann auch hier mit der Formel

$$p_e = V \cdot \cos\varphi$$

gerechnet werden.

Da hier $\delta S \approx 2\,\mu$, somit $2 \cdot \delta S \cdot \operatorname{tg}\varphi \approx 1{,}5\,\mu$, so wird bei einem Beobachtungsfehler von $5\,\mu$

$$\delta p_{e_{(v)}} \approx 5\,\mu .$$

Analog wie in Abschnitt D 2c wird

$$\delta p_{e_{(R)}} = - \frac{V \cdot \sin\varphi}{r_0 \cdot \cos\alpha_0 \cdot \operatorname{tg}^2\varphi} \cdot \delta R ,$$

$$\delta p_{e_{(\alpha_0)}} = - \frac{V \cdot \sin\varphi}{\operatorname{tg}^2\varphi} \cdot \left(\operatorname{tg}^2\alpha_0 + \frac{R \cdot \sin\alpha_0}{r_0 \cdot \cos^2\alpha_0} \right) \cdot \delta\alpha_0 .$$

Aus den in Abschnitt D 2c abgeleiteten Fehlern ergeben sich die jetzigen durch Multiplikation mit

$$\frac{V \cdot \sin \varphi}{2\, v \cdot \cos \varphi} = \mathrm{tg}^2 \varphi = 0{,}13 \quad (\text{bei } \varphi = 20^\circ).$$

Die Fehler $\delta p_{e_{(R)}}$ und $\delta p_{e_{(\alpha_0)}}$ sind hier also nur rd. $^1/_7$ von denen in Abschnitt D 2c und können somit vernachlässigt werden. Damit wird

$$\delta p_e \approx 5\,\mu$$

unwesentlich größer als bei Bestimmung aus der Radialverschiebung.

Für Anlage mit dem Hüllwinkel 20° oder im Teilkreis, sowie für die zulässigen Größen k' und k'' gelten die in Abschnitt D 1c und D 2c abgeleiteten Formeln.

d) Meßstück: Zahnstange.

Will man die für das Flankenspiel maßgebende Größe p_e durch die tangentiale Verschiebung einer Zahnstange bestimmen, so wird man diese (entsprechend dem Vorgehen in Abschnitt D 1d) aus zwei übereinander liegenden Teilen zusammensetzen, von denen das eine nur die Links-, das andere nur die Rechtsflanken enthält, und die beide durch Federkraft auseinandergedrückt werden.

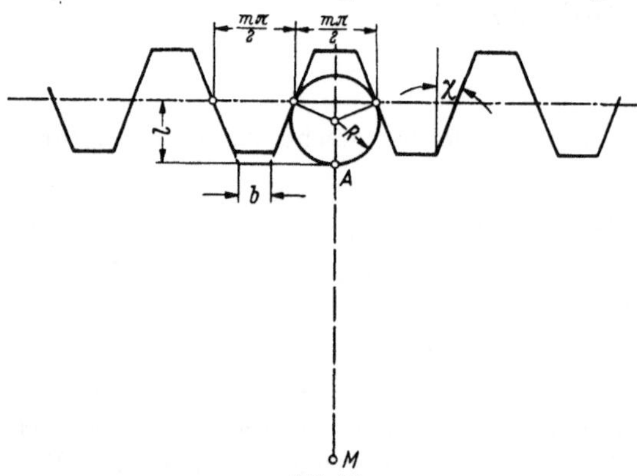

Abb. 36.

Um ihre Nullstellung festzulegen, bei denen beide eine richtige Zahnstange bilden, d. h. die Stellung zu finden, in der die Zahndicke gleich der Lückenweite $= \frac{1}{2}\, t_0 = \frac{1}{2}\, m \cdot \pi$ ist, drückt man nach Abb. 36 einen Zylinder vom Durchmesser

$$D = \tfrac{1}{2}\, m \cdot \pi / \cos \chi$$

hinein und stellt dann die Radachse M auf den Abstand MA ein, der gleich dem Abstande MA im Abschnitt D 1b ist. Dieser war

$$MA = r \cdot (\cos \beta/2 - \sin \beta/2 \cdot \mathrm{ctg}\, \chi) + \tfrac{1}{2}\, b \cdot \mathrm{ctg}\, \chi .$$

Nun ist

$$\begin{aligned} l &= \tfrac{1}{2}\, D \cdot (1 + \sin \chi), \\ b &= \tfrac{1}{2}\, m \cdot \pi - 2 \cdot l \cdot \mathrm{tg}\, \chi \\ &= D \cdot \cos \chi - D \cdot (1 + \sin \chi) \cdot \mathrm{tg}\, \chi \\ &= \frac{D}{\cos \chi} \cdot (\cos 2\chi - \sin \chi). \end{aligned}$$

Für $\chi = 20^\circ$ und den früher wiederholt benutzten Modul $m = 3{,}75$ wird $D = 6{,}268_7$ mm. Die durch $\delta D = 1\,\mu$ und $\delta\chi = 1$ min in b verursachten Fehler sind

$$\delta b_{(D)} = \frac{\delta D}{\cos\chi} \cdot (\cos 2\chi - \sin\chi) = 0{,}4\,\mu,$$

$$\delta b_{(\chi)} = -\frac{D}{\cos^2\chi} \cdot [1 + \sin\chi\,(2 + \cos 2\chi)] \cdot \delta\chi = 4{,}0\,\mu,$$

somit insgesamt $\delta b \approx 4\,\mu$.

Damit wird der Gesamtfehler δS nach S. 31

$$\delta S \approx \tfrac{2}{3}\,(4{,}0 + 1{,}5 + 1{,}7) \approx 5\,\mu,$$

der nach S. 70 hier mit $2\,\delta S \cdot \operatorname{tg}\chi = 0{,}73 \cdot \delta S \approx 3{,}5\,\mu$ eingeht. Rechnet man dazu noch einen Beobachtungsfehler von etwa $5\,\mu$, so wird der Einfluß des gesamten von der Verschiebung V herrührenden Fehlers

$$\delta p_{e_{(V)}} \approx \tfrac{2}{3}\,(5 + 3{,}5) \approx 6\,\mu.$$

Die Ungenauigkeit ist also praktisch die gleiche wie bei der Ermittlung von p_e aus der Verschiebung eines Zahns (Abschnitt D 3a).

Grundsätzlich gelten für dieses Verfahren die in Abschnitt D 2d angestellten Betrachtungen. Weichen die Eingriffswinkel und die Teilungen von Prüfling und Lehr-Zahnstange wieder um geringe Beträge voneinander ab, so erhält man den jetzt auftretenden Abstand der beiden Einhüllenden aus

$$\nu' = 2\,\nu \cdot \operatorname{tg}\alpha_0 = 0{,}73 \cdot \nu.$$

Nun war die Differenz der Eingriffsteilungen

$$\delta t_e = -\nu \cdot \sin\alpha_0,$$

somit

$$\delta t_e = -\tfrac{1}{2}\,\nu' \cdot \cos\alpha_0 = -0{,}47 \cdot \nu'.$$

Aus den Erörterungen über die tangentiale Verschiebung eines Zahns oder einer Lücke (Abschnitt D 3a und b) ist — ohne weitere ins Einzelne gehende Rechnungen — zu schließen, daß die Ungenauigkeit bei dem Verfahren der tangentialen Verschiebung einer Zahnstange ungefähr die gleiche (wegen der etwas genaueren Bestimmung von b ein wenig kleiner) sein wird wie bei Beobachtungen ihrer radialen Verschiebung.

4. Bestimmung von p_e aus der Zahndicke.

a) Zusammenhang von p_e und s.

Als Bogen gemessen ist die Zahndicke $\hat{s}$ im Abstande r von der Achse

$$\hat{s} = r \cdot (\gamma - \varepsilon),$$

somit

(a) $$\varepsilon = \gamma - \hat{s}/r,$$

wo nach Gl. (3) und (7)

(b) $$\gamma = \frac{\pi}{z} - 2\,(\mathrm{Ev}\,\alpha - \mathrm{Ev}\,\alpha_0)\,,$$

(c) $$\cos\alpha = \frac{r_0 \cdot \cos\alpha_0}{r} = \frac{1}{A}\,.$$

Nach Gl. (10) ist

(d) $$p_e = \tfrac{1}{2}\, m \cdot z \cdot \varepsilon \cdot \cos\alpha_0\,,$$

(e) $$\begin{cases} p_e = \dfrac{1}{2}\, m \cdot z \cdot \cos\alpha_0 \cdot \left[\dfrac{\pi}{z} - 2\,(\mathrm{Ev}\,\alpha - \mathrm{Ev}\,\alpha_0) - \dfrac{\hat{s}}{r}\right] \\ \quad = \dfrac{1}{2}\, m \cdot z \cdot \cos\alpha_0 \left[\dfrac{\pi}{z} - 2\left(\sqrt{A^2 - 1} - \operatorname{arc\,cos}\dfrac{1}{A} - \mathrm{Ev}\,\alpha_0\right) - \dfrac{\hat{s}}{r}\right]. \end{cases}$$

Mißt man die Zahndicke $\hat{s}_0$ im Teilkreis, so ist

(f) $$\begin{cases} p_e = \dfrac{1}{2}\, m \cdot z \cdot \left(\gamma_0 - \dfrac{\hat{s}_0}{r_0}\right) \cdot \cos\alpha_0 \\ \quad = \dfrac{1}{2}\, m \cdot z \cdot \left(\dfrac{\pi}{z} - \dfrac{2\,\hat{s}_0}{m \cdot z}\right) \cdot \cos\alpha_0 \\ \quad = (\tfrac{1}{2}\,\hat{t}_0 - \hat{s}_0) \cdot \cos\alpha_0 = (\tfrac{1}{2}\, m \cdot \pi - \hat{s}_0) \cdot \cos\alpha_0 \end{cases}$$

(wobei $\hat{t}_0 = m \cdot \pi$ der fehlerfreie Sollwert der Kreisteilung ist), wie auch unmittelbar aus Abb. 1 zu ersehen.

Aus der im Halbmesser r gemessenen Zahndicke $\hat{s}$ berechnet sich die Dicke $\hat{s}_0$ im Teilkreis wie folgt:

$$\begin{aligned} \hat{s}_0 &= r_0 \cdot (\gamma_0 - \varepsilon) \\ &= r_0 \cdot \left(\gamma_0 - \gamma + \frac{\hat{s}}{r}\right) \\ &= \frac{1}{2}\, m \cdot \left[\pi - z\left(\gamma - \frac{\hat{s}}{r}\right)\right], \end{aligned}$$

und unter Berücksichtigung von Gl. (b)

$$\hat{s}_0 = m \cdot z \cdot \left(\mathrm{Ev}\,\alpha - \mathrm{Ev}\,\alpha_0 + \frac{1}{2}\,\frac{\hat{s}}{r}\right).$$

Die einzelnen Fehler von p_e sind bestimmt durch die Fehler $\delta\alpha_0$ von α_0, δr von r und δs von $\hat{s}$. Es ist

$$A = \frac{r}{r_0 \cdot \cos\alpha_0}\,,$$

$$\delta A_{(\alpha_0)} = \frac{r \cdot \sin\alpha_0}{r_0 \cdot \cos^2\alpha_0} \cdot \delta\alpha_0 = A \cdot \operatorname{tg}\alpha_0 \cdot \delta\alpha_0\,,$$

$$\delta A_{(r)} = \frac{\delta r}{r_0 \cdot \cos\alpha_0} = A \cdot \frac{\delta r}{r}\,,$$

$$\delta\left(\sqrt{A^2 - 1}\right)_{(\alpha_0)} = \frac{A}{\sqrt{A^2 - 1}} \cdot \delta A_{(\alpha_0)} = \frac{A^2 \cdot \operatorname{tg}\alpha_0}{\sqrt{A^2 - 1}} \cdot \delta\alpha_0\,,$$

$$\delta\left(\sqrt{A^2 - 1}\right)_{(r)} = \frac{A}{\sqrt{A^2 - 1}} \cdot \delta A_{(r)} = \frac{A^2}{r\sqrt{A^2 - 1}} \cdot \delta r.$$

$$\delta\left(\arc\cos\frac{1}{A}\right)_{(\alpha_0)} = \frac{1}{A^2\cdot\sqrt{1-\frac{1}{A^2}}}\cdot\delta A_{(\alpha_0)} = \frac{\operatorname{tg}\alpha_0}{\sqrt{A^2-1}}\cdot\delta\alpha_0,$$

$$\delta\left(\arc\cos\frac{1}{A}\right)_{(r)} = \frac{1}{A^2\sqrt{1-\frac{1}{A^2}}}\cdot\delta A_{(r)} = \frac{1}{r\sqrt{A^2-1}}\cdot\delta r\cdot$$

$$\delta p_{e_{(\alpha_0)}} = -m\cdot z\cdot\sin\alpha_0\left(\frac{\pi}{2z}+\arc\cos\frac{1}{A}-\alpha_0-\frac{1}{2}\frac{\hat{s}}{r}\right)\delta\alpha_0.$$

Erfolgt die Messung im Teilkreis ($\alpha=\alpha_0$, $r=r_0$), so

(g) $$\delta p_{e_{(\alpha_0)}} = -m\cdot z\cdot\sin\alpha_0\left[\frac{\pi}{2z}-\frac{1}{2}(\gamma_0-\varepsilon)\right]\cdot\delta\alpha_0$$

(h) $$\left\{\begin{aligned} &= \tfrac{1}{2}\,m\cdot z\cdot\varepsilon\cdot\sin\alpha_0\cdot\delta\alpha_0,\\ &= p_e\cdot\operatorname{tg}\alpha_0\cdot\delta\alpha_0,\\ &= 0{,}364\cdot p_e\cdot\delta\alpha_0\end{aligned}\right.$$

und mit $p_e=0{,}1$ mm, $\delta\alpha_0=2$ min

$$\delta p_{e_{(\alpha_0)}} = 0{,}2\,\mu.$$

Mißt man in der Nähe des Teilkreises, so daß $r=r_0+\varrho$, wo ϱ eine kleine Größe, so

$$\cos\alpha = \cos\alpha_0\cdot\left(1-\frac{\varrho}{r_0}\right).$$

Es werde wieder ein Hilfswinkel Δ eingeführt durch

$$\alpha = \alpha_0+\Delta,$$

dann folgt aus der vorhergehenden Gleichung

$$\Delta = \frac{\varrho}{r_0}\operatorname{ctg}\alpha_0,$$

(i) $$\operatorname{tg}\alpha = \operatorname{tg}\alpha_0+\frac{\Delta}{\cos^2\alpha_0},$$

$$\operatorname{Ev}\alpha-\operatorname{Ev}\alpha_0 = \Delta\cdot\operatorname{tg}^2\alpha_0,$$

$$\gamma = \frac{\pi}{z}-2\Delta\cdot\operatorname{tg}^2\alpha_0 = \frac{\pi}{z}-2\cdot\frac{\varrho}{r_0}\operatorname{tg}\alpha_0,$$

(k) $$\hat{s} = (r_0+\varrho)\cdot\left(\frac{\pi}{z}-2\frac{\varrho}{r_0}\cdot\operatorname{tg}\alpha_0-\varepsilon\right);$$

mit diesen Größen geht die allgemeine Gleichung für $\delta p_{e_{(\alpha_0)}}$ über in:

$$\begin{aligned}\delta p_{e_{(\alpha_0)}} &= -m\cdot z\cdot\sin\alpha_0\cdot\left(\frac{\pi}{2z}+\frac{\varrho}{r_0}\cdot\operatorname{ctg}\alpha_0-\frac{\pi}{2z}+\frac{\varrho}{r_0}\operatorname{tg}\alpha_0+\frac{\varepsilon}{2}\right)\cdot\delta\alpha_0\\ &= -\left(\frac{1}{2}m\cdot z\cdot\varepsilon\cdot\sin\alpha_0+\frac{2\varrho}{\cos\alpha_0}\right)\cdot\delta\alpha_0\\ &= -\left(p_e\cdot\operatorname{tg}\alpha_0+\frac{2\varrho}{\cos\alpha_0}\right)\cdot\delta\alpha_0.\end{aligned}$$

Bei Messung im Abstande $\varrho=1$ mm vom Teilkreise (wobei vorausgesetzt, daß ϱ noch klein gegen r_0 sein soll), kommt zu dem vorher berechneten Fehler [s. Gl. (h)] noch $\sim 1{,}2\,\mu$ hinzu.

Hält man sich also einigermaßen in der Nähe des Teilkreises, so kann man mit

$$\delta p_{e_{(\alpha_0)}} \approx 1\,\mu$$

rechnen.

Es wird (für den allgemeinen Fall)

$$\delta p_{e_{(r)}} = \frac{1}{2}\,m \cdot z \cdot \cos\alpha_0 \left(\frac{\hat{s}}{r^2} - \frac{2\sqrt{A^2-1}}{r}\right) \cdot \delta r.$$

Im Teilkreise ($r = r_0$, $\alpha = \alpha_0$)

$$\text{(l)}\quad \delta p_{e_{(r)}} = \cos\alpha_0\,(\gamma_0 - \varepsilon - 2 \cdot \operatorname{tg}\alpha_0)\,\delta r = \cos\alpha_0 \cdot \left(\frac{\pi}{z} - 2\operatorname{tg}\alpha_0 - \varepsilon\right)\delta r,$$

$$= \left[\cos\alpha_0 \cdot \left(\frac{\pi}{z} - 2\operatorname{tg}\alpha_0\right) - \frac{2\,p_e}{m \cdot z}\right] \cdot \delta r \quad \text{[s. Gl. (d)]}.$$

Mit $m \cdot z = 10$, $p_e = 0{,}1$ wird

$$\delta p_{e_{(r)}} = -(0{,}389 + 0{,}020) \cdot \delta r.$$

δr wird man mit $\sim 10\,\mu$ ansetzen müssen, damit wird

$$\delta p_{e_{(r)}} \approx -4\,\mu.$$

Messung in der Nähe des Teilkreises führt [s. Gl. (k) und (i)] auf

$$\delta p_{e_{(r)}} = \frac{1}{2}\,m \cdot z \cdot \cos\alpha_0 \left[\frac{\frac{\pi}{z} - 2\frac{\varrho}{r_0} \cdot \operatorname{tg}\alpha_0 - \varepsilon}{r_0 + \varrho} - \frac{2 \cdot \left(\operatorname{tg}\alpha_0 + \frac{\Delta}{\cos^2\alpha_0}\right)}{r_0 + \varrho}\right] \cdot \delta r$$

$$= \left(1 - \frac{\varrho}{r_0}\right) \cdot \cos\alpha_0 \left[\frac{\pi}{z} - 2\frac{\varrho}{r_0} \cdot \operatorname{tg}\alpha_0 - \varepsilon - 2\operatorname{tg}\alpha_0 - \frac{2\varrho}{r_0 \sin\alpha_0 \cdot \cos\alpha_0}\right] \cdot \delta r$$

$$\approx \left(1 - \frac{\varrho}{r_0}\right) \cdot \cos\alpha_0 \left(\frac{\pi}{z} - 2\operatorname{tg}\alpha_0 - \varepsilon\right) \cdot \delta r - 2\frac{\varrho}{r_0}\,\frac{1 + \sin^2\alpha_0}{\sin\alpha_0}\,\delta r$$

$$\approx \cos\alpha_0 \cdot \left(\frac{\pi}{z} - 2\operatorname{tg}\alpha - \varepsilon\right) \cdot \delta r,$$

also auf denselben Ausdruck wie Messung im Teilkreis selbst, so daß $\delta p_{e_{(r)}}$ dasselbe bleibt.

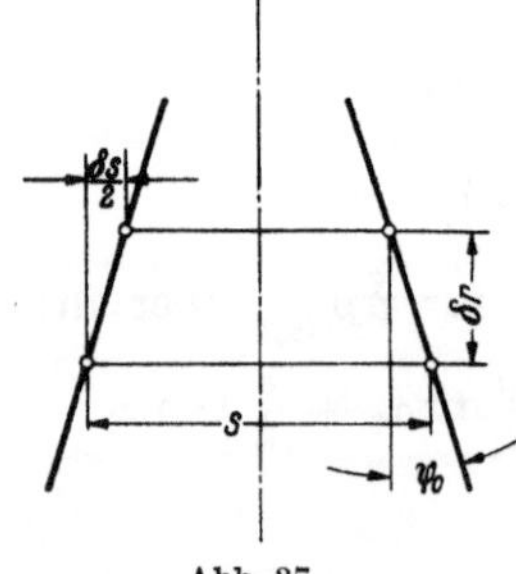

Abb. 37.

Annäherungsrechnung. Nach Abb. 37 ist (in der Nähe des Teilkreises)

$$\delta s = -2 \cdot \delta r \cdot \operatorname{tg}\psi_0$$

$$= -2 \cdot \delta r \cdot \operatorname{tg}\left(\alpha_0 - \frac{\pi}{2z} + \frac{\varepsilon}{2}\right),$$

womit gewöhnlich gerechnet wird, und mit Rücksicht auf Gl. (9a)

$$\delta p'_{e_{(r)}} = -2 \cdot \delta r \cdot \operatorname{tg}\left(\alpha_0 - \frac{\pi}{2z} + \frac{\varepsilon}{2}\right) \cdot \cos\alpha_0,$$

während nach der strengen Rechnung wäre [s. Gl. (l)]

$$\delta p_{e_{(r)}} = -2 \cdot \delta r \cdot \left(\operatorname{tg}\alpha_0 - \frac{\pi}{2z} + \frac{\varepsilon}{2}\right)\cos\alpha_0.$$

Setzt man $\frac{\pi}{2z} - \frac{\varepsilon}{2} = \varkappa$, wobei von $z = 10$ an $\varkappa$ so klein, daß man $\operatorname{tg}\varkappa \approx \varkappa$ setzen darf, so wird

$$\frac{\delta p'_{e_{(r)}} - \delta p_{e_{(r)}}}{2 \cdot \delta r \cdot \cos\alpha_0} = \operatorname{tg}\alpha_0 - \varkappa - \operatorname{tg}(\alpha_0 - \varkappa)$$

$$= \operatorname{tg}\alpha_0 - \varkappa - \frac{\operatorname{tg}\alpha_0 - \varkappa}{1 + \varkappa \cdot \operatorname{tg}\alpha_0}$$

$$= \operatorname{tg}\alpha_0 - \varkappa - (\operatorname{tg}\alpha_0 - \varkappa) \cdot (1 - \varkappa \cdot \operatorname{tg}\alpha_0)$$

$$\approx \varkappa \cdot \operatorname{tg}^2\alpha_0,$$

$$\frac{\delta p'_{e_{(r)}} - \delta p_{e_{(r)}}}{\delta r} \approx 2\varkappa \cdot \operatorname{tg}\alpha_0 \cdot \sin\alpha_0 = 0{,}25 \cdot \varkappa.$$

Da für kleine z $(z = 10)$ $\varkappa \approx \frac{\pi}{2z} = 9^\circ = 0{,}16$, so

$$\frac{\delta p'_{e_{(r)}} - \delta p_{e_{(r)}}}{\delta r} = 0{,}04.$$

Da $\frac{\delta p_{e_{(r)}}}{\delta r} \approx -0{,}4$ war (s. S. 83), so gibt die Annäherungsrechnung einen Fehler von $\sim 10\%$ für $\delta p_{e_{(r)}}$. Mit größeren Zähnezahlen nimmt er aber rasch ab.

Weiterhin folgt aus Gl. (d) und (a)

$$\delta p_{e_{(\hat{s})}} = -\frac{1}{2} \frac{m \cdot z \cdot \cos\alpha_0}{r} \cdot \delta\hat{s}$$

und im Teilkreis (sowie auch in seiner Nähe)

$$\delta p_{e_{(\hat{s})}} = -\delta\hat{s} \cdot \cos\alpha_0.$$

Da man mit $\delta\hat{s} \approx 5\,\mu$ rechnen muß (der von der Messung in falscher Entfernung r herrührende Fehler ist bereits in $\delta p_{e_{(r)}}$ berücksichtigt), so

$$\delta p_{e_{(\hat{s})}} \approx 5\,\mu.$$

Somit wird der Gesamtfehler

$$\delta p_e \approx \tfrac{2}{3} \cdot (1 + 4 + 5) \approx 7\,\mu.$$

Dieses Verfahren ist nicht genauer als die vorher betrachteten. Da es außerdem einen größeren Meßaufwand erfordert, so sind die früher besprochenen vorzuziehen, namentlich die Verfahren, die eine kontinuierliche Aufzeichnung beim Durchdrehen des Prüflings und damit eine Prüfung von p_e über sämtliche Zähne ermöglichen. Im übrigen liefert das Verfahren der Zahndickenmessung auch wieder das wirksame p_e, und zwar gleichfalls nur an einer Stelle.

b) Bestimmung des Abstandes *r* (bei Benutzung von Zylindern oder Kugeln).

α) **Bei Benutzung kleiner Kugeln.** Die Messung kann im allgemeinen nicht vom Zahnkopf oder -fuß aus erfolgen, da Kopf- und Fußkreis nicht zur Verzahnung konzentrisch sind (es wurden Exzentrizitäten bis

50 μ beobachtet), es sei denn, daß jene mit der Verzahnung zugleich bearbeitet sind.

Ein Abstandsfehler δr gibt nämlich nach der (hier genügenden Annäherungsrechnung) einen Fehler

$$\delta s = -2\,\delta r \cdot \operatorname{tg}\left(\alpha_0 - \frac{\pi}{2z} + \frac{\varepsilon}{2}\right)$$

bzw.

$$\delta p_e = -2\,\delta r \cdot \operatorname{tg}\left(\alpha_0 - \frac{\pi}{2z} + \frac{\varepsilon}{2}\right) \cdot \cos\alpha_0$$

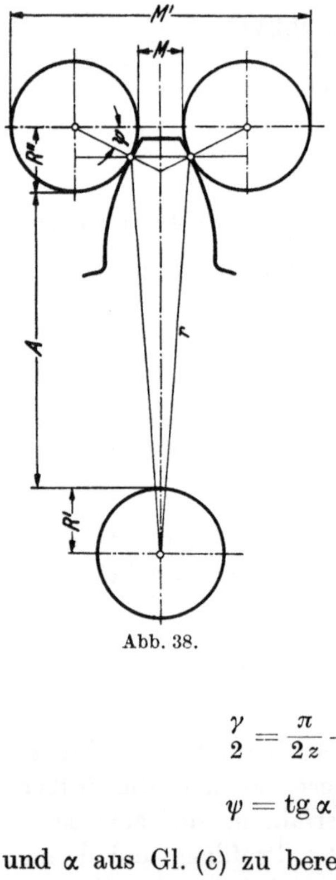

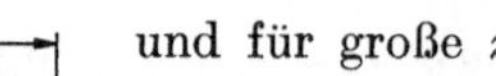

und für große z

$$\delta s = 2\,\delta r \cdot \operatorname{tg}\alpha_0$$

bzw.

$$\delta p_e = -2\,\delta r \cdot \sin\alpha_0,$$

somit bei $\delta r = 25\,\mu$ (dem halben Schlag)

$$\delta s = 18\,\mu, \qquad \delta p_e = 17\,\mu.$$

Eine einigermaßen genaue Messung von s oder p_e vom Kopf- oder Fußkreis aus ist also (mit der vorher genannten Einschränkung) auch nicht möglich, wenn man nicht ihre Größe in mm, sondern nur ihre Gleichförmigkeit untersuchen will; selbst in diesem Falle muß man stets von der Achse ausgehen.

Abb. 38.

Nach Abb. 38 ist

$$A + R' + R'' = r \cdot \cos\gamma/2 + R'' \cdot \sin\psi$$

und somit der für ein bestimmtes r einzustellende Abstand

$$A = r \cdot \cos\gamma/2 - R' - R'' \cdot (1 - \sin\psi),$$

worin

$$\frac{\gamma}{2} = \frac{\pi}{2z} - \frac{\varepsilon}{2} - (\operatorname{Ev}\alpha - \operatorname{Ev}\alpha_0),$$

$$\psi = \operatorname{tg}\alpha - \operatorname{Ev}\alpha_0 - \left(\frac{\pi}{2z} - \frac{\varepsilon}{2}\right) = \alpha - \frac{\gamma}{2}$$

und α aus Gl. (c) zu berechnen ist.

Da man sich in der Praxis immer bemühen wird, die Messung im Teilkreis auszuführen, sei die weitere Untersuchung auf diesen Sonderfall beschränkt. Dafür wird

$$\frac{\gamma}{2} = \frac{\gamma_0}{2} = \frac{\pi}{2z} - \frac{\varepsilon}{2},$$

$$\psi = \psi_0 = \alpha_0 - \left(\frac{\pi}{2z} - \frac{\varepsilon}{2}\right).$$

(a) $$A = r_0 \cdot \cos\left(\frac{\pi}{2z} - \frac{\varepsilon}{2}\right) - R' - R''\left[1 - \sin\left(\alpha_0 - \frac{\pi}{2z} + \frac{\varepsilon}{2}\right)\right].$$

Es wird

$$\delta A_{(\alpha_0)} = R'' \cdot \cos\left(\alpha_0 - \frac{\pi}{2z} + \frac{\varepsilon}{2}\right) \cdot \delta\alpha_0 .$$

Die Kugeln, die zur Anlage an die Flanken kommen, wird man in der Regel klein halten, etwa $R'' = 1$ mm. Den größten Wert erhält $\delta A_{(\alpha_0)}$ für kleine z. Für $z = 10$ wird $\alpha_0 - \frac{\pi}{2z} = 11^\circ$, demgegenüber — für die Überschlagsrechnung — $\varepsilon/2$ mit etwa $3^1/_2$ min zu vernachlässigen ist. Damit wird

$$\delta A_{(\alpha_0)} = 0{,}98 \cdot \delta\alpha_0$$

und mit $\delta\alpha_0 = 2$ min

$$\delta A_{(\alpha_0)} = 0{,}6\,\mu .$$

Nach Gl. (a) wird

$$\delta A_{(\varepsilon)} = \left[\frac{1}{2} r_0 \cdot \sin\left(\frac{\pi}{2z} - \frac{\varepsilon}{2}\right) + \frac{1}{2} R'' \cdot \cos\left(\alpha_0 - \frac{\pi}{2z} + \frac{\varepsilon}{2}\right)\right] \cdot \delta\varepsilon .$$

Wieder mit $z = 10$ (um einen ungünstigen Fall zu erfassen) und unter Vernachlässigung von $\varepsilon/2$ wird bei $r_0 = 25$ mm

$$\delta A_{(\varepsilon)} = 2{,}45 \cdot \delta\varepsilon .$$

Hier ist als $\delta\varepsilon$ der ganze Winkel ε einzusetzen, da ja die (gesuchte) Größe ε unbekannt und A aus Gl. (a) unter der Annahme $\varepsilon = 0$ berechnet wird. Damit wird

$$\delta A_{(\varepsilon)} = 5\,\mu .$$

Weiter

$$\delta A_{(R')} = -\delta R' = -0{,}5\,\mu ,$$

da der Achsendurchmesser unschwer auf $1\,\mu$ zu messen ist.

$$\delta A_{(R'')} = -\left[1 - \sin\left(\alpha_0 - \frac{\pi}{2z} + \frac{\varepsilon}{2}\right)\right] \cdot \delta R''$$
$$= -0{,}81 \cdot \delta R'' = -0{,}4\,\mu$$

(bei $\delta R'' = 0{,}5\,\mu$).

Somit wird der Gesamtfehler

$$\delta A \approx 4\,\mu .$$

Zu dieser Unsicherheit von $4\,\mu$ kommen nun noch die reinen Ausführungsfehler mit etwa $3\,\mu$ hinzu, so daß man insgesamt δA zu $7\,\mu$ wird ansetzen müssen.

Die Größe r folgt zu

$$r = \frac{A + R' + R'' \cdot (1 - \sin\psi)}{\cos\gamma/2}$$

und in der Nähe des Teilkreises zu

$$r = \frac{A + R' + R''\left[1 - \sin\left(\alpha_0 - \frac{\pi}{2z} + \frac{\varepsilon}{2}\right)\right]}{\cos\left(\frac{\pi}{2z} - \frac{\varepsilon}{2}\right)} .$$

Es wird

$$\delta r_{(A)} = \frac{\delta A}{\cos\left(\frac{\pi}{2z} - \frac{\varepsilon}{2}\right)},$$

$$\delta r_{(R')} = \frac{\delta R'}{\cos\left(\frac{\pi}{2z} + \frac{\varepsilon}{2}\right)},$$

$$\delta r_{(R'')} = \frac{\delta R'' \cdot \left[1 - \sin\left(\alpha_0 - \frac{\pi}{2z} + \frac{\varepsilon}{2}\right)\right]}{\cos\left(\frac{\pi}{2z} - \frac{\varepsilon}{2}\right)},$$

$$\delta r_{(\alpha_0)} = \frac{R'' \cdot \cos\left(\alpha_0 - \frac{\pi}{2z} + \frac{\varepsilon}{2}\right) \cdot \delta \alpha_0}{\cos\left(\frac{\pi}{2z} - \frac{\varepsilon}{2}\right)},$$

$$\delta r_{(\varepsilon)} = \frac{1}{2} \frac{-r \cdot \sin\left(\frac{\pi}{2z} - \frac{\varepsilon}{2}\right) - R'' \cdot \cos\left(\alpha_0 - \frac{\pi}{2z} + \frac{\varepsilon}{2}\right)}{\cos\left(\frac{\pi}{2z} - \frac{\varepsilon}{2}\right)}.$$

Für das vorher benutzte Beispiel wird unter Annahme eines Beobachtungsfehlers $\delta A = 3\,\mu$, da $\cos 9^\circ \approx 0{,}99$:

$$\delta r_{(A)} = 3\,\mu;\ \delta r_{(R')} = 0{,}5\,\mu,\ \delta r_{(R'')} = 0{,}4\,\mu,\ \delta r_{(\alpha_0)} = 0{,}6\,\mu,\ \delta r_{(\varepsilon)} = 3\,\mu.$$

Der Gesamtfehler wird somit

$$\delta r \approx 5\,\mu.$$

Sicherheitshalber sei mit $\delta r = 10\,\mu$ gerechnet (wie im vorhergehenden Abschnitt), da die Rechnung mit den Werten im Teilkreis, also mit zu günstigen Annahmen durchgeführt ist.

β) Bei Benutzung von zwei sich jeweils an beide Flanken der Lücken anlegenden Zylindern oder Kugeln. Wie vorher wird der Abstand A durch Ausfühlen mit Endmaßen (oder auch durch Messung des Abstandes $A + 2R' + 2R''$) ermittelt. Der Halbmesser R'' folgt nach Abschnitt D 1 c Gl. (e) mit

$$R'' = \frac{r \cdot \sin \beta/2}{\cos(\alpha + \beta/2)},$$

worin β nach Gl. (2) einzusetzen, und am Teilkreise aus

$$R'' = \frac{r_0 \cdot \sin\left(\frac{\pi}{2z} + \frac{\varepsilon}{2}\right)}{\cos\left(\alpha_0 + \frac{\pi}{2z} + \frac{\varepsilon}{2}\right)},$$

somit für das vorhin betrachtete Beispiel zu

$$R'' \approx 4{,}5\ \text{mm}.$$

Damit wird:

$$\delta r_{(R'')} \approx 1{,}8\,\mu,$$
$$\delta r_{(\alpha_0)} \approx 2{,}7\,\mu,$$
$$\delta r_{(\varepsilon)} \approx 1\,\mu$$

und der Gesamtfehler

$$\delta r \approx 6\,\mu.$$

Er ist ein wenig größer als bei der Benutzung von Meßstücken mit kleinem Halbmesser.

Der Vorteil dieses Verfahrens liegt darin, daß man die Messung der Zahndicke etwas einfacher vornehmen kann (s. Abschnitt D 4cβ2) als mit zwei kleineren Zylindern oder Kugeln.

c) Bestimmung der Zahndicke.

α) Bogen und Sehne. Unmittelbar bestimmt man immer die Sehne

$$s = 2\,r \cdot \sin \tfrac{1}{2}\,(\gamma - \varepsilon),$$

während

$$\hat{s} = r \cdot (\gamma - \varepsilon) = 2\,r \cdot \operatorname{arc} \sin \frac{s}{2\,r}$$
$$= s + \frac{1}{24} \cdot \frac{s^3}{r^2}$$

(selbst im ungünstigsten Falle — $z = 10$ — ist, bei Vernachlässigung von ε im Teilkreis, $\frac{s}{r} \approx \frac{\pi}{z} \approx 0{,}3$ und im Grundkreis $\frac{s}{r} \approx \frac{\pi}{z} + 2\,\mathrm{Ev}\,\alpha_0$ $\approx 0{,}3 + 0{,}03 \approx 0{,}33$, so daß die höheren Potenzen von s/r vernachlässigt werden können). Damit wird

$$\sigma = \hat{s} - s = \frac{1}{24} \cdot \frac{s^3}{r^2} = \frac{r}{3} \cdot \sin^3 \frac{1}{2}\,(\gamma - \varepsilon)$$
$$= \frac{r}{3} \cdot \frac{(\gamma - \varepsilon)^3}{8} = \frac{1}{24}\,\frac{\hat{s}^3}{r^2}$$

und am Teilkreis ($s \approx \frac{1}{2}\,m \cdot \pi$, $r = r_0 = \frac{1}{2}\,m \cdot z$)

$$\sigma = \frac{1}{48} \cdot \frac{m \cdot \pi^3}{z^2} \approx 646 \cdot \frac{m}{z^2}\ \mu \quad (m \text{ in mm}).$$

$z =$	10	20	50	100	200	500	1000	∞
$\sigma/m =$	6,5	1,6	0,26	0,065	0,016	0,0026	0,00065	0,000.

Bei großem z (und nicht zu großem Modul) kann $\hat{s} = s$ genommen werden. Bei kleinem z muß dagegen an den Messungen s die (stets genügend genau zu berechnende) Korrektion σ angebracht werden. Für $m = 3{,}75$, $z = 24$ z. B. ist $\sigma = 4{,}2\,\mu$.

β) Messung der Sehne s mittels Kugeln. 1. Bei Benutzung kleiner Kugeln. Nach Abb. 38 ist

$$s = M + 2\,R'' \cdot (1 - \cos \psi),$$

wo

$$\psi = \operatorname{tg} \alpha - \mathrm{Ev}\,\alpha_0 - \left(\frac{\pi}{2z} - \frac{\varepsilon}{2}\right)$$

und

$$\cos \alpha = \frac{r_0 \cdot \cos \alpha_0}{r}.$$

Aus den vorher angegebenen Gründen seien die Betrachtungen wieder auf Messungen im Teilkreis beschränkt. Dafür ist

$$\psi_0 = \alpha_0 - \left(\frac{\pi}{2z} - \frac{\varepsilon}{2}\right),$$

$$s = M + 2 \cdot R'' \cdot \left[1 - \cos\left(\alpha_0 - \frac{\pi}{2z} + \frac{\varepsilon}{2}\right)\right].$$

Es wird

$$\delta s_{(M)} \approx \delta M,$$

worin δM die Fehler bei Beobachtung von M, bei Beobachtung des Fühlhebelausschlages während der Einstellung nach einem Normal und dessen Unsicherheit zusammenfaßt. Rechnet man die beiden ersteren mit je 1 μ, letztere mit 0,5 μ (falls mehrere Endmaße zusammengesprengt sind), insgesamt also δM mit $\sim$2,5 μ, so ist

$$\delta s_{(M)} \approx 2{,}5\,\mu.$$

Hierbei ist noch vorausgesetzt, daß s senkrecht zur Zahnmittellinie gemessen ist (s. Abschnitt δ).

$$\delta s_{(R'')} \approx 2\left[1 - \cos\left(\alpha_0 - \frac{\pi}{2z} + \frac{\varepsilon}{2}\right)\right] \cdot \delta R''$$

und (um möglichst ungünstige Verhältnisse zu haben) mit

$$z = \infty, \quad R'' = 1\,\text{mm}, \quad \delta R'' = 0{,}5\,\mu,$$

$$\delta s_{(R'')} \approx 0{,}06\,\mu,$$

was stets zu vernachlässigen ist.

$$\delta s_{(\alpha_0)} = 2\,R'' \cdot \sin\left(\alpha_0 - \frac{\pi}{2z} + \frac{\varepsilon}{2}\right) \cdot \delta\alpha_0$$

$$\approx 0{,}4\,\mu \quad (\text{bei } \delta\alpha_0 = 2\,\text{min}).$$

$$\delta s_{(\varepsilon)} = R'' \sin\left(\alpha_0 - \frac{\pi}{2z} + \frac{\varepsilon}{2}\right) \cdot \delta\varepsilon \cdot$$

Da s aus M unter der Annahme $\varepsilon = 0$ berechnet wird, ist wieder $\delta\varepsilon = \varepsilon \sim 7$ min zu setzen. Damit wird (bei $z = \infty$)

$$\delta s_{(\varepsilon)} = 0{,}7\,\mu.$$

Hier spielt also die Kenntnis von ε keine in Betracht kommende Rolle, während sie auf die Ermittlung des Abstandes A (und damit von r) in Abschnitt D 4 b einen wesentlich stärkeren Einfluß hat.

Der Gesamtfehler δs wird somit etwa 3 μ erreichen, der auch für $\delta\hat{s}$ anzunehmen ist, sicherheitshalber aber auf 5 μ zu erhöhen sein wird (s. Abschnitt δ).

2. Bei Benutzung von zwei sich jeweils an die beiden Flanken der Lücken anlegenden Zylindern. In diesem Falle wird man nach Abb. 38 den Abstand

$$M' = M + 4 \cdot R''$$

ermitteln, was mit verhältnismäßig einfachen Hilfsmitteln geschehen kann. Da aber diese Messung außerhalb der Stirnfläche des Zahnrades vorgenommen werden muß, und infolgedessen die Meßstücke verkippt werden, wird man den Fehler $\delta M'$ zu mindestens $10\,\mu$ ansetzen müssen.

Es wird

$$s = M' - 2\,R'' \cdot (1 + \cos\psi)$$

und seine Fehler, wenn wieder in der Nähe des Teilkreises gemessen wird,

$$\delta s_{(M')} = \delta M',$$

$$\delta s_{(R'')} = -2\left[1 + \cos\left(\alpha_0 - \frac{\pi}{2z} + \frac{\varepsilon}{2}\right)\right] \cdot \delta R'',$$

$$\delta s_{(\alpha_0)} = 2\,R'' \cdot \sin\left(\alpha_0 - \frac{\pi}{2z} + \frac{\varepsilon}{2}\right) \cdot \delta\alpha_0,$$

$$\delta s_{(\varepsilon)} = R'' \cdot \sin\left(\alpha_0 - \frac{\pi}{2z} + \frac{\varepsilon}{2}\right) \cdot \delta\varepsilon.$$

Mit $z = 10$, $\delta M' = 10\,\mu$, sonst den vorher benutzten Größen, wird

$$R'' \approx 4{,}5\ \text{mm},$$

$$\delta s_{(M')} \approx 10\,\mu,$$

$$\delta s_{(R'')} \approx 2\,\mu,$$

$$\delta s_{(\alpha_0)} \approx 0{,}8\,\mu,$$

$$\delta s_{(\varepsilon)} \approx 1{,}4\,\mu,$$

somit der Gesamtfehler

$$\delta s \approx 10\,\mu.$$

Der Gesamtfehler wird rd. 3mal so groß wie bei Benutzung zweier Meßstücke von kleinerem Halbmesser, was in der größeren Ungenauigkeit der Bestimmung von M' begründet ist. Dieses Verfahren ist somit für genauere Messungen nicht zu verwenden und kommt bei guten Rädern nur in der Vorfabrikation in Frage, um zu sehen, ob es überhaupt Zweck hat, die Endbearbeitung vorzunehmen.

γ) **Messung der Sehne s mittels zweier Schnäbel.** Bei dieser Messung, wie sie z. B. mit der Zahnmeßschieblehre ausgeführt wird, ist (ganz abgesehen davon, daß sie wegen ihrer Auflage auf den Zahnkopf für einigermaßen genaue Messungen überhaupt nicht in Frage kommt) zu beachten, daß die Schnabelenden niemals scharfkantig, sondern immer abgerundet sind (Halbmesser R'').

Betrachtet man sie fälschlich als scharfkantig, so vernachlässigt man beim Achsabstand A (Abschnitt D 4b) das Glied $R''\,(1 - \sin\psi)$ oder bei Einstellung im Teilkreis $R''\left[1 - \sin\left(\alpha_0 - \frac{\pi}{2z}\right)\right]$ (da die Größe $\frac{\varepsilon}{2}$ vernachlässigt werden darf), um das A zu groß eingestellt wird. Mit $R'' = 50\,\mu$ wird $R'' \cdot \left[1 - \sin\left(\alpha_0 - \frac{\pi}{2z}\right)\right]$ für $z = 10$

$$0{,}81 \cdot R'' \approx 40\,\mu.$$

Dies gibt nach Abschnitt D 4a (siehe $\delta p_{e_{C_r}}$) für p_e und damit auch für $\hat{s}$ einen Fehler von $\approx -16\,\mu$.

Außerdem vernachlässigt man bei Messung der Sehne nach Abschnitt D 4cβ den Betrag

$$2 \cdot R''\left[1 - \cos\left(\alpha_0 - \frac{\pi}{2z}\right)\right],$$

der bei $(z = 10)$ $-2\,\mu$ ausmacht, so daß der Gesamtfehler von der Größenordnung $20\,\mu$ (bei $z = \infty$ sogar von $30\,\mu$) wird. Dieser Fehler kann nicht vernachlässigt werden.

Am besten ermittelt man A und s nach den in Abschnitt 4b und 4cβ entwickelten Formeln, wozu indessen R'' bekannt sein muß. Vernachlässigt man aber dabei die Glieder $R'' \cdot (1 - \sin\psi)$ und $2R'' \cdot (1 - \cos\psi)$, so ist an der Ablesung M' die Korrektion C anzubringen (wobei man die Elvolvente durch ihre Tangente ersetzt).

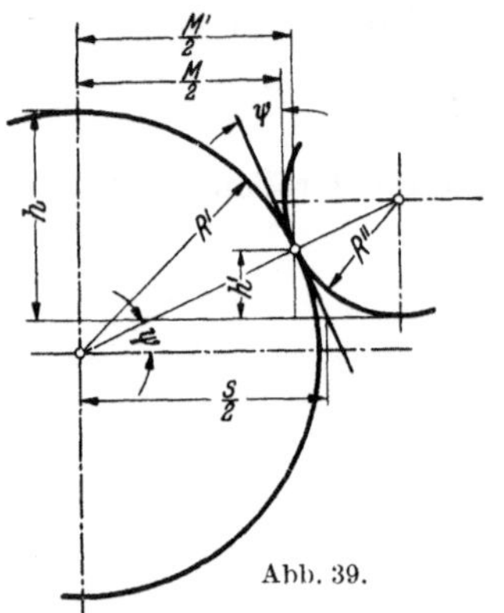

Abb. 39.

$$C = 2R'' \cdot (1 - \cos\psi) + 2R'' \cdot (1 - \sin\psi) \cdot \operatorname{tg}\psi$$
$$= \frac{2R''}{\cos\psi} \cdot (\sin\psi + \cos\psi - 1).$$

Um die auch hierzu nötige Kenntnis von R'' zu umgehen, wird im Schrifttum empfohlen, die Einstellung der Meßschnäbel nicht nach Endmaßen, sondern nach einem Lehrdorn vorzunehmen, wobei die Anlage derart erfolgen soll, daß die Tangente im Berührungspunkt den Hüllwinkel ψ bildet. Nach Abb. 39 folgt die dazu nötige Höhe h aus

$$h - R''(1 - \sin\psi) = R' \cdot (1 - \sin\psi),$$
$$h = (R' + R'') \cdot (1 - \sin\psi).$$

Da R'' nicht bekannt ist, stellt man ein

$$R' \cdot (1 - \sin\psi),$$

d. h. man stellt zu groß um $R'' \cdot (1 - \sin\psi)$, begeht also denselben Fehler wie bei der Einstellung am Zahnrad.

Die gesuchte Strecke s soll man dann berechnen aus

$$s = 2R' \cdot \cos\psi.$$

Die Größe $2R' \cdot \cos\psi$ ist aber nach Abb. 39 nicht s, sondern M', und es wird

$$s = M' + 2h' \cdot \operatorname{tg}\psi$$
$$= 2R' \cdot \cos\psi + 2 \cdot R'' \cdot \operatorname{tg}\psi \cdot (1 - \sin\psi).$$

Es wird also bei der Berechnung von s aus $2R' \cdot \cos\psi$ das Glied

$$2R'' \cdot \operatorname{tg}\psi \cdot (1 - \sin\psi)$$

nicht mit erfaßt, sondern, da

$$2R' \cdot \cos\psi = M' = M + 2R'' \cdot (1 - \cos\psi)$$

nur das Glied $2\,R'' \cdot (1 - \cos\psi)$, das bedeutend kleiner als das zuerst genannte Glied ist. Deshalb ist dieses Verfahren der Einstellung der Meßschnäbel nach einem Lehrdorn nicht geeignet.

Man könnte umgekehrt daran denken, aus der in einer beliebigen Höhe h vorgenommenen Einstellung, bei der sich die Ablesung M ergibt, den Abrundungshalbmesser R'' zu berechnen. Nach Abb. 39 ist

$$h = (R' + R'') \cdot (1 - \sin\psi),$$

$$\tfrac{1}{2} M + R'' = (R' + R'') \cdot \cos\psi,$$

$$(\tfrac{1}{2} M + R'')^2 = (R' + R'')^2 \cdot (1 - \sin^2\psi),$$

$$\sin\psi = 1 - \frac{h}{R' + R''},$$

$$(\tfrac{1}{2} M + R'')^2 = (R' + R'')^2 \cdot \left[\frac{2\,h}{R' + R''} - \frac{h^2}{(R' + R'')^2}\right],$$

$$\tfrac{1}{4} M^2 + M \cdot R'' + R''^2 = 2\,h \cdot (R' + R'') - h^2,$$

$$R''^2 + R'' \cdot (M - 2\,h) + \tfrac{1}{4} M^2 - 2 \cdot h \cdot R' + h^2 = 0,$$

$$R'' = -\left(\frac{M}{2} - h\right) + \sqrt{h \cdot (2\,R' - M)}.$$

Die durch δh, δM und $\delta R'$ veranlaßten Fehler werden

$$\delta R''_{(h)} = \left(1 + \frac{1}{2}\sqrt{\frac{2\,R' - M}{h}}\right) \cdot \delta h,$$

$$\delta R''_{(M)} = -\frac{1}{2}\left(1 + \sqrt{\frac{h}{(2\,R' - M)}}\right) \cdot \delta M,$$

$$\delta R''_{(R')} = \sqrt{\frac{h}{2\,R' - M}} \cdot \delta R'.$$

Wählt man $h \approx R'$, so wird

$$\sin\psi = 1 - \frac{1}{1 + \frac{R''}{R'}},$$

$$\psi \approx R''/R';$$

es ist nach Abb. 39

$$2\,R' - M = 2\,(R' + R'') \cdot (1 - \cos\psi),$$

$$\approx R' \cdot \psi^2 \approx R''^2/R'$$

und somit

$$\delta R''_{(h)} \approx \delta h, \quad \delta R''_{(M)} \approx -\frac{1}{2}\left(1 + \frac{R'}{R''}\right) \cdot \delta M,$$

$$\delta R''_{(R')} \approx \frac{R'}{R''} \cdot \delta R'.$$

Es empfiehlt sich also, R' möglichst klein zu wählen. Die Bestimmung von R'' wird um so ungenauer, je kleiner R'' ist. Man wird ansetzen können $\delta h = 1\,\mu$, $\delta M = 1\,\mu$ (allerdings nicht bei der Zahnmeßschieblehre, wo mindestens $\delta h \sim \delta M \sim 10\,\mu$ ist), $\delta R' = 0{,}25\,\mu$, so wird bei $R'' = 50\,\mu$, $R' = 1$ mm

$$\delta R''_{(h)} \approx 1\ \mu, \quad \delta R''_{(M)} \approx 10\ \mu, \quad \delta R''_{(R')} \approx 5\ \mu.$$

Insgesamt etwa

$$\delta R'' = 10\,\mu.$$

Damit würde der Fehler von s etwa $-\frac{16}{5}$ und $-\frac{2}{5}$, insgesamt also etwa $4\,\mu$.

Bei $\delta h = 10\,\mu$, $\delta M = 10\,\mu$, $\delta R' = 0{,}25\,\mu$ würde $\delta R'' \approx 80\,\mu$ und δs sowie $\delta p_e \approx 30\,\mu$. Auf jeden Fall muß die durch die Kantenabrundung bedingte Korrektion bei größeren Krümmungshalbmessern beachtet werden.

Eine einwandfreie Bestimmung der Korrektion ergibt sich aus der Ermittlung des Durchmessers eines Zylinders, dessen Halbmesser gleich dem Schmiegungshalbmesser ϱ der Evolvente, also gleich $r_g \cdot \operatorname{tg} \alpha$ ist.

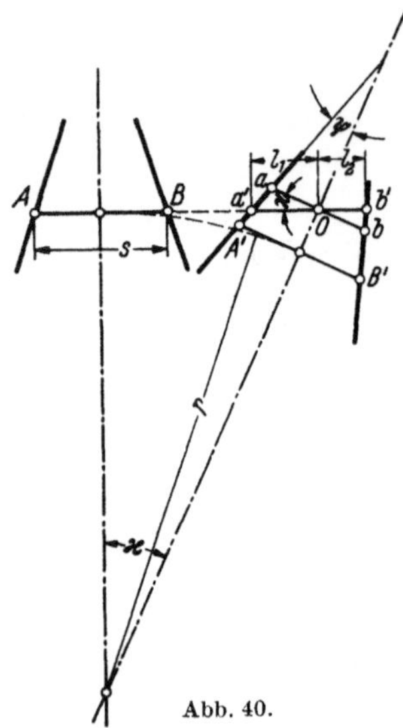

Abb. 40.

Man stellt die Schnäbel so ein, daß sie von der gemeinsamen Grundplatte um diesen Halbmesser ϱ abstehen; der Unterschied zwischen 2ϱ und der Ablesung M ist bei den Messungen als Korrektion anzubringen. Diese berücksichtigt auch die Größen zweiter Ordnung, die beim Ersatz der Evolvente durch die Tangente vernachlässigt waren. Soll die Messung im Teilkreis erfolgen, so ist $\varrho = \frac{1}{2}\, m \cdot z \cdot \sin \alpha_0$.

d) Einfluß der Stellung der Meßkugeln. 1. Beim Standgerät. Für die Betrachtungen seien die kurzen Stücke der Zahnflanken durch ihre Tangenten ersetzt.

Beim Standgerät wird das Zahnrad gedreht und der Schlitten mit den beiden Kugeln gleichzeitig tangential verschoben. Dadurch geht die Zahndicke s aus der Symmetriestellung $A\,B$, in der die Verbindung der Kugelmittelpunkte senkrecht zur Symmetrieachse des Zahnes stand, nach $A'\,B'$ (Abb. 40), während die Kugeln aus der Stellung $A\,B$ nach $a'\,b'$ wandern.

Es ist die durch O zur Symmetrielinie des Zahns gelegte Dicke

$$\begin{aligned}
s' = ab &= A'\,B' - 2\,r \cdot \left(\frac{1}{\cos \varkappa} - 1\right) \cdot \operatorname{tg} \psi \\
&= s - 2\,r \cdot \left(\frac{1}{\cos \varkappa} - 1\right) \cdot \operatorname{tg} \psi, \\
l_1 &= \frac{1}{2}\, s' \frac{\sin (90 + \psi)}{\sin (90 - \psi - \varkappa)} = \frac{1}{2}\, s' \cdot \frac{\cos \psi}{\cos (\psi + \varkappa)}, \\
l_2 &= \frac{1}{2}\, s' \cdot \frac{\cos \psi}{\cos (\psi - \varkappa)}, \\
l_1 + l_2 = l &= \frac{1}{2}\, s' \cdot \cos \psi \cdot \frac{2 \cos \psi \cdot \cos \varkappa}{\cos^2 \psi \cdot \cos^2 \varkappa - \sin^2 \psi \cdot \sin^2 \varkappa} \\
&= \left[s - 2\,r \cdot \left(\frac{1}{\cos \varkappa} - 1\right) \cdot \operatorname{tg} \psi\right] \cdot \frac{1}{\cos \varkappa - \operatorname{tg}^2 \psi \cdot \sin \varkappa \cdot \operatorname{tg} \varkappa}.
\end{aligned}$$

Die Extremwerte von l bestimmt man aus

$$\frac{d\,l}{d\varkappa} = 0.$$

$$-\frac{s - 2\,r \cdot \left(\frac{1}{\cos \varkappa} - 1\right) \cdot \operatorname{tg} \psi}{(\cos \varkappa - \operatorname{tg}^2 \psi \cdot \sin \varkappa \cdot \operatorname{tg} \varkappa)^2} \cdot \left[-\sin \varkappa - \operatorname{tg}^2 \psi \left(\sin \varkappa + \frac{\sin \varkappa}{\cos^2 \varkappa}\right)\right] - \frac{2\,r \cdot \operatorname{tg} \psi \cdot \sin \varkappa}{\cos^2 \varkappa \cdot (\cos \varkappa - \operatorname{tg}^2 \psi \cdot \sin \varkappa \cdot \operatorname{tg} \varkappa)} = 0.$$

Die Lösung dieser Gleichung ist

$$\sin\varkappa = 0, \qquad \varkappa = 0,$$

d. h. es ist beim Drehen des Rades unter gleichzeitigem Verschieben des Meßschlittens der Ausschlag bei Umkehrung des Fühlhebelzeigers abzulesen.

2. Beim Handgerät. *a) Beim Schwenken um einen auf der Symmetrieachse des Zahns gelegenen Punkt*, etwa um den Punkt M der Abb. 41 (was praktisch etwa durch Schwenken um die Radachse auszuführen ist), wodurch die Kugeln von A, B nach a, b gelangen.

Wie vorher ist

$$s' = s - 2r \cdot \left(\frac{1}{\cos\varkappa} - 1\right) \cdot \operatorname{tg}\psi,$$

$$l_1 = \frac{1}{2} s' \cdot \frac{\cos\psi}{\cos(\psi - \varkappa)}, \qquad l_2 = \frac{1}{2} s' \cdot \frac{\cos\psi}{\cos(\psi + \varkappa)},$$

$$l_1 + l_2 = l = s' \cdot \frac{\cos^2\psi \cdot \cos\varkappa}{\cos^2\psi \cdot \cos^2\varkappa - \sin^2\psi \cdot \sin^2\varkappa}.$$

Das ist derselbe Ausdruck wie vorher.

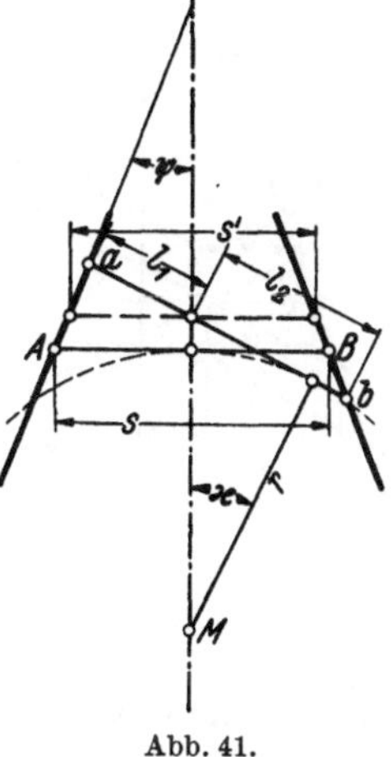

Abb. 41.

Es tritt also wieder für $\varkappa = 0$, d. h. für die Symmetrielage, ein Kleinstwert auf, der durch Umkehren des Fühlhebelzeigers gekennzeichnet ist. Dabei kann der Punkt M auf der Symmetrielinie beliebig liegen. Leider besteht aber keine Gewähr dafür, ob er nicht von dieser abgewandert ist.

b) Beim Schwenken um einen nicht auf der Symmetrieachse gelegenen Punkt (vgl. Abb. 42). Ist dieser Punkt P um v (senkrecht) gegen die Symmetrieachse verschoben, so ist

$$s' = \tfrac{1}{2} s - v, \qquad s'' = \tfrac{1}{2} s + v.$$

Es wird wieder

$$l_1 = s' \cdot \frac{\cos\psi}{\cos(\psi - \varkappa)}, \qquad l_2 = s'' \cdot \frac{\cos\psi}{\cos(\psi + \varkappa)},$$

$$l_1 + l_2 = l = s \cdot \frac{1}{\cos\varkappa - \operatorname{tg}^2\psi \cdot \sin\varkappa \cdot \operatorname{tg}\varkappa} + v \cdot \cos\psi \cdot \left[\frac{1}{\cos(\psi + \varkappa)} - \frac{1}{\cos(\psi - \varkappa)}\right]$$

$$= s \cdot \frac{1}{\cos\varkappa - \operatorname{tg}^2\psi \cdot \sin\varkappa \cdot \operatorname{tg}\varkappa} + 2v \cdot \cos\psi \cdot \frac{\sin\psi \cdot \sin\varkappa}{\cos^2\psi \cdot \cos^2\varkappa - \sin^2\psi \cdot \sin^2\varkappa}$$

$$= s \cdot \frac{1}{\cos\varkappa - \operatorname{tg}^2\psi \cdot \sin\varkappa \cdot \operatorname{tg}\varkappa} + 2v \cdot \frac{1}{\operatorname{ctg}\psi \cdot \cos\varkappa \cdot \operatorname{ctg}\varkappa - \operatorname{tg}\psi \cdot \sin\varkappa},$$

$$l = \frac{s + 2v \cdot \operatorname{tg}\psi \cdot \operatorname{tg}\varkappa}{\cos\varkappa - \operatorname{tg}^2\psi \cdot \sin\varkappa \cdot \operatorname{tg}\varkappa}.$$

Analog wird

$$l_1' + l_2' = l' = \frac{s - 2v \cdot \operatorname{tg}\psi \cdot \operatorname{tg}\varkappa}{\cos\varkappa - \operatorname{tg}^2\psi \cdot \sin\varkappa \cdot \operatorname{tg}\varkappa}.$$

Da bei kleinen Drehwinkeln der Nenner stets positiv ist, so ist dafür $l > s$. Dagegen ist $l' > s$ nur solange wie

$$\frac{s - 2v \cdot \operatorname{tg}\psi \cdot \operatorname{tg}\varkappa}{\cos\varkappa - \operatorname{tg}^2\psi \cdot \sin\varkappa \cdot \operatorname{tg}\varkappa} > s$$

oder

$$v < \frac{s - s \cdot (\cos\varkappa - \operatorname{tg}^2\psi \cdot \sin\varkappa \cdot \operatorname{tg}\varkappa)}{2\operatorname{tg}\psi \cdot \operatorname{tg}\varkappa}$$

$$< \frac{s \cdot (1 - \cos\varkappa + \operatorname{tg}^2\psi \cdot \sin\varkappa \cdot \operatorname{tg}\varkappa)}{2\operatorname{tg}\psi \cdot \operatorname{tg}\varkappa}.$$

Für kleine Werte von $\varkappa$ kann dies geschrieben werden:

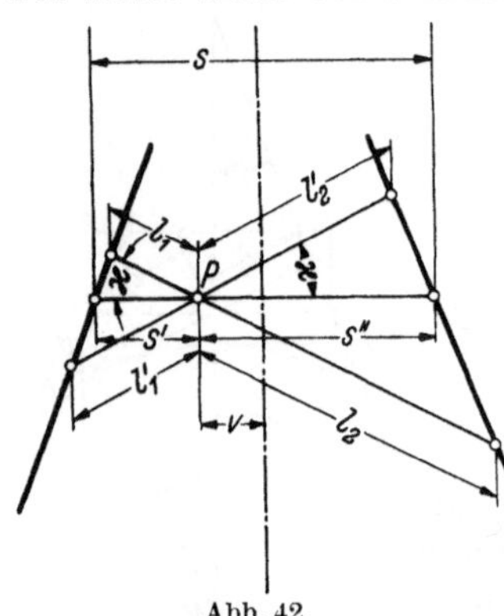

Abb. 42.

$$v < \tfrac{1}{2} s \cdot \varkappa \cdot \operatorname{ctg}\psi \cdot (\tfrac{1}{2} + \operatorname{tg}^2\psi).$$

Für $\psi = 20°$ wird

$$v < s \cdot \varkappa \cdot 1{,}37 \cdot (\tfrac{1}{2} + 0{,}132) < 0{,}866 \cdot s \cdot \varkappa$$

und für $\varkappa = 1°$

$$v < 0{,}015 \cdot s.$$

Es muß also v sehr klein sein, so daß das Aufsuchen des wirklichen Wertes von s durch Schwenken des Gerätes praktisch kaum möglich ist. Man müßte es deshalb so aufsetzen, daß die Verbindungslinie der Kugelmittelpunkte senkrecht zur Symmetrielinie des Zahns steht, wofür es beim Handgerät kein Kriterium gibt, so daß für die Bestimmung der Zahndicke mit zwei Kugeln nur ein Standgerät in Frage kommt, wie es vorher betrachtet war.

d) Bestimmung von p_e aus dem auf der Eingriffslinie gelegenen Abstand der Zahnflanken.

Ein Handgerät werde um den Flankenpunkt A geschwenkt (Abb. 43); BAC sei die durch A gehende Eingriffslinie.

Wird das Gerät um den kleinen Winkel $\varkappa$ gegen diese gekippt und die Elvolente durch den durch C gehenden Krümmungskreis ersetzt (Abb. 44), so ist

$$R^2 = (R - l)^2 + L^2 + 2 \cdot (R - l) \cdot L \cdot \cos\varkappa$$

oder

$$L^2 + 2 \cdot L(R - l) \cdot \cos\varkappa + l^2 - 2R \cdot l = 0,$$

$$L = -(R - l) \cdot \cos\varkappa \pm \sqrt{(R - l)^2 \cdot \cos^2\varkappa - l^2 + 2Rl}$$

$$= (R - l) \cdot \cos\varkappa \cdot \left(-1 + \sqrt{1 + \frac{2Rl - l^2}{(R - l)^2 \cdot \cos^2\varkappa}}\right).$$

Für den Grenzwert ergibt sich

$$\frac{dL}{d\varkappa} = -(R - l) \cdot \sin\varkappa \cdot \left(-1 + \sqrt{1 + \frac{2Rl - l^2}{(R - l)^2 \cdot \cos^2\varkappa}}\right)$$

$$+ (R - l) \cdot \frac{(2Rl - l^2) \cdot \sin\varkappa}{\sqrt{1 + \frac{2Rl - l^2}{(R - l)^2 \cdot \cos^2\varkappa}} \cdot (R - l)^2 \cdot \cos^2\varkappa} = 0.$$

Die kleinste Länge l liegt also (bei $\varkappa = 0$) auf der Eingriffslinie (ersetzt man die Evolvente, durch ihre durch C gehende Tangente, so ist ohne weiteres ersichtlich, daß stets $l < l'$).

Punkt A habe den Abstand ϱ von der Achse. Es ist nach Abb. 43

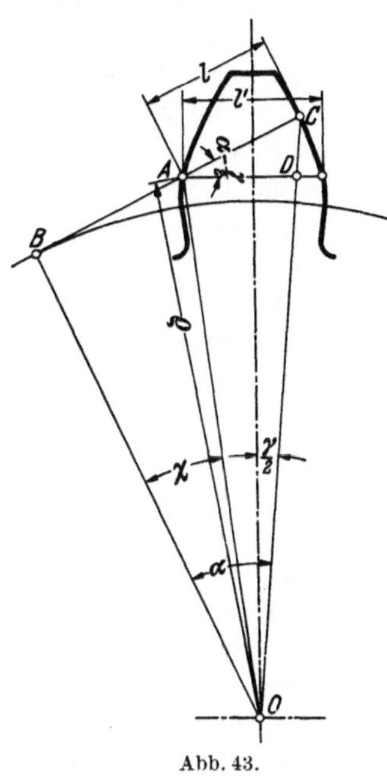

Abb. 43.

$$\text{(a)} \qquad \cos\chi = \frac{r_g}{\varrho} = \frac{1}{2}\,\frac{m \cdot z \cdot \cos\alpha_0}{\varrho} = A,$$

$$\text{(b)} \qquad \operatorname{tg}\alpha = \frac{\sqrt{\varrho^2 - r_g^2} + l}{r_g} = B,$$

$$OC = \frac{r_g}{\cos\alpha},$$

$$OC = OD + DC = \varrho\,\frac{\cos(\alpha - \chi - \gamma/2)}{\cos\gamma/2} + l \cdot \frac{\sin(\alpha - \gamma/2)}{\cos\gamma/2},$$

$$\varrho \cdot \cos(\alpha - \chi) + \varrho \sin(\alpha - \chi) \cdot \operatorname{tg}\gamma/2 + l \cdot \sin\alpha - l \cdot \cos\alpha \cdot \operatorname{tg}\gamma/2 = \frac{r_g}{\cos\alpha},$$

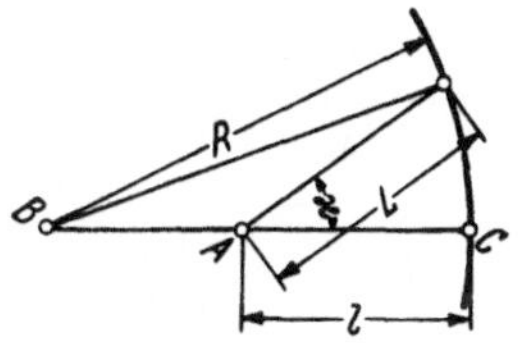

Abb. 44.

$$\text{(c)} \qquad \operatorname{tg}\gamma/2 = \frac{r_g/\cos\alpha - \varrho \cdot \cos(\alpha - \chi) - l \cdot \sin\alpha}{\varrho \cdot \sin(\alpha - \chi) - l \cdot \cos\alpha} = C.$$

Nach Gl. (3) ist

$$\frac{\gamma}{2} = \frac{\pi}{2z} - \frac{\varepsilon}{2} - \operatorname{Ev}\alpha + \operatorname{Ev}\alpha_0,$$

somit

$$\text{(d)} \qquad \frac{\varepsilon}{2} = \frac{\pi}{2z} - \frac{\gamma}{2} - \operatorname{Ev}\alpha + \operatorname{Ev}\alpha_0$$

und nach Gl. (10)

$$p_e = \tfrac{1}{2}\, m \cdot z \cdot \varepsilon \cdot \cos\alpha_0 = \frac{1}{2}\, m \cdot z \cdot \cos\alpha_0 \left[\frac{\pi}{2z} - \operatorname{arc\,tg} C - B + \operatorname{arc\,tg} B + \operatorname{Ev}\alpha_0\right].$$

Dabei ist nach Gl. (a) bzw. (b)

$$A = \frac{1}{2}\,\frac{m \cdot z \cdot \cos\alpha_0}{\varrho},$$

$$B = \frac{\sqrt{\varrho^2 - \frac{1}{4} m^2 \cdot z^2 \cdot \cos^2\alpha_0} + l}{\frac{1}{2} m \cdot z \cdot \cos\alpha_0},$$

$$C = \frac{\frac{1}{2} m \cdot z \cdot \cos\alpha_0 \sqrt{1 + B^2} - \varrho \cdot \cos(\operatorname{arc\,tg} B - \operatorname{arc\,cos} A) - l \cdot \sin(\operatorname{arc\,tg} B)}{\varrho \cdot \sin(\operatorname{arc\,tg} B - \operatorname{arc\,cos} A) - l \cdot \cos(\operatorname{arc\,tg} B)}.$$

Die Schwierigkeit für die Durchführung dieser Methode liegt in der genauen Bestimmung von ϱ. Ohne — langwierige — ins einzelne gehende Durchrechnung kann man schon aus Analogie zu früheren Betrachtungen (s. Abschnitt C) schließen, daß der — noch dazu hier recht beträchtliche Fehler — von ϱ einen sehr großen Einfluß auf das Ergebnis haben wird. Dazu kommt, daß $\gamma/2$ stets ein verhältnismäßig kleiner Winkel sein wird, dessen tg sich aus der kleinen Differenz großer Zahlen im Zähler und Nenner des Bruches ergibt. Ebenso wird die kleine Größe ε als Differenz von — gegen sie relativ — großen Zahlen sehr ungenau.

Dieses Verfahren ist also praktisch nicht zu brauchen.

e) Bestimmung von p_e aus dem Abstande zweier paralleler die Zahnflanken tangierender Schneiden oder Flächen.

Legt man (Abb. 45) in C an den Grundkreis die Tangente AB, so sind CA und CB die Eingriffslinien der beiden Flanken, und ist folglich AB gleich dem Grundkreisbogen $\widehat{DE}$. Liegt der Punkt C auf der Symmetrielinie des Zahns (Abb. 46), so sieht man, daß AB zugleich die Zahndicke (als Bogen gemessen) am Grundkreis ist. Diese ist somit als Abstand zweier paralleler, die Zahnflanken tangierender Schneiden oder Flächen a und b zu bestimmen (sie liegen also nicht mit ihren Enden an wie in Abschnitt D 4 c γ).

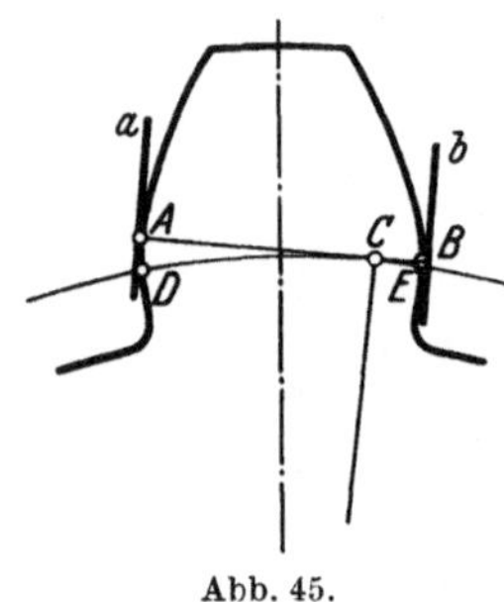

Abb. 45.

Das Verfahren ist nur anzuwenden, wenn der Halbmesser des Fußkreises kleiner als r (Abb. 46). Ist dies nicht der Fall, so muß die Messung nach Abb. 47 über mehrere (n) Zähne ausgeführt werden. Es ist

$$r = \sqrt{r_g^2 + CB^2} = \sqrt{r_g^2 + \widehat{CE}^2}$$

$$= r_g \cdot \sqrt{1 + \left[(n-1) \cdot \frac{\pi}{z} + \frac{1}{2}\gamma_g\right]^2}$$

$$= \frac{1}{2} m \cdot z \cdot \cos\alpha_0 \cdot \sqrt{1 + \left[(2n-1)\frac{\pi}{2z} - \frac{\varepsilon}{2} + \operatorname{Ev}\alpha_0\right]^2}$$

$$= \tfrac{1}{2} m \cdot z \cdot \cos\alpha_0 \sqrt{1 + A^2}.$$

Nun ist A

$$A = \frac{(2n-1) \cdot 1{,}5708}{z} + 0{,}0149 - \frac{\varepsilon}{2},$$

wobei $\varepsilon/2$ vernachlässigt werden kann, da es bei dem früher abgeleiteten Wert $\varepsilon = 7$ min nur 0,001 ist.

Bei kleinen Zähnezahlen (etwa $z = 10$) ist $n = 1$, somit

$$A = 0{,}172, \quad A^2 = 0{,}03.$$

Also wird

$$r = \tfrac{1}{2} m \cdot z \cdot \cos\alpha_0 \cdot (1 + \tfrac{1}{2} A^2).$$

Nun muß sein

$$r_0 - k \cdot m < r,$$

$$1 + \frac{1}{2} A^2 > \frac{r_0 - k \cdot m}{r_0 \cos \alpha_0},$$

$$A > \sqrt{2 \frac{r_0 (1 - \cos \alpha_0) - k \cdot m}{r_0 \cdot \cos \alpha_0}},$$

$$(2n - 1) \cdot \frac{\pi}{2z} > \sqrt{2 \frac{z \cdot (1 - \cos \alpha_0) - 2k}{z \cdot \cos \alpha_0}} - \operatorname{Ev} \alpha_0,$$

$$n > \frac{z}{\pi} \cdot \left[\sqrt{2 \cdot \frac{z (1 - \cos \alpha_0) - 2k}{z \cdot \cos \alpha_0}} - \operatorname{Ev} \alpha_0 \right] + \frac{1}{2};$$

für $k = 1$

$$n > 0{,}32 \cdot z \cdot \left[\sqrt{2{,}13 \cdot \left(0{,}060 - \frac{2}{z}\right)} - 0{,}015 \right] + \frac{1}{2}.$$

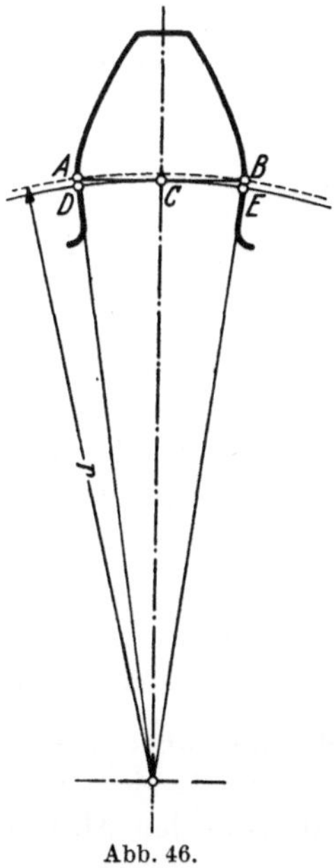

Abb. 46.

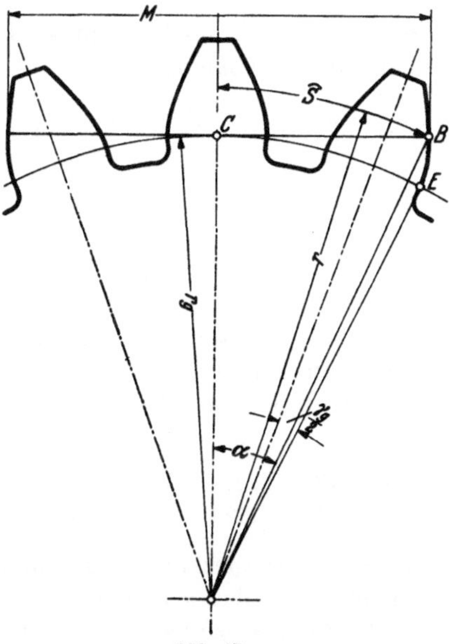

Abb. 47.

Damit ergeben sich die Grenzzahlen z, bis zu denen Messung bei $n = 1, 2 \ldots$ möglich ist zu

$n =$ 1	2	3	4	5	6	7	8	9	10
$z =$ 34	38	44	52	59	68	76	84	93	102

Häufig geht man auch so vor, daß die Anlage der parallelen Schnäbel möglichst am Teilkreis (praktisch in der Nähe des Teilkreises) erfolgen soll. Dann ist in der Gleichung:

$$r = \tfrac{1}{2} m \cdot z \cdot \cos \alpha_0 \cdot \sqrt{1 + A^2}$$

$r = r_0$ zu setzen. Damit wird

$$\sqrt{1 + A^2} = \frac{1}{\cos\alpha_0},$$

$$A = \operatorname{tg}\alpha_0,$$

$$(2n-1)\cdot\frac{\pi}{2z} - \frac{\varepsilon}{2} + \operatorname{Ev}\alpha_0 = \operatorname{tg}\alpha_0;$$

vernachlässigt man wieder $\varepsilon/2$, so wird

$$n = \frac{z}{\pi}\cdot\alpha_0 + \frac{1}{2}.$$

Eine zweite Ableitung ergibt sich nach Abb. 47, wenn man annimmt, daß Punkt B auf dem Teilkreis liegt. Es ist

$$\pi\cdot d_0 = z\cdot\hat{t}_0,$$

$$2\,\bar{S}_0 = (n-1)\cdot\hat{t}_0 + \tfrac{1}{2}\hat{t}_0 - \bar{p}_0$$

und wieder unter Vernachlässigung der (gleichfalls das Flankenspiel kennzeichnenden) Größe $\bar{p}_0$

$$2\,S_0 = \left(n - \frac{1}{2}\right)\cdot\frac{d_0\cdot\pi}{z};$$

oder

$$d_0\cdot\alpha_0 = \left(n - \frac{1}{2}\right)\cdot\frac{\pi}{z}\cdot d_0$$

$$n = \frac{z}{\pi}\cdot\alpha_0 + \frac{1}{2}.$$

Aus dieser Gleichung ergeben sich für $n = 1$ bis $n = 10$ die folgenden Werte für z. Praktisch muß man die in der Reihe z' angegebenen ganzzahligen Werte verwenden.

$n = 1$	2	3	4	5	6	7	8	9	10
$z = 4{,}5$	13,5	22,5	31,5	40,5	49,5	58,5	67,5	76,5	85,5
$z' = 4$	14	22	32	40	50	58	68	76	86

Bei größeren Zähnezahlen muß man die Messung über mehrere (n) Zähne ausführen (wobei n besonders groß wird, falls die Messung in der Nähe des Teilkreises erfolgen soll) und ermittelt dann den Abstand der parallelen Meßebenen

$$M = (n-1)\cdot\hat{t}_g + \hat{s}_g = (n-1)\cdot t_e + \hat{s}_g.$$

Es ist

$$\hat{s}_g = r_g\cdot\gamma_g = \frac{1}{2}\,m\cdot z\cdot\cos\alpha_0\cdot\left(\frac{\pi}{z} - \varepsilon + 2\operatorname{Ev}\alpha_0\right),$$

aus der folgt

$$\varepsilon = \frac{\pi}{z} + 2\operatorname{Ev}\alpha_0 - \frac{2\,\hat{s}_g}{m\cdot z\cdot\cos\alpha_0},$$

$$p_e = \tfrac{1}{2}\,m\cdot z\cdot\varepsilon\cdot\cos\alpha_0 = \tfrac{1}{2}\,m\cdot(\pi + 2z\cdot\operatorname{Ev}\alpha_0)\cdot\cos\alpha_0 - \hat{s}_g$$

$$= \tfrac{1}{2}\,m\cdot(\pi + 2z\cdot\operatorname{Ev}\alpha_0)\cdot\cos\alpha_0 - [M - (n-1)\cdot t_e].$$

Die Zahndicke $\hat{s}_0$ im Teilkreise ist

$$\hat{s}_0 = r_0 \cdot \gamma_0 = r_0 \cdot \left(\frac{\pi}{z} - \varepsilon\right)$$

$$= \frac{\hat{s}_g}{\cos\alpha_0} - m \cdot z \cdot \operatorname{Ev}\alpha_0 = \frac{M - (n-1)\cdot t_e}{\cos\alpha_0} - m \cdot z \cdot \operatorname{Ev}\alpha_0,$$

$$\hat{s}_0 = \frac{M}{\cos\alpha_0} - (n-1)\,\hat{t}_0 - m \cdot z \cdot \operatorname{Ev}\alpha_0.$$

Damit wird

$$p_e = \tfrac{1}{2}\, m \cdot \pi - \hat{s}_0 \cdot \cos\alpha_0,$$

wobei für $\hat{s}_0$ der sich aus der vorhergehenden Gleichung ergebende Wert einzusetzen ist.

Für n ist stets die benutzte ganze Zahl n einzusetzen (nicht aber der z. B. aus der Gleichung

$$N = \frac{z}{\pi} \cdot \alpha_0 + \frac{1}{2}$$

genau berechnete Wert N, da andernfalls für s_0 und p_e Fehler von $\pm (N - n) \cdot \hat{t}_0$ bzw. $\pm (N - n) \cdot t_e/\cos\alpha_0$, also im ungünstigsten Falle von $\pm \frac{1}{2}\hat{t}_0$ bzw. $\pm \frac{1}{2} t_e/\cos\alpha_0$, entstehen würden).

Zunächst sei die Unsicherheit von $\hat{s}_0$ bestimmt.

Die Teilung t_0 ist definitionsgemäß zwar fehlerfrei, doch gilt dies nicht für die praktisch hergestellte Teilung von Zahn zu Zahn. Ihre Summe ist selbstverständlich $m \cdot \pi \cdot z$ (bzw. 360°), wohl aber können die Einzelteilungen mit (sich über den ganzen Kreisumfang aufhebenden) Fehlern behaftet sein. Diese sind selbst bei guten Zahnrädern mit mindestens 2,5 μ anzusetzen[1], so daß man annehmen muß

$$\delta \hat{s}_{0\,[(n-1)\cdot \hat{t}_0]} \approx 5\,\mu \quad \text{bei } n = 2$$

und entsprechend mehr bei größeren n.

$$\delta \hat{s}_{0_{(M)}} = \frac{\delta M}{\cos\alpha_0} = 1{,}06 \cdot \delta M.$$

Der Fehler δM rührt her: von den eigentlichen Beobachtungsfehlern ($\approx \pm 1\,\mu$); von der Unsicherheit (Korrektion) des Meßgerätes, die bei der Zahnweitenschraublehre mit $\approx \pm 2{,}5\,\mu$ anzusetzen ist; von seiner Streuung ($\approx \pm 1\,\mu$) und von der Unparallelität seiner Meßflächen ($\approx \pm 2\,\mu$), so daß insgesamt gerechnet werden muß

$$\delta M \approx 4{,}5\,\mu$$

und

$$\delta \hat{s}_{0_{(M)}} \approx 5\,\mu.$$

[1] Die Fehler von t_e wären herabzusetzen, wenn man die benötigten örtlichen t_e messen und in die Gleichung für p_e einsetzen würde, was aber im Betriebe nicht durchzuführen ist.

$$\begin{aligned}\delta\,\hat{s}_{0(\alpha_0)} &= \left(\frac{M\cdot\sin\alpha_0}{\cos^2\alpha_0} - m\cdot z\cdot \operatorname{tg}^2\alpha_0\right)\cdot\delta\alpha_0\\ &= \operatorname{tg}\alpha_0\cdot\left[\frac{(n-1)\cdot\hat{t}_g+\hat{s}_g}{\cos\alpha_0} - m\cdot z\cdot\operatorname{tg}\alpha_0\right]\cdot\delta\alpha_0\\ &= \operatorname{tg}\alpha_0\cdot[(n-1)\cdot\hat{t}_0+\hat{s}_0+m\cdot z\cdot \operatorname{Ev}\alpha_0 - m\cdot z\cdot\operatorname{tg}\alpha_0]\cdot\delta\alpha_0\\ &= m\cdot\operatorname{tg}\alpha_0\cdot\left[(2\,n-1)\cdot\frac{\pi}{2}-z\cdot\alpha_0\right]\cdot\delta\alpha_0\end{aligned}$$

und mit $\delta\alpha_0 = 2$ min.

$$\frac{\delta\,\hat{s}_{0(\alpha_0)}}{m} = -0{,}21\cdot[0{,}34907\cdot z-(2\,n-1)\cdot 1{,}5708]\ \mu.$$

Damit wird für

$z =$	10	20	50	100
$n =$	1	1	4	10
$-\frac{\delta\,\hat{s}_{(\alpha_0)}}{m} =$	0,4	1,1	1,4	1,2 μ.

Durch Messen über mehrere Zähne (größeres n) kann man zwar diesen Fehler u. U. verringern, dafür steigt aber der durch $\hat{t}_0$ bewirkte Fehler, und zwar im weit stärkeren Maße als $\delta s_{(\alpha_0)}$.

Bei $m = 3{,}75$, $z = 24$ wird man insgesamt rechnen müssen mit

$$\delta\,\hat{s}_0 = \tfrac{2}{3}\,(2{,}5+5+1{,}1)\approx 6\,\mu.$$

Dies gilt aber nur, wenn die Fehler von $\hat{t}_0$ nicht größer als die mit $2{,}5\,\mu$ angenommenen sind.

Entsprechend werden die Fehler von

$$p_e = \tfrac{1}{2}\,m\cdot(\pi+2\,z\cdot\operatorname{Ev}\alpha_0)\cdot\cos\alpha_0 - M + (n-1)\cdot t_e$$

berechnet.

Bestimmt man t_e an den in Frage kommenden Zähnen, was mit einer Unsicherheit von $\approx 2\,\mu$ möglich ist, so gilt

$$\delta p_{e_{(t_e)}} = (n-1)\cdot\delta t_e$$

und somit $\delta p_{e_{(t_e)}} \approx 2$ bis $5\,\mu$, je nach dem Werte von n.

Rechnet man dagegen mit dem mittleren $\hat{t}_0$, so muß man ausgehen von

$$p_e = \tfrac{1}{2}\,m\cdot(\pi+2\,z\cdot\operatorname{Ev}\alpha_0)\cdot\cos\alpha_0 - M + (n-1)\cdot\hat{t}_0\cdot\cos\alpha_0$$

und dann wird

$$\delta p_{e_{[(n-1)\cdot\hat{t}_0]}} \approx 2{,}5\,\mu \text{ bei Messung über 1 Zahn und}$$

$$\approx 5 \text{ bis } 10\,\mu \text{ bei Messung über 2 oder mehrere Zähne.}$$

Ferner wird

$$\delta p_{e_{(M)}} = \delta M \approx 4{,}5\,\mu.$$

$$\delta p_{e(\alpha_0)} = [-\tfrac{1}{2} m \cdot (\pi + 2z \cdot \mathrm{Ev}\,\alpha_0) \cdot \sin\alpha_0 + m \cdot z \cdot \cos\alpha_0 \cdot \mathrm{tg}^2\alpha_0 - (n-1) \cdot \hat{t}_0 \cdot \sin\alpha_0] \cdot \delta\alpha_0$$

$$= m \cdot z \cdot \left[\cos\alpha \cdot \mathrm{tg}^2\alpha_0 - \sin\alpha_0 \cdot \mathrm{Ev}\,\alpha_0 - \sin\alpha_0 \cdot (2n-1) \cdot \frac{\pi}{2z}\right] \cdot \delta\alpha_0$$

$$= m \cdot z \cdot \left[0{,}124 - 0{,}005 - 0{,}537 \cdot \frac{2n-1}{z}\right] \cdot \delta\alpha_0 .$$

Würde man nicht von dem mittleren $\hat{t}_0$, sondern von dem gemessenen t_e ausgehen, so würde an Stelle von $0{,}537 \cdot (2n-1)/z$ die Größe $0{,}537/z$ treten. Damit werden das dritte Glied (g) in der Klammer und $\delta p_{e(\alpha_0)}/(m \cdot z)$ bei

$z =$	10	20	24	50	100
$g =$	$-0{,}054$	0,027	0,022	0,011	0,005
$\dfrac{\delta p_{e(\alpha_0)}}{m \cdot z} =$	0,065	0,092	0,097	0,108	$0{,}114 \cdot \delta\alpha_0$.

Nimmt man $m = 3{,}75$ und $z = 24$, so wird

$$\delta p_{e(\alpha_0)} = 6\,\mu .$$

Benutzt man aber das mittlere $\hat{t}_0$, so wird das dritte Glied (g) in der Klammer für

$z =$	10	20	24	50	100
$n =$	1	1	1	4	10
$g =$	0,054	0,027	0,022	0,075	0,102.

Nimmt man wieder das Beispiel $m = 3{,}75$, $z = 24$, so wird

$$\delta p_{e(\alpha_0)} \approx 5\,\mu ;$$

für dieses ist der Fehler praktisch etwa ebenso groß wie im vorhergehenden Fall.

Man muß aber beachten, daß jetzt, da mit $\hat{t}_0$ gerechnet, der Fehler $\delta p_{e(\hat{t}_0)}$ von $2{,}5\,\mu$ eingeht, während bei der Rechnung mit t_e nur der Fehler $\delta p_{e(t_e)}$ von $2\,\mu$ hinzukommen würde. Bei Messung über mehrere Zähne wird zwar im ersteren Falle $\delta p_{e(\alpha_0)}$ kleiner, dafür steigt aber auch der Anteil von $\delta p_{e[(n-1)\cdot\hat{t}_0]}$ stärker als der von $\delta p_{e[(n-1)\cdot t_e]}$ im zweiten Falle. Im allgemeinen werden also beide Verfahren ungefähr die gleiche Ungenauigkeit liefern.

Für das betrachtete Beispiel wird man etwa mit einer Ungenauigkeit von

$$\delta p_e \approx \tfrac{2}{3}\,(2 + 4{,}5 + 5) \approx 8\,\mu$$

rechnen dürfen. Dabei sind aber verhältnismäßig kleine Fehler der einzelnen in der Formel auftretenden Größen angenommen. In der Praxis wird man nach diesem Verfahren schwerlich unter 10, wohl kaum unter $20\,\mu$ kommen.

Nun haftet aber diesem Verfahren der Bestimmung der Zahndicke bzw. des Flankenabmaßes p_e noch ein schwerwiegender Nachteil an: man ermittelt durch diese „bezugsfreie" Messung die Größen $\widehat{s}$ bzw. p_e für das schlagfreie Rad, die für den praktischen Gebrauch eines Getriebes ohne Bedeutung sind. Hier sind allein maßgebend die Größen an dem mit Schlag behafteten Prüfling, also die „wirksamen" Größen, wie sie auch die anderen früher betrachteten Meßverfahren liefern.

Deshalb ist das Verfahren der Messung von $\widehat{s}$ bzw. p_e mittels zweier paralleler tangierender Schneiden für die Abnahme nicht brauchbar: bei guten Rädern kommt es — wofür es auch gedacht war — nur für die Kontrolle während des Arbeitsvorganges in Frage, vorwiegend nach der Vorfabrikation, um festzustellen, ob die Zähne überhaupt die genügende Dicke haben, daß sie nach der Nachbearbeitung (Schleifen) nicht zu dünn ausfallen und damit das Flankenspiel im Getriebe unzulässig groß wird.

E. Rundlauffehler (Schlag).

Im Anschluß an die bisherigen Betrachtungen soll jetzt ein nichtideales Zahnrad betrachtet werden. Von den Fehlern, die an ihm vorhanden sein können, führt das Merkblatt „Stirnradfehler"[1] auf: Eingriffs- und Teilkreisteilungsfehler, Zahnformfehler, Rundlauffehler und Zahnrichtungsfehler.

Fehler des Eingriffswinkels α_0 brauchten nicht besonders genannt zu werden, da sie durch die von t_e und $\widehat{t}_0$ nach Gl. (8a) bestimmt sind. Dagegen sind die Fehler der Zahndicke oder Lückenweite, die sich in den Größen p_e, $\widehat{p}_0$ oder ε äußern, nicht besonders aufgeführt, weil die Zahndickenabmaße genormt sind. Ihre Bestimmung ist (wie die von α_0) bereits in Abschnitt (C und) D behandelt.

1. Periodischer Verlauf des Schlags.

Wird das Rad nach Abb. 48 statt um seine geometrische Achse M um die Achse O gedreht, so beschreibt der Punkt C seines Umfangs nicht den Kreis m, sondern den Kreis o. Statt das Rad zu drehen, denke man sich ein Meßgerät mit radial verschiebbarem Meßbolzen um O geschwenkt, dann wird dieser sich jeweils um den durch die Strecke $BA = \sigma$ gegebenen Abstand der beiden Kreise m und o verstellen. Zählt man den Drehwinkel $\varkappa$ von der Stellung aus, in der C, M und O auf einer Geraden liegen, so ist

$$\begin{aligned}\sigma &= BA = OA - OB \\ &= e + r - r \cdot \frac{\sin(\varkappa + \delta\varkappa)}{\sin\varkappa} \\ &= e + r - r \cdot (\cos\delta\varkappa + \sin\delta\varkappa \cdot \operatorname{ctg}\varkappa).\end{aligned}$$

[1] Siehe Fußnote 2 auf S. 1.

Nun ist

$$\sin \delta\varkappa = \frac{e}{r} \cdot \sin \varkappa .$$

Da die Außermittigkeit (Exzentrizität) e stets sehr klein gegenüber r, so ist auch $\delta\varkappa$ stets nur ein kleiner Winkel. Damit wird

$$\sigma = e + r - r \cdot (1 + \delta\varkappa \cdot \operatorname{ctg} \varkappa)$$
$$= e \cdot (1 - \cos \varkappa) = 2e \cdot \sin^2 \varkappa/2 .$$

Die Größe σ verläuft somit nach einer Sinusfunktion mit der Amplitude $2e$ und ist unabhängig von r.

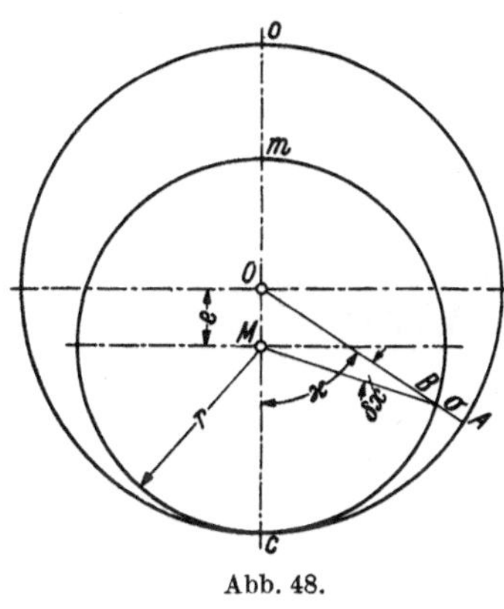

Abb. 48.

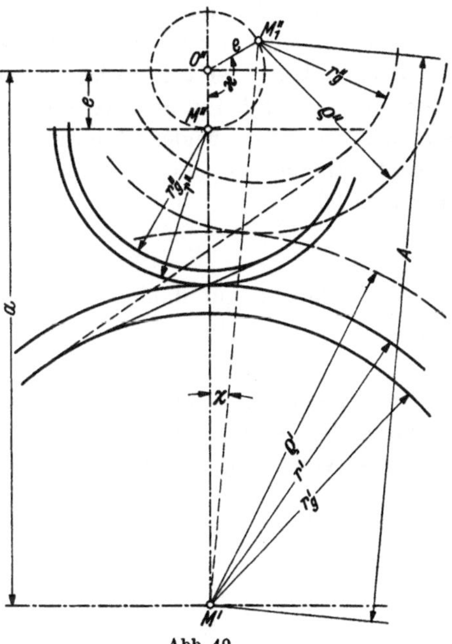

Abb. 49.

2. Wirkung des Schlages.

In Abb. 49 stelle M' den Mittelpunkt eines schlagfreien Rades, M'' und M_1'' die momentanen Lagen des geometrischen Mittelpunktes eines zweiten Rades dar, das um den Punkt O'' gedreht wird. Eingestellt ist demgemäß der Achsabstand $a = M'O''$. Zählt man den Drehwinkel $\varkappa$ wieder von der Stellung aus, bei der M'' auf der Geraden $M'O''$ liegt, so ergibt sich der jeweilige Achsabstand $A = M'M_1''$ zu

$$A = \sqrt{a^2 + e^2 - 2\,a \cdot e \cdot \cos \varkappa} .$$

Es wird für

$$\begin{aligned} \varkappa = \;\; 0^\circ \qquad & A_1 = a - e, \\ 180^\circ \qquad & A_2 = a + e, \\ 90^\circ \qquad & A_3 = \sqrt{a^2 + e^2} \\ & \quad = a + \tfrac{1}{2}\, e^2/a \approx a \\ & \quad \approx \tfrac{1}{2}\,(A_1 + A_2) . \end{aligned}$$

Allgemein kann man für im Verhältnis zu a kleine Exzentrizitäten e schreiben:

$$A \approx a \cdot \left(1 - \frac{e \cdot \cos \varkappa}{a}\right)$$
$$\approx a - e \cdot \cos \varkappa .$$

Es erfolgt also eine dauernde scheinbare Achsabstandsänderung (und damit verbunden ein Gleiten auf den Zahnflanken), die periodisch mit dem Drehwinkel $\varkappa$ verläuft. Diese würde nur Abnutzung und Geräusch verursachen, aber keine Störung der Gleichförmigkeit der Übertragung bewirken, wenn die beiden Achsen stets auf der Linie $M'O''$ blieben. Es sind nämlich die jeweiligen beiden Wälzkreishalbmesser nach Abschnitt B Gl. (e)

$$\varrho' = \frac{A \cdot z'}{z' + z''}, \quad \varrho'' = \frac{A \cdot z''}{z' + z''}$$

und die Teilungen auf ihnen

$$\widehat{t'} = \frac{2\varrho' \cdot \pi}{z'} = \frac{2A \cdot \pi}{z' + z''}, \quad \widehat{t''} = \frac{2A \cdot \pi}{z' + z''},$$

also stets einander gleich.

Durch den Schlag erfolgt aber gleichzeitig eine Drehung des Achsabstandes (von $M'M''$ nach $M'M_1''$) um den Winkel χ, der folgt aus:

$$\sin \chi = \frac{e}{A} \cdot \sin \varkappa = \frac{e}{a - e \cdot \cos \varkappa} \cdot \sin \varkappa$$
$$= \frac{e}{a} \cdot \left(1 + \frac{e}{a} \cdot \cos \varkappa\right) \cdot \sin \varkappa \approx \frac{e}{a} \cdot \sin \varkappa ,$$
$$\chi \approx \frac{e}{a} \cdot \sin \varkappa$$

und somit sich auch periodisch mit dem Drehwinkel $\varkappa$ ändert.

Der Schlag bewirkt somit ein sinusförmig verlaufendes Voreilen bzw. Nachhinken und damit eine periodische Störung der Gleichförmigkeit der Übertragung. Nach Abschnitt D 1aα entsteht durch die Exzentrizität e auf dem Kreis mit dem Halbmesser r ein Winkelfehler

$$\delta\varkappa = \frac{e}{r} \cdot \sin \varkappa ,$$

wenn $\varkappa$ von einem Punkte aus gezählt wird, der mit dem geometrischen und dem tatsächlichen Drehpunkt auf einer Geraden liegt.

Der größte Fehler, d. h. die Summenwirkung des Schlags auf die Gleichförmigkeit der Kreisteilung tritt in diesem Falle ein für $\varkappa = 90°$ mit

$$\delta\varkappa = \frac{e}{r};$$

ist dagegen der Ausgangspunkt für die Zählung von $\varkappa$ um 90° gegen jene Linie versetzt, so wird der größte Fehler (s. auch Abschnitt D 1a)

$$\delta\varkappa = 2\,\frac{e}{r}$$

und der entsprechende größte (Summen-)Teilungsfehler

$$\delta\hat{t} = 2e,$$

er ist also in Längeneinheiten gleich der doppelten Exzentrizität ($2e$).

Von Zahn zu Zahn wird die Änderung $\delta\hat{t}$ der Kreisteilung (s. Abschnitt D 1 a α)

$$\delta\hat{t} = e \cdot (\sin\varkappa' - \sin\varkappa''),$$

worin

$$\varkappa'' = \varkappa' + \frac{2\pi}{z};$$

somit

$$\delta\hat{t} = e \cdot \left(\sin\varkappa' - \sin\varkappa' \cdot \cos\frac{2\pi}{z} - \cos\varkappa' \cdot \sin\frac{2\pi}{z}\right).$$

$\delta\hat{t}$ wird ein Maximum für $(d\,\delta\hat{t}/\delta\varkappa') = 0$, somit

$$\cos\varkappa' \cdot \left(1 - \cos\frac{2\pi}{z}\right) + \sin\varkappa' \cdot \sin\frac{2\pi}{z} = 0,$$

$$\operatorname{tg}\varkappa' = -\frac{1 - \cos\frac{2\pi}{z}}{\sin\frac{2\pi}{z}} = -\operatorname{tg}\frac{\pi}{z}$$

$$\varkappa' = -\frac{\pi}{z}.$$

Damit ergibt sich

$$\delta\hat{t}_{\max} = e \cdot \left[\sin\left(-\frac{\pi}{z}\right) - \sin\frac{\pi}{z}\right]$$

$$= -2e \cdot \sin\frac{\pi}{z}.$$

Der größte Einzelteilungsfehler tritt demnach auf, wenn die Mittellinie der Teilung mit der Verbindungslinie des geometrischen und des tatsächlichen Drehpunktes zusammenfällt, die beiden Meßstellen also symmetrisch zu dieser Verbindungslinie liegen.

Aus den hiermit (für $e = 10\,\mu$) berechneten Zahlenwerten folgt der größte Winkelwert der Ungleichförmigkeit zwischen zwei Zähnen durch Division mit r im Bogenmaß oder durch Division mit $0{,}291 \cdot r$ in min.

$z =$	10	20	50	100	200	500	1000	∞
$\pi/z =$	18°	9°	3° 36′	1° 48′	54′	21,6′	10,8′	0′
$\delta\hat{t}_{\max} =$	6,2	3,1	1,25	0,62	0,31	0,12	0,06	0,00 μ
$r \cdot \delta\hat{t}_{\max} =$	21,3	10,6	4,3	2,1	1,1	0,43	0,21	0,00 min

Die Änderungen der momentanen Wälzkreishalbmesser von der Ausgangsstellung $\varkappa = 0$ aus ergeben sich zu

$$\varrho' - r' = \frac{[(a - e \cdot \cos\varkappa) - (a - e)] \cdot z'}{z' + z''} = \frac{e \cdot (1 - \cos\varkappa) \cdot z'}{z' + z''},$$

$$\varrho'' - r'' = \frac{e \cdot (1 - \cos\varkappa) \cdot z''}{z' + z''};$$

sie stehen also für die beiden Räder im Verhältnis ihrer Zähnezahlen und es wird für die Stellungen

$\varkappa =$	0	180	90 und 270°
$\varrho' - r' =$	0	$\frac{2e \cdot z'}{z' + z''}$	$\frac{e \cdot z'}{z' + z''}$
$\varrho'' - r'' =$	0	$\frac{2e \cdot z''}{z' + z''}$	$\frac{e \cdot z''}{z' + z''}$

Haben beide Räder Schlag, so tritt eine algebraische Addition ihrer Wirkungen ein.

3. Bestimmung des Schlages σ aus der radialen Verschiebung eines Meßstücks.

Da in der Regel der Kopfkreis und bei manchen Herstellungsverfahren (Schleifen) auch der Fußkreis nicht zur Verzahnung laufen, letzterer meist auch nicht sauber genug ausgeführt ist, kann die Messung des Schlages (überwiegend) nur in der Verzahnung erfolgen. Man bestimmt ihn durch Beobachtung der radialen Verschiebung eines sich an beide Flanken jeder Lücke oder jedes Zahns des Prüflings anlegenden Meßstückes (Zahn, Kegel, Zylinder, Kugel bzw. Reiter). Nach Abschnitt D 2 ermittelt man so die Größe v, die ein Maß für die wirksame Flankenabmaßschwankung, d. h. die wirksame Summe von Schlag und Schwankungen der Lückenweite (Zahndicke) ist. Eine Trennung in diese beiden Summanden, etwa durch Beobachtung der radialen und der tangentialen Verschiebungen v und V, ist nach Abschnitt D 3a nicht möglich.

Man könnte daran denken, den in der beobachteten Kurve auftretenden sinusförmig verlaufenden Anteil des Schlags abzusondern und ihn als von diesem allein verursacht anzusehen, während der verbleibende Rest dann den Lückenweitenfehler darstellen würde[1]. Es hat sich aber verschiedentlich gezeigt, daß auch dieser einen periodischen Verlauf hat, so daß das Verfahren nicht allgemein anwendbar ist.

Eine Trennung der beiden Anteile wird grundsätzlich möglich, wenn man die Bestimmung von p_e mit zwei Zähnen von verschiedenen Winkeln χ' und χ'' oder mit zwei Zylindern bzw. Kugeln von den Halbmessern R' und R'', beidemal unter Beobachtung der radialen Verschiebungen v' und v'', durchführt.

[1] Für die Durchführung dieses Verfahrens siehe G. Berndt: Technische Winkelmessungen (Werkstattbücher Heft 18) 1930, S. 65.

4. Bestimmung des Schlages σ aus der radialen Verschiebung zweier Meßstücke.

a) Meßstücke: Zahn, Kegel oder Reiter.

Nach Abschnitt D 2a und b (Abb. 22) gilt für die radiale Verschiebung v dieser Meßstücke:

$$\text{(a)} \qquad \begin{cases} v' = \frac{1}{2} \cdot \frac{p_e}{\sin\chi'} + \sigma \\ v'' = \frac{1}{2} \cdot \frac{p_e}{\sin\chi''} + \sigma \end{cases}$$

(worin p_e die wirkliche und nicht die wirksame Größe bedeutet), da für einen gegebenen Zahn der durch den Schlag verursachte Verschiebungsanteil konstant bleibt; ferner ist vorausgesetzt, daß sich p_e längs der Zahnflanke nicht ändert. Aus den beiden Gleichungen ergibt sich:

$$\text{(b)} \qquad \begin{cases} (v' - \sigma) \cdot \sin\chi' = (v'' - \sigma) \cdot \sin\chi'', \\ \sigma = \frac{v' \cdot \sin\chi' - v'' \cdot \sin\chi''}{\sin\chi' - \sin\chi''}. \end{cases}$$

Die Winkel χ' und χ'' sind durch die benutzten Meßstücke gegeben, v' und v'' sind die von den Ausgangsstellungen MA in Abb. 19 bzw. 24 aus beobachteten Verschiebungen. Man kann also den Schlag σ für jede einzelne Beobachtungsstelle berechnen. Der größte so gefundene Wert von σ ist der Rundlauffehler (Schlag) $2e$. Um ihn zu erhalten, wird man den Verlauf von σ über die einzelnen Zähne aufzeichnen und die so gefundene Kurve durch eine Sinuslinie ausgleichen, deren Doppelamplitude dann die gesuchte Größe $2e$ ist.

Für zwei verschiedene Meßstellen 1 und 2 am Zahnrad gilt

$$v_1' = \frac{1}{2} \cdot \frac{p_{e_1}}{\sin\chi'} + \sigma_1, \qquad v_2' = \frac{1}{2} \cdot \frac{p_{e_2}}{\sin\chi'} + \sigma_2,$$

$$v_1'' = \frac{1}{2} \cdot \frac{p_{e_1}}{\sin\chi''} + \sigma_1, \qquad v_2'' = \frac{1}{2} \cdot \frac{p_{e_2}}{\sin\chi''} + \sigma_2;$$

$$\sigma_1 = \frac{v_1' \cdot \sin\chi' - v_1'' \cdot \sin\chi''}{\sin\chi' - \sin\chi''},$$

$$\sigma_2 = \frac{v_2' \cdot \sin\chi' - v_2'' \cdot \sin\chi''}{\sin\chi' - \sin\chi''},$$

$$\sigma_1 - \sigma_2 = \frac{(v_1' - v_2') \cdot \sin\chi' - (v_1'' - v_2'') \cdot \sin\chi''}{\sin\chi' - \sin\chi''}.$$

Wählt man die beiden Meßstellen 1 und 2 so, daß an ihnen die größte und die kleinste Verschiebung auftritt, und fallen sie für die beiden Meßstücke $'$ und $''$ zusammen, was dann der Fall, wenn der Einfluß der Änderung von p_e (von einem zum anderen Zahn) gegenüber dem Rundlauffehler $2e$ zu vernachlässigen ist, so sind $v_1' - v_2'$ und $v_1'' - v_2''$

die Amplitudendifferenzen a' und a'' der aufgenommenen Kurven und ist ferner $\sigma_1 - \sigma_2 = 2e$, also

$$2e = \frac{a' \cdot \sin\chi' - a'' \cdot \sin\chi''}{\sin\chi' - \sin\chi''}. \tag{c}$$

Da die Gl. (b) und (c) formal völlig übereinstimmen, genügt es, die weiteren Betrachtungen an Gl. (b) anzuknüpfen. Es werden die Fehler

$$\delta\sigma_{(v')} = \frac{\sin\chi'}{\sin\chi' - \sin\chi''} \cdot \delta v',$$

$$\delta\sigma_{(v'')} = -\frac{\sin\chi''}{\sin\chi' - \sin\chi''} \cdot \delta v'',$$

$$\delta\sigma_{(\chi')} = -\frac{(v' - v'') \cdot \cos\chi' \cdot \sin\chi''}{(\sin\chi' - \sin\chi'')^2} \cdot \delta\chi',$$

$$\delta\sigma_{(\chi'')} = \frac{(v' - v'') \cdot \sin\chi' \cdot \cos\chi''}{(\sin\chi' - \sin\chi'')^2} \cdot \delta\chi''.$$

$\delta v'$ und $\delta v''$ sind nach Abschnitt D 2a mit je $\approx 10\,\mu$ anzunehmen, $\delta\chi'$ und $\delta\chi''$ mit je 1 min. Die beiden Winkel selbst seien (verhältnismäßig günstig) mit $\chi' = 15°$ und $\chi'' = 25°$ angenommen. Bei einem Schlag $\sigma (= 2e)$ von $10\,\mu$ werden dann, unter der Annahme $p_e = 0{,}1$ mm, nach Gl. (a)

$$v' = 0{,}205 \text{ mm}, \qquad v'' = 0{,}128 \text{ mm},$$

$$\delta\sigma_{(v')} = 15{,}7\,\mu, \qquad \delta\sigma_{(v'')} = 25{,}8\,\mu,$$

$$\delta\sigma_{(\chi')} = 0{,}34\,\mu, \qquad \delta\sigma_{(\chi'')} = 0{,}20\,\mu.$$

Insgesamt wird man also die Ungenauigkeit $\delta\,(2e)$ zu etwa $30\,\mu$ ansetzen können, so daß das angegebene Verfahren nicht die nötige Genauigkeit liefert.

Da die beiden letzten Fehler nichts Wesentliches zu dem Gesamtfehler $\delta\,(2e)$ beitragen und bei dem durch Gl. (c) dargestellten Verfahren noch kleiner werden, so genügt es hierbei, die beiden durch $\delta a'$ und $\delta a''$ verursachten Anteile zu betrachten. Setzt man sie zu je etwa $3\,\mu$ an, so wird die gesamte Ungenauigkeit von $2e$ etwa mit $8\,\mu$ anzunehmen sein. Unsicher bleibt indessen, ob die verschiedenen Voraussetzungen (Gleichmäßigkeit von p_e über die Flankenlänge und gleiche Werte an den einzelnen Zähnen) erfüllt sind.

b) Meßstücke: Zylinder oder Kugel.

Ganz analog gilt für diese

$$\sigma = \frac{v' \cdot \sin\varphi' - v'' \cdot \sin\varphi''}{\sin\varphi' - \sin\varphi''},$$

wobei die Winkel φ' und φ'' nach Abschnitt D 1c Gl. (d) folgen aus

$$\operatorname{Ev}\varphi = \operatorname{Ev}\alpha_0 + \frac{D}{m \cdot z \cdot \cos\alpha_0} - \frac{\pi}{2z}.$$

Wählt man das früher wiederholt benutzte Beispiel: $m = 3{,}75$; $z = 24$; $m \cdot z = 90$; und D' und D'' so, daß $\varphi' = 15°$, $\varphi'' = 25°$ wird, so ist anzusetzen:

$$D \;= \left(\operatorname{Ev}\varphi - \operatorname{Ev}\alpha_0 + \frac{\pi}{2z}\right) \cdot m \cdot z \cdot \cos\alpha_0;$$

$$D' = (0{,}00615 - 0{,}01490 + 0{,}06545) \cdot 90 \cdot \cos\alpha_0 = 4{,}795\ \text{mm};$$

$$D'' = (0{,}02998 - 0{,}01490 + 0{,}06545) \cdot 90 \cdot \cos\alpha_0 = 8{,}574\ \text{mm}.$$

Die Fehlerbetrachtungen bleiben grundsätzlich die gleichen wie vorher, nur genügt es hier nach Abschnitt D 2c, mit $\delta v' = \delta v'' \approx 5\,\mu$ zu rechnen. Ferner wird

$$\operatorname{tg}^2\varphi \cdot \delta\varphi_{(\alpha_0)} = \left(\operatorname{tg}^2\alpha_0 + \frac{D \cdot \sin\alpha_0}{m \cdot z \cdot \cos^2\alpha_0}\right) \cdot \delta\alpha_0,$$

$$\operatorname{tg}^2\varphi \cdot \delta\varphi_{(R)} = \frac{2 \cdot \delta R}{m \cdot z \cdot \cos\alpha_0}$$

und mit $\delta\alpha_0 = 2$ min, $\delta R = 0{,}5\,\mu$

$$\delta\varphi'_{(\alpha_0)} = \frac{0{,}1325 + 0{,}2064}{\operatorname{tg}^2 15°} \cdot \delta\alpha_0 = 9{,}4\ \text{min},$$

$$\delta\varphi''_{(\alpha_0)} = \frac{0{,}1325 + 0{,}3690}{\operatorname{tg}^2 25°} \cdot \delta\alpha_0 = 4{,}6\ \text{min},$$

$$\delta\varphi'_{(R)} = 5{,}7\ \text{min}, \qquad \delta\varphi''_{(R)} = 1{,}9\ \text{min};$$

zusammen

$$\delta\varphi' \approx 10\ \text{min}, \qquad \delta\varphi'' \approx 4\ \text{min}.$$

Damit wird

$$\delta\sigma_{(v')} \approx 8\,\mu, \qquad \delta\sigma_{(v'')} \approx 13\,\mu,$$

$$\delta\sigma_{(\varphi')} \approx 3{,}4\,\mu, \qquad \delta\sigma_{(\varphi'')} \approx 0{,}8\,\mu;$$

insgesamt also

$$\delta\sigma \approx 20\,\mu.$$

Bei dem durch Gl. (c) dargestellten Verfahren treten in den durch φ' und φ'' veranlaßten Fehlern die Größen a' und a'' an Stelle von v' und v'', somit etwa $5\,\mu$ an Stelle von $77\,\mu$, so daß die Fehler $\delta\sigma_{(\varphi')} \approx 0{,}2\,\mu$ bzw. $\delta\sigma_{(\varphi'')} \approx 0{,}05\,\mu$ werden und gegenüber den durch a' und a'' veranlaßten zurücktreten. Rechnet man für diese wieder mit etwa je $3\,\mu$, so wird der Gesamtfehler von $2e$ mit etwa 5 bis $6\,\mu$ anzunehmen sein.

Wenn auch dieses Verfahren somit etwas genauer wird als bei Benutzung von Zahn oder Reiter, so ist doch andererseits zu bedenken, daß Zylinder und Kugel nur bei glatten Flanken anzuwenden sind, da sonst die Beobachtungsungenauigkeit zu sehr durch die Rauhigkeiten der Zahnflanken erhöht wird.

5. Bestimmung des Schlages σ aus dem Grundkreisdurchmesser.

Wie in Abschnitt F 5c näher ausgeführt werden wird, läßt sich der Grundkreishalbmesser r_g bei Bestimmung der Flankenform (Evolvente) mit einer Genauigkeit von 5 bis $10\,\mu$ ermitteln (s. auch Abschnitt C 4).

Eine Änderung von r_g von Zahn zu Zahn braucht nun aber nicht durch Schlag verursacht zu sein, sondern kann auch durch eine Änderung des Eingriffswinkels α_0 bewirkt werden (s. Abschnitt C 4, wo ja gerade dieses Verfahren zur Bestimmung von α_0 benutzt wurde). Nur wenn man sicher ist, daß α_0 für alle Zähne denselben Wert hat, läßt sich der Schlag auf diese Weise ermitteln, und zwar mit einer Genauigkeit von etwa $3\,\mu$ (s. Abschnitt F 5cβ), da es ja hier nicht auf die Einzelwerte von r_g, sondern nur auf ihre gegenseitigen Unterschiede ankommt. Hat man sich also davon überzeugt, daß α_0 über alle Zähne (an derselben Meßstelle) konstant ist, was am besten durch Messung der Eingriffsteilung t_e geschieht (s. Abschnitt C 5), so liefert dieses Verfahren[1] wohl die einzige Möglichkeit, den Rundlauffehler $2e$ mit einiger Genauigkeit zu bestimmen.

Im übrigen hat die Ermittlung von $2e$ für die Praxis keine unmittelbare Bedeutung, da immer nur die wirksamen und nicht die auf das schlagfreie Rad umgerechneten Fehler interessieren.

Werden diese und damit auch der Schlag tatsächlich einmal gebraucht, so sollte man den Kopf- oder Fußkreis zugleich mit der Verzahnung (sauber) bearbeiten, um den Rundlauffehler durch Auflegen eines radial verschiebbaren Meßstückes (Kugel) auf die Zahnköpfe oder in den Zahngrund zu beobachten, wobei unschwer eine Genauigkeit von 1 bis $2\,\mu$ erreicht werden kann.

Bei dem bisher wohl weit überwiegend benutzten Verfahren der Beobachtung der radialen Verschiebung eines sich an zwei Flanken einer Lücke oder eines Zahns des Prüflings anlegenden Meßstückes ist die Doppelamplitude der erhaltenen Kurve nur dann der Schlag $2e$, wenn die Größe p_e für alle Zähne als konstant anzusehen ist, eine Voraussetzung, die indessen in der Praxis nur ganz ausnahmsweise mit der nötigen Genauigkeit erfüllt sein wird.

F. Flankenform.

1. Bedeutung der richtigen Flankenform.

Grundvoraussetzung für alle bisher angestellten Betrachtungen und damit für das richtige Abwälzen sowie das Messen der Zahnräder ist, daß die Flanke wirklich eine Evolvente ist. Da in der Praxis aber stets — wenn auch bei guten Rädern nur geringe — Abweichungen von der idealen Evolvente auftreten, so ist zu untersuchen, welche Erscheinungen dadurch bedingt sind.

Für verhältnismäßig kurze Längen kann jedes Stück der Zahnflanke durch eine Evolvente (eines Außen- oder Innenstirnrades) mit dem ihr zugehörigen Grundkreishalbmesser r_g (bzw. Eingriffswinkel α_0) ersetzt werden. Um einen allgemeinen Überblick zu erhalten, genügt es

[1] Wohl zuerst angegeben von Obering. Hofer.

(in Abb. 50), zwei benachbarte Rechts- oder Linksflanken zu betrachten, die von Evolventen E' und E'' mit den Grundkreishalbmessern r_g' und r_g'' (bzw. den Eingriffswinkeln α_0' und α_0'') gebildet sind.

Durch die Schnittpunkte des Teilkreises mit E' und E'' seien die zu den Grundkreisen r_g'' und r_g' gehörigen Evolventen e'' und e' gelegt. Mit den Evolventen E' und e' (bzw. E'' und e'') würde ein gleichförmiges Abwälzen des Prüflings gegen ein ideales Zahnrad (von gleichem Modul und Eingriffswinkel) erfolgen. Zu der (an Stelle von e') tatsächlich vorhandenen Evolvente E'' gehört zwar derselbe Modul m bzw. dieselbe Teilkreisteilung t_0, aber — des anderen Eingriffswinkels α_0'' wegen — eine von t_g' abweichende Grundkreisteilung t_g'' bzw. eine von t_e' abweichende Eingriffsteilung t_e'', wobei die Eingriffsteilung definitionsgemäß die auf einer Eingriffslinie gemessene Entfernung zweier benachbarter Rechts- oder Linksflanken ist. Da aber die Evolventen E' und E'' überhaupt keine gemeinsame Eingriffslinie haben, so gibt es für solche Fälle auch keine eigentliche Eingriffsteilung (Näheres darüber s. Abschnitt F 2 und 4), so daß man diesen Begriff hier überhaupt besser vermeidet und auf die (nur bei gleichen Evolventen damit identische) Grundkreisteilung zurückgeht. Für die durch die beiden Evolventen E' und E'' gewissermaßen dargestellten Zahnräder mit gleichem Modul gilt

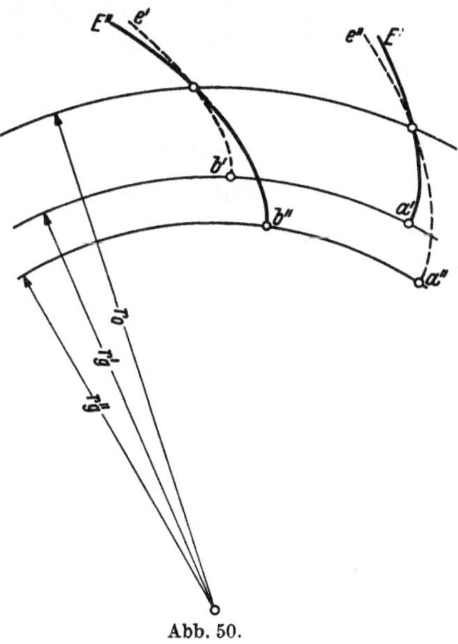

Abb. 50.

$$\text{(a)}\qquad \begin{cases} a'\,b' = \widehat{t_g'} = \dfrac{2\pi}{z}\cdot r_g', \\ a''\,b'' = \widehat{t_g''} = \dfrac{2\pi}{z}\cdot r_g'' \end{cases}$$

und für ihre Differenz

$$\text{(b)}\qquad \begin{cases} \widehat{t_g'} - \widehat{t_g''} = \dfrac{2\pi}{z}\cdot(r_g' - r_g'') = m\cdot\pi\cdot(\cos\alpha_0' - \cos\alpha_0'') \\ \qquad = \dfrac{2\pi}{z}\cdot\delta r_g = m\cdot\pi\cdot\delta\cdot\sin\alpha_0', \end{cases}$$

falls $r_g' - r_g'' - \delta r_g$ und $\alpha_0'' = \alpha_0' + \delta$ gesetzt wird.

Beim Übergang vom Zahn E' zum Zahn E'' tritt also ein Stoß auf, der proportional der Teilkreisteilung $m\cdot\pi$ (in mm) und der Differenz der cos der zu E' und E'' gehörigen Eingriffswinkel (bei geringen Unterschieden in den Flankenformen: der Differenz der Eingriffswinkel selbst), bzw.

der Teilkreisteilung 360/z (in Winkelgrad) und der Differenz der Grundkreishalbmesser ist. Dann erfolgt das weitere Abwälzen an E'' nach Abschnitt B, indem die Anlagepunkte des Zahnes des Gegenrades jetzt auf der vom Grundkreis r_g'' an den Grundkreis des Gegenrades gezogenen Eingriffslinie wandern (während beim Abwälzen mit E' die Eingriffslinie durch die gemeinsame Tangente an den Grundkreis r_g' und den Grundkreis des Gegenrades gebildet wird).

Auch diese Betrachtungen weisen wieder darauf hin, daß für eine gleichförmige Winkelübertragung eines Getriebes es nicht auf die Teilkreis-, sondern auf die Grundkreisteilung ankommt (die aber nur bei Evolventen desselben Grundkreises durch die Eingriffsteilung bestimmt werden kann).

2. Bestimmung der Flankenform aus der „Eingriffsteilung".

In Abb. 51 seien wieder durch die Schnittpunkte des Teilkreises mit den Evolventen E' und E'' die zum Grundkreis r_g'' bzw. r_g' gehörigen Evolventen e'' und e' gezogen. Nimmt man als Meßgerät ein solches mit zwei zueinander parallelen Ebenen oder Schneiden (wie in Abb. 7), so müssen ihre Anlagepunkte B' und B'' an den Evolventen E' und E'' auf den zueinander parallelen Eingriffslinien $A'B'$ und $A''B''$ liegen. Man ermittelt also die Entfernungen $B'F'$ oder $B''C'$.

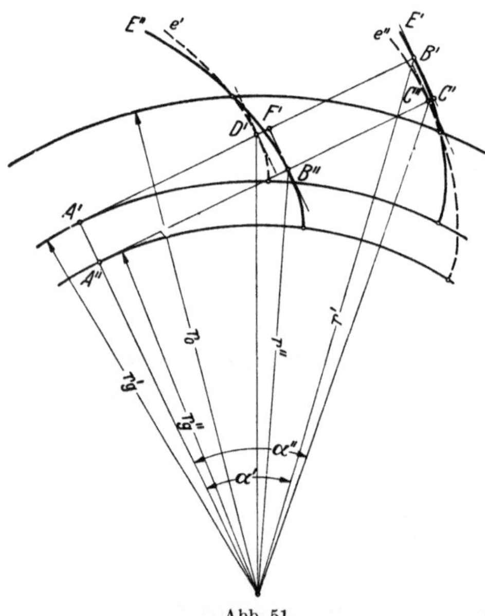

Abb. 51.

Für die zu den Evolventen E' und e' bzw. E'' und e'' gehörigen Eingriffsteilungen $B'D'$ und $B''C''$ sowie für ihre Differenz gelten die Gl. (a) und (b) des Abschnittes F 1, die für kleine Unterschiede $\delta = \alpha_0'' - \alpha_0'$ bzw. $\delta r_g = r_g' - r_g''$ lauten:

$$\text{(a)} \qquad \delta t_e = t_e' - t_e'' = \frac{2\pi}{z} \cdot \delta r_g = m \cdot \pi \cdot \delta \cdot \sin \alpha_0'.$$

Die gemessene Strecke $B''C'$ steht zu den Eingriffsteilungen in folgendem Zusammenhang:

$$B''C' = B''C'' + C''C' = t_e'' + A''C' - A''C''$$
$$= t_e'' + r_g' \cdot \operatorname{tg} \alpha' - r_g'' \cdot \operatorname{tg} \alpha''.$$

Bezeichnet man die einander gleichen Hüllwinkel bei B' und C'' mit φ', so ist nach Gl. (4), falls das Rad als spielfrei angenommen wird,

$$\varphi' = \frac{\pi}{2z} + \operatorname{tg}\alpha' - \operatorname{Ev}\alpha_0',$$

$$\varphi' = \frac{\pi}{2z} + \operatorname{tg}\alpha'' - \operatorname{Ev}\alpha_0'',$$

somit

$$\operatorname{tg}\alpha'' = \operatorname{tg}\alpha' - (\operatorname{Ev}\alpha_0' - \operatorname{Ev}\alpha_0'').$$

Hierin wäre der Winkel α' aus der Entfernung r' des Anlagepunktes B' von der Achse zu bestimmen nach Gl. (7):

$$\cos\alpha' = \frac{r_0 \cdot \cos\alpha_0'}{r'}.$$

Mit Einführung des Winkels δ wird

$$\operatorname{tg}\alpha_0'' = \frac{\operatorname{tg}\alpha_0' + \delta}{1 - \delta \cdot \operatorname{tg}\alpha_0'} = \operatorname{tg}\alpha_0' + \frac{\delta}{\cos^2\alpha_0'},$$

$$\operatorname{Ev}\alpha_0' - \operatorname{Ev}\alpha_0'' = \delta - \delta/\cos^2\alpha_0' = -\delta \cdot \operatorname{tg}^2\alpha_0';$$

somit

$$\operatorname{tg}\alpha'' = \operatorname{tg}\alpha' + \delta \cdot \operatorname{tg}^2\alpha_0'$$

und

$$\begin{aligned} B''C' &= t_e'' + r_g' \cdot \operatorname{tg}\alpha' - (r_g' - \delta r_g) \cdot (\operatorname{tg}\alpha' + \delta \cdot \operatorname{tg}^2\alpha_0') \\ &= t_e'' - r_g' \cdot \delta \cdot \operatorname{tg}^2\alpha_0' + \delta r_g \cdot \operatorname{tg}\alpha'; \end{aligned}$$

unter Berücksichtigung von Gl. (a)

$$B''C' = t_e'' - \frac{2 r_g' \cdot \operatorname{tg}^2\alpha_0'}{m \cdot z \cdot \sin\alpha_0'} \cdot \delta r_g + \operatorname{tg}\alpha' \cdot \delta r_g$$

oder, mit Berücksichtigung von Gl. (7a),

$$B''C' = t_e'' + (\operatorname{tg}\alpha' - \operatorname{tg}\alpha_0') \cdot \delta r_g.$$

Aus Gl. (a) folgt

$$\begin{aligned} B''C' &= t_e' + \left(\operatorname{tg}\alpha' - \operatorname{tg}\alpha_0' - \frac{2\pi}{z}\right) \cdot \delta r_g \\ &= t_e' + \left(\sqrt{\frac{r'^2}{r_0^2 \cdot \cos^2\alpha_0'} - 1} - \operatorname{tg}\alpha_0' - \frac{2\pi}{z}\right) \cdot \delta r_g. \end{aligned}$$

Ist es möglich, vom Teilkreis aus zu messen, so daß Punkt B' in den Schnittpunkt des Teilkreises mit E' rückt, wobei dann $\alpha' = \alpha_0'$ bzw. $r' = r_0'$ wird, so ergibt sich

$$B''C' = t_e' - \frac{2\pi}{z} \cdot \delta r_g = t_e''.$$

Unter dieser Voraussetzung liefert die Messung also die zur Evolvente E'' gehörige Eingriffsteilung t_e''.

Damit das Meßergebnis gleich der zu E' gehörigen Eingriffsteilung t_e' wird, muß sein

$$\sqrt{\frac{r'^2}{r_0^2 \cdot \cos^2\alpha_0'} - 1} = \operatorname{tg}\alpha_0' + \frac{2\pi}{z},$$

$$r' = r_0 \cdot \sqrt{1 + \frac{2\pi}{z} \cdot \sin 2\alpha_0' + \frac{4\pi^2}{z^2} \cdot \cos^2\alpha_0'}.$$

Für sehr große z (aber nur für diese) geht die Gleichung über in:

$$r' = r_0 \cdot \left(1 + \frac{\pi}{z} \cdot \sin 2\alpha_0'\right) = r_0 \cdot \left(1 + \frac{2{,}02}{z}\right).$$

Daraus ersieht man schon, daß das Meßergebnis von der Meßstelle abhängt, und zwar besonders ausgeprägt bei nicht zu großen Zähnezahlen [s. Gl. (a)].

Mißt man in der Nähe des Teilkreises ($r' = r_0 + \varrho$), so

$$\begin{aligned} B''C' &= t_e' + \left(\sqrt{\operatorname{tg}^2 \alpha_0' + \frac{2\varrho}{r_0 \cdot \cos^2 \alpha_0'}} - \operatorname{tg} \alpha_0' - \frac{2\pi}{z}\right) \cdot \delta r_g \\ &= t_e' + \left(\frac{2\varrho}{r_0 \cdot \sin 2\alpha_0'} - \frac{2\pi}{z}\right) \cdot \delta r_g \\ &= t_e'' + \frac{2\varrho}{r_0 \cdot \sin 2\alpha_0'} \cdot \delta r_g . \end{aligned}$$

Da das letzte Glied klein von der 2. Ordnung ist, so erhält man bei geringen Verschiebungen des Meßgerätes in der Nähe des Teilkreises noch keinen merklichen Ausschlag, so daß man daraus nichts über eine etwaige Verschiedenheit der beiden benachbarten (Rechts- oder Links-) Evolventen zu erkennen vermag. Erst beim Wandern über einen möglichst großen Teil der Zahnflanken macht sich jene Verschiedenheit bemerkbar. Bei Anlage in der Nähe des Kopfkreises z. B. wird

$$B''C' = t_e' + \left(\sqrt{\frac{(r_0 + m)^2}{r_0^2 \cdot \cos^2 \alpha_0'} - 1} - \operatorname{tg} \alpha_0' - \frac{2\pi}{z}\right) \cdot \delta r_g .$$

Für das wiederholt betrachtete Beispiel $m = 3{,}75$, $z = 24$, $r_0 = 45$ mm ergibt sich

$$\begin{aligned} B''C' &= t_e'' + (0{,}5736 - 0{,}3640) \cdot \delta r_g \\ &= t_e'' + 0{,}21 \cdot \delta r_g . \end{aligned}$$

Mit $\delta r_g = 10\,\mu$ ändert sich also das Ergebnis beim Schwenken des Meßgerätes von Anlage im Teilkreis bis zur Anlage am Kopfkreis nur um 2,1 μ, bei $\delta r_g = 100\,\mu$ dagegen um 21 μ. Die Größen t_e' und t_e'' würden sich unterscheiden um $0{,}26 \cdot \delta r_g$, also für die beiden Fällen ($\delta r_g = 10$ bzw. 100 μ) um 2,6 bzw. 26 μ.

Selbst beim Abfahren einer größeren Flankenlänge bleiben die Änderungen der Fühlhebelanzeige bei geringen Unterschieden in den beiden bestrichenen Flanken nur klein (in dem betrachteten Beispiel mit $\delta r_g = 10\,\mu$ nur etwa 2 μ).

Geringe Abweichungen von der Evolventenform sind deshalb durch Beobachtung der „Eingriffsteilung" an verschiedenen Stellen der Zahnflanken nicht mit Sicherheit zu erkennen; sie müssen deshalb durch eine unmittelbare Untersuchung der Zahnflankenform bestimmt werden (s. Abschnitt 5). Dagegen wären größere Formabweichungen auch durch die Änderung der „Eingriffsteilung" mit der Meßstelle wahrzunehmen, ohne daß es aber möglich ist, damit ein zahlenmäßiges Urteil über den Verlauf der Zahnflanke zu gewinnen. Hier verliert der Begriff der „Eingriffsteilung" überhaupt seinen Sinn, da es eine gemeinsame Eingriffslinie für die beiden untersuchten Flanken nicht mehr gibt.

3. Bestimmung der Flankenform aus der Kreisteilung.

Unter den in Abschnitt 2 angenommenen Voraussetzungen würde die Kreisteilung bei Messung im Teilkreis richtig erhalten werden:

$$\widehat{t}_0 = \widehat{t'_0} = \widehat{t''_0} = \frac{2\pi}{z} \cdot r_0 \,\text{mm} = \frac{2\pi}{z}$$

im Bogenmaß.

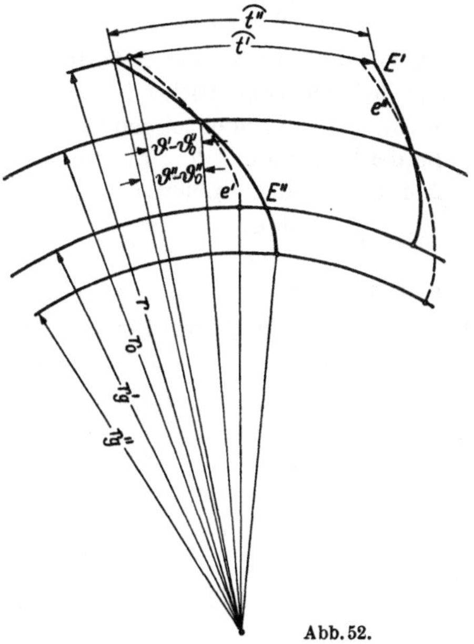

Bei Messung im Abstande r würde sich dagegen nach Abbildung 52 ergeben:

$$\widehat{t'} = \frac{2\pi}{z},$$

$$\widehat{t''} = \frac{2\pi}{z} + (\vartheta'' - \vartheta''_0) - (\vartheta' - \vartheta'_0)$$

$$= \frac{2\pi}{z} + (\operatorname{Ev}\alpha'_0 - \operatorname{Ev}\alpha''_0) - (\operatorname{Ev}\alpha' - \operatorname{Ev}\alpha'')$$

und somit ein Unterschied auftreten:

$$\delta\widehat{t} = \widehat{t''} - \widehat{t'} = \widehat{t''} - \widehat{t}_0 = (\operatorname{Ev}\alpha'_0 - \operatorname{Ev}\alpha''_0) - (\operatorname{Ev}\alpha' - \operatorname{Ev}\alpha'').$$

Abb. 52.

Nach Abschnitt 2 ist

$$\operatorname{Ev}\alpha'_0 - \operatorname{Ev}\alpha''_0 = -\delta \cdot \operatorname{tg}^2 \alpha'_0;$$

ferner ist nach Gl. (7)

$$\cos\alpha'' = \frac{r_0}{r} \cdot \cos\alpha''_0 = \frac{r_0}{r} \cdot (\cos\alpha'_0 - \delta \cdot \sin\alpha'_0).$$

Setzt man

$$\alpha'' = \alpha' + \Delta,$$

so

$$\cos\alpha'' = \cos\alpha' - \Delta \cdot \sin\alpha' = \frac{r_0}{r} \cdot (\cos\alpha'_0 - \delta \cdot \sin\alpha'_0),$$

$$\Delta = \frac{r_0}{r} \cdot \frac{\delta \cdot \sin\alpha'_0}{\sin\alpha'},$$

$$\operatorname{tg}\alpha'' = \frac{\operatorname{tg}\alpha' + \Delta}{1 - \Delta \cdot \operatorname{tg}\alpha'} = \operatorname{tg}\alpha' + \frac{\Delta}{\cos^2\alpha'};$$

also

$$\operatorname{Ev}\alpha' - \operatorname{Ev}\alpha'' = -\Delta \cdot \operatorname{tg}^2\alpha'.$$

Somit

$$\begin{aligned}\delta \hat{t} &= -\delta \cdot \mathrm{tg}^2 \alpha_0' + \Delta \cdot \mathrm{tg}^2 \alpha' \\ &= \frac{r_0}{r} \cdot \frac{\delta \cdot \sin \alpha_0' \cdot \sin \alpha'}{\cos^2 \alpha'} - \delta \cdot \mathrm{tg}^2 \alpha_0' \\ &= \left(\frac{1}{r_0} \cdot \frac{\sin \alpha_0'}{\cos^2 \alpha_0'} \cdot \sqrt{r^2 - r_0^2 \cdot \cos^2 \alpha_0'} - \mathrm{tg}^2 \alpha_0'\right) \cdot \frac{\delta r_g}{r_0 \cdot \sin \alpha_0'}\end{aligned}$$

[s. Gl. (a)]. In der Nähe des Teilkreises ($r = r_0 + \varrho$) wird

$$\begin{aligned}\delta \hat{t} &= \left[\frac{1}{r_0} \cdot \frac{\sin \alpha_0'}{\cos^2 \alpha_0'} \cdot r_0 \cdot \sin \alpha_0' \cdot \left(1 + \frac{\varrho}{r_0 \cdot \sin^2 \alpha_0'}\right) - \mathrm{tg}^2 \alpha_0'\right] \cdot \frac{\delta r_g}{r_0 \cdot \sin \alpha_0'} \\ &= \frac{\varrho \cdot \delta r_g}{r_0^2 \cdot \cos^2 \alpha_0' \cdot \sin \alpha_0'} \,.\end{aligned}$$

Da die Größe klein von der 2. Ordnung, so ergeben Messungen der Kreisteilung bei geringen Abstandsänderungen um den Teilkreishalbmesser herum auch keine Andeutungen für abweichende Flankenformen, genau so wie bei der Bestimmung der „Eingriffsteilung“ unter gleichen Verhältnissen.

Am Kopf- oder Fußkreis würde werden:

$$\delta \hat{t} = \left(\frac{1}{r_0} \cdot \frac{\sin \alpha_0'}{\cos^2 \alpha_0'} \cdot \sqrt{(r_0 \pm k \cdot m)^2 - r_0^2 \cdot \cos^2 \alpha_0'} - \mathrm{tg}^2 \alpha_0'\right) \cdot \frac{\delta r_g}{r_0 \cdot \sin \alpha_0'} \,.$$

Für $m = 3{,}75$, $z = 24$, $r_0 = 45$ mm kann für den Kopfkreis $k = 1$ sein. Dagegen würde die Wurzel für den Fußkreis mit $k = 1$ imaginär werden. Das größte hier mögliche k folgt aus

$$r_0 - k \cdot m = r_0 \cdot \cos \alpha_0'$$

zu

$$k = \frac{r_0 (1 - \cos \alpha_0')}{m} = 0{,}724\,,$$

somit

$$r_F = 45 - 2{,}715 = 42{,}285\,,$$

während

$$r_K = 45 + 3{,}75 = 48{,}75\,.$$

Es wird

$$\begin{aligned}\delta \hat{t}_K &= (0{,}2088 - 0{,}1325) \cdot \frac{\delta r_g}{45 \cdot \sin 20^\circ} \\ &= 0{,}00496 \cdot \delta r_g \quad \text{(im Bogenmaß)} \\ &= 0{,}017 \cdot \delta r_g \ \text{min} \quad (\delta r_g \text{ in } \mu) \\ &= 0{,}24 \cdot \delta r_g \ \ \mu \quad (\delta r_g \text{ in } \mu).\end{aligned}$$

Somit für

$$\delta r_g = 10\,\mu \qquad \delta \hat{t}_K = 10 \text{ sec} = 2{,}4\,\mu\,,$$
$$\delta r_g = 100\,\mu \qquad \delta \hat{t}_K = 1'\,42'' = 24\,\mu\,.$$

Ferner wird (mit $k = 0{,}724$)

$$\begin{aligned}\delta \hat{t}_F &= -0{,}1325 \cdot \frac{\delta r_g}{r_0 \cdot \sin \alpha_0'} \\ &= -0{,}00861 \cdot \delta r_g \quad \text{(im Bogenmaß)} \\ &= -0{,}030 \cdot \delta r_g \ \text{min} \quad (\delta r_g \text{ in } \mu) \\ &= -0{,}364 \cdot \delta r_g \ \ \mu \quad (\delta r_g \text{ in } \mu).\end{aligned}$$

Somit für

$$\delta r_g = 10\,\mu \qquad \delta \hat{t}_F = -18\,\text{sec} = -\ 3{,}6\,\mu,$$
$$\delta r_g = 100\,\mu \qquad \delta \hat{t}_F = -\ 3\,\text{min} = -36{,}4\,\mu.$$

Bei Verlegung der Meßstelle vom Fuß- zum Kopfkreis ergibt sich also für $\delta r_g = 10\,\mu$ ein Unterschied von 28 sec und bei $\delta r_g = 100\,\mu$ von $4'\,42''$.

Bei übereinstimmenden Evolventen würde sich die Bogenlänge der Kreisteilung bei Verschiebung der Meßstelle vom Fuß- zum Kopfkreis um

$$m \cdot \pi \cdot (48{,}75 - 42{,}285) = 1{,}693\ \text{mm}$$

ändern. Bei einem δr_g von 10 bzw. 100 μ würde dagegen diese Änderung um 6 bzw. 60 μ größer werden. Somit wären kleine Unterschiede in den Flankenformen durch Messung der Bogenlänge an verschiedenen Stellen der Zahnflanken kaum zu erfassen, während bei größeren Unterschieden sich eine deutliche Abweichung gegen die bei übereinstimmenden Evolventen zu erwartende Änderung zeigen würde. Wesentlich genauer wird die Bestimmung, wenn man die Kreisteilungen an den verschiedenen Meßstellen in Winkeleinheiten mißt, da hier bei übereinstimmenden Evolventen keine Änderung auftritt.

Die Verhältnisse liegen somit im wesentlichen ganz ähnlich wie bei Beobachtung der „Eingriffsteilung“ an verschiedenen Flankenstellen.

4. Unregelmäßige, aber regelmäßig wiederkehrende Zahnflankenformen.

Bilden die Zahnflanken etwa um eine ausgleichende Evolvente ganz unregelmäßige schwankende Formen, die aber an allen Rechts- und — wenn auch in anderer Gestalt — an allen Linksflanken wiederkehren, wie in Abb. 53, so würde zwar die als Bogen oder Sehne gemessene Kreisteilung CD die richtige Teilung ergeben. Das gilt aber nur, wenn die beiden Meßpunkte auf demselben Kreise zur Anlage an die Flanken kommen. Bildet die Meßrichtung dagegen mit CD irgendeinen Winkel, so ermittelt man etwa die merklich davon verschiedenen Strecken DE oder CF. Eine solche Abweichung von der Meßrichtung kann z. B. durch Schlag des Prüflings hervorgerufen werden. Dadurch wird eine Ungleichmäßigkeit der Teilung vorgetäuscht, die in Wirklichkeit gar nicht vorhanden ist.

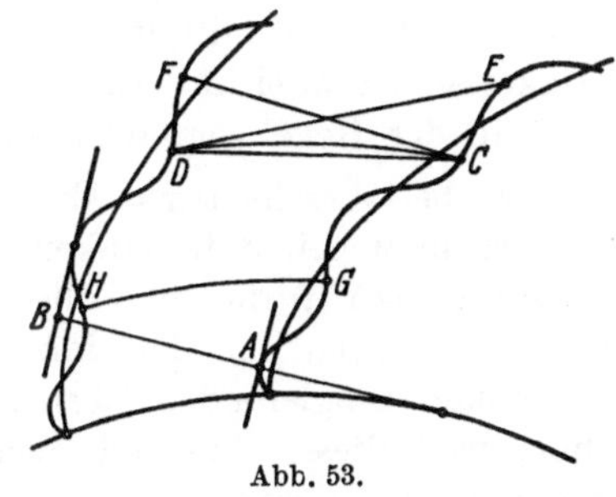

Abb. 53.

Ebenso würde man durch Messung der „Eingriffsteilung“ mittels eines Gerätes mit zwei parallelen Ebenen oder Schneiden etwa die

Strecke AB ermitteln, die auch nicht die wirkliche Eingriffsteilung darstellt. Bei der großen Zahl der möglichen Unregelmäßigkeiten der Zahnflanken ist es zwecklos, irgendwelche theoretische Betrachtungen anstellen zu wollen. Entscheidend ist nur die Erkenntnis, daß bei derartig unregelmäßigen Formen sowohl der Begriff der Kreis- wie der der Eingriffsteilung jeden Sinn verliert. So kann es kommen, daß Bestimmungen der Gleichförmigkeit der „Kreisteilung" ein anderes Ergebnis liefern als die der Gleichförmigkeit der „Eingriffsteilung". Beide Messungen haben nur Zweck, wenn die Zahnflanken von Evolventen gebildet werden, bzw. wenn die Abweichungen von dieser Kurve so gering sind, daß sie für die Messung vernachlässigt werden dürfen. Demnach muß jeder Messung der einzelnen Bestimmungsstücke eine Untersuchung der Flankenform vorausgehen.

Ist andererseits die Zahnflanke formgerecht, und gibt es damit wirklich eine eindeutige Eingriffs- und Kreisteilung, so ist die eine sowohl in bezug auf ihre Größe wie auf ihre Gleichförmigkeit nach Gl. (8) durch die andere bestimmt.

Da bei von der Evolvente (merklich) abweichender Flankenform keine gemeinsame Eingriffslinie mehr vorhanden ist, muß eine Einigung darüber erzielt werden, was unter der Eingriffsteilung t_e verstanden werden soll. Streng genommen bedeutet sie stets den auf einer beliebigen gemeinsamen Eingriffslinie gemessenen Abstand zweier benachbarter Rechts- oder Linksflanken. Unter diesen Umständen ist die Eingriffsgleich der — für das Abwälzen zweier Zahnräder maßgebenden — Grundkreisteilung, und dann besteht auch, wie vorher ausgeführt, ein (durch cos α_0) gegebener eindeutiger Zusammenhang zwischen Eingriffs- und Teilkreisteilung. Streng würde dies allerdings nur für die am schlagfreien Rade ermittelte Kreisteilung gelten. Bei geringen Außermittigkeiten ist aber ihr Einfluß auf die Gleichförmigkeit der Kreisteilung in der Regel vernachlässigbar (s. Abschnitt H).

Da es bei verschiedenen Evolventen an den einzelnen Zähnen oder bei unregelmäßigen Zahnflanken keine gemeinsame Eingriffslinie mehr gibt, sollte man in diesem Falle nicht mehr von einer Eingriffsteilung sprechen, sondern für den kürzesten Abstand zweier paralleler, die Zahnflanken tangierender Ebenen oder Linien einen anderen Namen suchen, weil dieser Abstand nicht mehr mit einer (überhaupt nicht vorhandenen) gemeinsamen Eingriffslinie zusammenfällt.

Will man aber den Namen „Eingriffsteilung" dafür beibehalten, so ist sehr darauf zu achten, daß zwischen dieser „Eingriffsteilung" und einer Kreisteilung (einschließlich der Grundkreisteilung) kein eindeutiger Zusammenhang mehr besteht, sobald die Zahnflanken von der Evolvente merklich abweichen. Dann liefern aber auch die Bestimmungen der „Eingriffs-" und auch der „Kreisteilung" beide nicht mehr eine streng zu definierende Größe. Aus ihren Messungen lassen sich demnach auch keine eindeutigen Schlüsse ziehen.

Deshalb muß allen Ermittlungen der einzelnen Bestimmungsstücke des Zahnrades eine Untersuchung der Flankenform vorangehen, wenigstens soweit es sich um Räder hoher Genauigkeit handelt.

5. Unmittelbare Bestimmung der Flankenform.

a) Durch Aufzeichnung des Profils.

Die Flankenform kann man unmittelbar bestimmen, indem man von ihr ein vergrößertes Bild entwirft und dieses mit einer genauen Zeichnung (Muster) vergleicht. Das vergrößerte Bild erhält man optisch (durch Mikroskop oder durch Projektion) oder auch mechanisch, indem man die Bewegung eines die Flanke überfahrenden Taststiftes (etwa durch Pantograph) (vergrößert) aufzeichnet und die erhaltene Kurve evtl. optisch vergrößert. Ein anderes — umständlicheres — Verfahren besteht in der Bestimmung der Koordinaten der einzelnen Flankenpunkte und ihrer vergrößerten Auftragung.

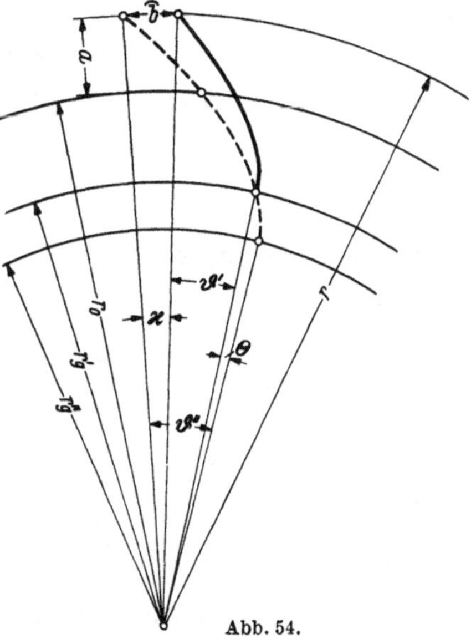

Abb. 54.

Die optische Vergrößerung hat den Nachteil, daß man ohne besondere Hilfsmittel immer nur das Profil der Zahnflanke an der Stirnfläche des Prüflings erhält, die infolge der Kantenabrundung stets mehr oder minder verzerrt ist. Innerhalb der Zahnbreite bekommt man ein scharfes Bild der Flanken nur, wenn man (wie von der optischen Gewindemessung her bekannt) an den Zahn eine entsprechend geformte Schneide, die auch durch eine Reihe entsprechend eingestellter Nadeln ersetzt werden kann, so anschiebt, daß sich zwischen Flanke und Schneide ein Lichtspalt bildet.

Einzelne Abweichungen von der genauen Evolventenform sind so zu erkennen. Schwieriger ist dagegen die Feststellung, ob die beiden Evolventen — das durch die Zeichnung dargestellte Normal und das Bild des Prüflings, das mit der dem Normal entsprechenden Vergrößerung entworfen ist — denselben Grundkreishalbmesser r_g bzw. denselben Eingriffswinkel α_0 haben.

Bei dem optischen Verfahren, auf das die Betrachtungen beschränkt werden sollen, gebe die Zeichnung einen vollen Zahn mit dem Grundkreisbogen wieder. Durch Projektion eines (durchsichtigen) Musters, auf dem der Grundkreisbogen gleichfalls aufgetragen ist, stellt man die Zeichnung so ein, daß die beiden Grundkreise sich decken. Dann stellt man den Prüfling so ein, daß seine Evolvente mit der der Zeichnung an ihrem Grundkreis zusammenfällt. Hat jene Evolvente anderes r_g bzw. α_0, aber gleiches m und damit gleiches r_0, so werden sich die beiden Kurven in ihrem weiteren Verlauf nicht decken.

Der Bogenabstand $\widehat{b}$ zweier im Abstande r von der Achse befindlicher Punkte ist nach Abb. 54.

$$\widehat{b} = r \cdot \varkappa = r \cdot (\vartheta'' - \vartheta' - \Theta)$$

oder, da

$$\mathrm{Ev}\,\alpha'_{(r'_g)} = 0,$$

$$\widehat{b} = r \cdot \left[\left(\mathrm{Ev}\,\alpha''_{(r)} - \mathrm{Ev}\,\alpha'_{(r)}\right) - \left(\mathrm{Ev}\,\alpha''_{(r'_g)} - \mathrm{Ev}\,\alpha'_{(r'_g)}\right)\right].$$

Setzt man wieder

$$\alpha''_0 = \alpha'_0 + \delta,$$

$$\alpha'' = \alpha' + \Delta,$$

so wird (s. Abschnitt 2 und 3)

$$\delta = \frac{\delta r_g}{r_0 \cdot \sin \alpha'_0},$$

$$\Delta = \frac{r_0}{r} \cdot \frac{\delta \cdot \sin \alpha'_0}{\sin \alpha'},$$

$$\mathrm{Ev}\,\alpha'' - \mathrm{Ev}\,\alpha' = \Delta \cdot \mathrm{tg}^2\,\alpha' = \frac{r_0}{r} \cdot \frac{\delta \cdot \sin \alpha'_0 \cdot \sin \alpha'}{\cos^2 \alpha'},$$

somit

$$\widehat{b} = r \cdot \left(\frac{r_0}{r} \cdot \frac{\delta \cdot \sin \alpha'_0 \cdot \sin \alpha'}{\cos^2 \alpha'} - \frac{r_0}{r'_g} \cdot \frac{\delta \cdot \sin \alpha'_0 \cdot \sin 0}{\cos^2 0}\right)$$

(d. h. unter den gemachten Annahmen ist der Winkel Θ klein von der 2. Ordnung) oder

$$\widehat{b} = \frac{r_0 \cdot \delta \cdot \sin \alpha'_0 \cdot \sin \alpha'}{\cos^2 \alpha'} = \frac{\sin \alpha'}{\cos^2 \alpha'} \cdot \delta r_g$$

und mit Berücksichtigung von Gl. (7)

$$\widehat{b} = \frac{r}{r_0^2} \cdot \frac{\sqrt{r^2 - r_0^2 \cdot \cos^2 \alpha'_0}}{\cos^2 \alpha'_0} \cdot \delta r_g,$$

$$\delta r_g = \frac{\widehat{b} \cdot r_0^2 \cdot \cos^2 \alpha'_0}{r \cdot \sqrt{r^2 - r_0^2 \cdot \cos^2 \alpha'_0}}.$$

Da der Mittelpunkt des Rades im Projektionsbilde nicht vorhanden ist, ersetzt man r durch $r_0 + a$ und erhält

$$\delta r_g = \frac{\widehat{b} \cdot r_0^2 \cdot \cos^2 \alpha'_0}{(r_0 + a) \cdot \sqrt{r_0^2 \cdot \sin^2 \alpha'_0 + 2\, r_0 \cdot a + a^2}}.$$

Mißt man im Teilkreise ($a = 0$, $\widehat{b} = \widehat{b}_0$), so wird

$$\delta r_g = \widehat{b}_0 \cdot \operatorname{ctg} \alpha_0' \cdot \cos \alpha_0' = 2{,}58 \cdot \widehat{b}_0 .$$

Diese Beziehung ist völlig unabhängig von Modul m und Zähnezahl z. Für $\delta r_g = 10\,\mu$ würde sich ergeben: $\widehat{b}_0 = 3{,}88\,\mu$. Selbst bei 50facher Vergrößerung würde der Abstand B_0 im Projektionsbilde nur $194\,\mu$ betragen. Man ersieht hieraus, ohne weitere umständliche Rechnung, daß infolge der — wegen der Unschärfe der Projektionsbilder — großen Meßfehler eine einigermaßen genaue Bestimmung von δr_g nicht möglich sein wird.

b) Durch Nachahmung der Konstruktion der Evolvente.

Besser bestimmt man deshalb nur die Abweichungen der Zahnflanke von der Evolvente, indem man auf dem Grundkreise ein Lineal (relativ)

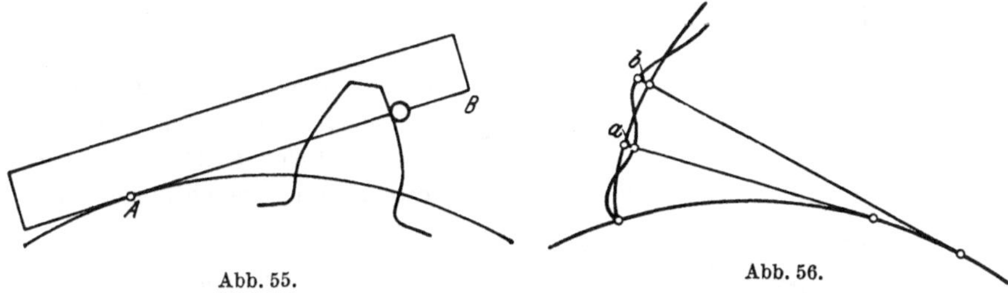

Abb. 55. Abb. 56.

abwälzt (Abb. 55), über dessen anliegender Kante AB sich der Mittelpunkt der Abtastkugel befindet. Bei einem Flankenverlauf nach Abb. 56 gibt der Weg $v = a$ oder b der Kugel, der durch einen Fühlhebel entweder unmittelbar (wenn die Kugel an seinem Meßbolzen sitzt) oder über einen Vorschalt(winkel)-hebel angezeigt wird, den auf der jeweiligen Eingriffslinie gemessenen Abstand der Zahnflanke von der idealen Evolvente. Weicht die Bewegungsrichtung der Kugel von der Richtung der Linealkante AB in Abb. 55 um einen kleinen Winkel $\varkappa$ ab, so wird statt der Strecke v die Strecke $v/\cos \varkappa$ gemessen und somit ein Fehler $\frac{1}{2}\, v \cdot \varkappa^2$ begangen. Damit er 1% der Angabe nicht übersteigt, muß $\varkappa < 8°$ sein, eine leicht innezuhaltende Bedingung.

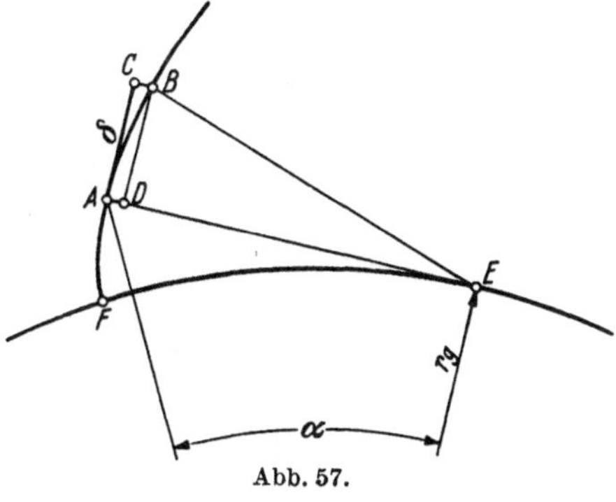

Abb. 57.

α) **Lage der Kugel zur Linealkante.** Liegt die Kugel mit ihrem Mittelpunkt nicht über der Linealkante EA (Abb. 57), sondern steht von dieser um das Stück $AC = \delta$ ab, so legt sie sich nicht in A, sondern in B an die zu prüfende Flanke an (wobei $BC \perp AC$), so daß eine Fehlanzeige

$$f = BC$$

auftritt. Zu ihrer Berechnung sei die Evolvente durch ihren Krümmungskreis mit dem Halbmesser $AE = r_g \cdot \operatorname{tg}\alpha$ ersetzt. Dann wird

$$\begin{aligned} f &= r_g \cdot \operatorname{tg}\alpha \cdot (1 - \cos BED) \\ &= r_g \cdot \operatorname{tg}\alpha \cdot \left(1 - \cos \frac{\delta}{r_g \cdot \operatorname{tg}\alpha}\right) \\ &= r_g \cdot \operatorname{tg}\alpha \cdot \frac{1}{2} \cdot \frac{\delta^2}{r_g^2 \cdot \operatorname{tg}^2\alpha} = \frac{1}{2} \cdot \frac{\delta^2}{r_g \cdot \operatorname{tg}\alpha} = \frac{1}{2} \cdot \frac{\delta^2}{\varrho}, \end{aligned}$$

wo ϱ die Verschiebung EA des Lineals bedeutet, die gleich dem abgewickelten Grundkreisbogen EF ist.

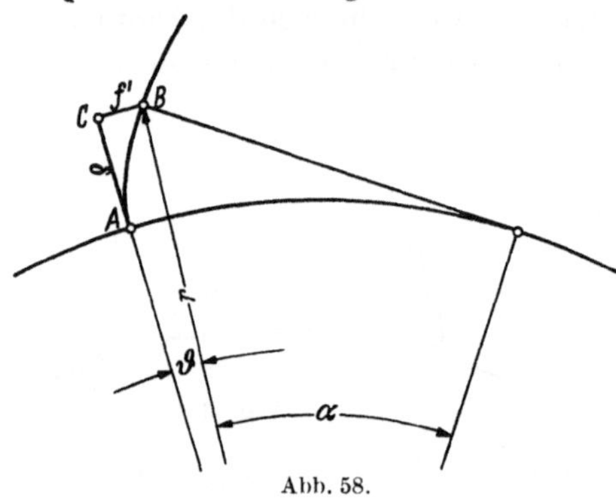

Abb. 58.

Zeichnet man also die Ausschläge über diesem auf, wie es in der Regel geschieht, so erhält man bei richtiger Flankenform statt einer Geraden eine gleichseitige Hyperbel mit der Gleichung

$$f \cdot \varrho = \tfrac{1}{2}\delta^2,$$

deren Koordinatenachsen f und ϱ ihre Asymptoten bilden.

Diese Ableitung gilt aber nur, solange ϱ groß gegen δ ist, also nicht in der Nähe des Grundkreises. Unmittelbar an diesem ist nach Abb. 58

$$\begin{aligned} f' = BC &= (r_g + \delta) \cdot \operatorname{tg}\vartheta \\ &\approx (r_g + \delta) \cdot \vartheta \\ &\approx (r_g + \delta) \cdot \operatorname{Ev}\alpha. \end{aligned}$$

Nun ist

$$\begin{aligned} \cos\alpha &= \frac{r_g}{r} = \frac{r_g}{(r_g + \delta)/\cos\vartheta} \\ &\approx \frac{r_g}{r_g + \delta} \approx \left(1 - \frac{\delta}{r_g}\right), \end{aligned}$$

$$\sin\alpha = \sqrt{\frac{2\delta}{r_g} - \frac{\delta^2}{r_g^2}} = \sqrt{\frac{2\delta}{r_g}} \cdot \left(1 - \frac{\delta}{4 r_g}\right) = u;$$

$$\begin{aligned} \alpha = \operatorname{arc}\sin u = u + \frac{u^3}{6} &= \sqrt{\frac{2\delta}{r_g}} \cdot \left(1 - \frac{\delta}{4 r_g} + \frac{1}{3}\,\frac{\delta}{r_g}\right) \\ &= \sqrt{\frac{2\delta}{r_g}} \cdot \left(1 + \frac{\delta}{12 r_g}\right); \end{aligned}$$

$$\operatorname{tg}\alpha = \frac{\sin\alpha}{\cos\alpha} = \sqrt{\frac{2\delta}{r_g}} \cdot \left(1 - \frac{\delta}{4 r_g} + \frac{\delta}{r_g}\right) = \sqrt{\frac{2\delta}{r_g}} \cdot \left(1 + \frac{3}{4}\,\frac{\delta}{r_g}\right);$$

$$\mathrm{Ev}\,\alpha = \sqrt{\frac{2\,\delta}{r_g}} \cdot \frac{2}{3}\,\frac{\delta}{r_g}\,.$$

$$f' = \frac{4}{3} \cdot \frac{\delta^{3/2}}{\sqrt{m \cdot z \cdot \cos\alpha_0}} = \frac{1{,}38 \cdot \delta^{3/2}}{\sqrt{m \cdot z}}\,.$$

Den größten Wert erreicht f' für kleine $m \cdot z$. Mit $m \cdot z = 5$ wird

$$f' = 0{,}61 \cdot \delta^{3/2}.$$

Arbeitet man mit 1000facher Vergrößerung ($V = 1000$) und soll auf der Registrierkurve die Abweichung $< 0{,}2$ mm sein, so muß $f' < 0{,}2\,\mu$ bleiben. Dafür wird

$$\delta < 4{,}6\,\mu\,.$$

Bei kleinen $m \cdot z$ muß also der Mittelpunkt der Kugel auf etwa $5\,\mu$ genau über der Linealkante liegen, damit der Fehler unmittelbar am Grundkreis unter $0{,}2\,\mu$ bleibt. Legt man gegen das Linieal ein Endmaß vom halben Kugeldurchmesser, gegen dieses ein sehr gutes Prüflineal und stellt die Kugel so ein, daß der Lichtspalt zwischen ihr und dem Prüflineal verschwindet, so ist diese Justierung auf jeden Fall ausreichend, da man — selbst mit unbewaffnetem Auge — unter diesen Umständen noch einen Lichtspalt von 1 bis $2\,\mu$ wahrzunehmen vermag.

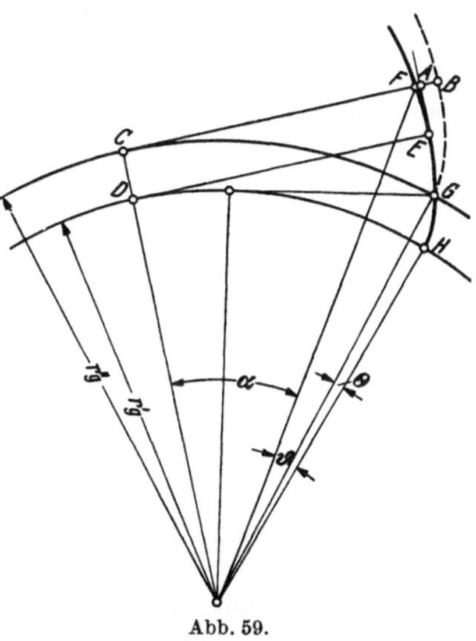

Abb. 59.

Bei dem wiederholt betrachteten Beispiel $m = 3{,}75$, $z = 24$ wird f' 4,24mal kleiner, so daß δ nur unter $12\,\mu$ zu bleiben braucht.

Bereits bei einer Schlittenverschiebung von $\varrho = 1$ mm kann aber auf die Gleichung $f = \frac{1}{2}\,\delta^2/\varrho$ zurückgegriffen werden. Damit $f < 0{,}2\,\mu$ bleibt, muß

$$\delta < 20\,\mu$$

sein, eine Bedingung, die unschwer innegehalten werden kann. Mit weiter wachsender Schlittenverschiebung werden die Fehler f dieser proportional kleiner.

β) Einfluß des Grundkreisdurchmessers. Erfolgt das Abwälzen des Lineals statt auf dem zu dem Prüfling gehörigen Grundkreise r_g' auf einem Kreise mit dem Halbmesser r_g'' (Abb. 59), so würde die Tastkugel bei unveränderter Fühlhebelanzeige die Evolvente GB beschreiben. Zur Berechnung des dadurch entstehenden Fehlers sei der Evolventenbogen EF durch seine Tangente EA in E ersetzt (dies ist erst zulässig, wenn die Linealverschiebung groß gegen $\delta r_g = r_g'' - r_g'$ ist, also nicht in unmittelbarer Nähe des Grundkreises). Dann entsteht ein Ausschlag

$$\begin{aligned} f &= AB = CB - DE = \widehat{CG} - \widehat{DH} \\ &= r_g'' \cdot (\alpha + \vartheta - \Theta) - r_g' \cdot (\alpha + \vartheta) \\ &= \delta r_g \cdot (\alpha + \vartheta) - r_g'' \cdot \Theta \\ &= \delta r_g \cdot \left(\frac{\varrho}{r_g''} + \Theta \right) - r_g'' \cdot \Theta \\ &\approx \frac{\varrho \cdot \delta r_g}{r_g''} - r_g' \cdot \Theta, \end{aligned}$$

wo $\varrho = CB = \widehat{CG}$ der abgewickelte Grundkreisbogen (die Schlittenverschiebung) ist. Da, wie in Abschnitt F 5a abgeleitet, der Winkel Θ klein von der 2. Ordnung ist, wird

$$f \approx \varrho \cdot \frac{\delta r_g}{r_g''}.$$

Beim Abwälzen des Lineals auf einem um δr_g falschen Grundkreise verläuft bei richtiger Flankenform (Evolvente) die aufgezeichnete Kurve nicht als zu seiner Verschiebung parallele Gerade, sondern dazu unter einem Winkel $\varkappa$ geneigt, der sich bestimmt aus

$$\operatorname{tg} \varkappa = \frac{f}{\varrho} = \frac{\delta r_g}{r_g''}.$$

Wird f mit V-facher Vergrößerung aufgetragen, so daß die Ordinate $F = f \cdot V$, ϱ dagegen in natürlicher Größe, so gilt

$$\delta r_g = \frac{F \cdot r_g''}{V \cdot \varrho} = \frac{(F_1 - F_2) \cdot r_g''}{(\varrho_1 - \varrho_2) \cdot V}.$$

Aus dem Halbmesser r_g'' des Kreises, auf dem das Lineal abwälzt, der Ordinatenvergrößerung V und der auf die Abszissenstrecke $\varrho_1 - \varrho_2$ auftretenden Ordinatenänderung $F_1 - F_2$ läßt sich somit der Unterschied der Halbmesser des Soll- und des Ist-Grundkreises bestimmen (wenn das Abwälzen auf dem Soll-Grundkreis erfolgt) und daraus nach Abschnitt C 4 auch der Eingriffswinkel α_0.

Da es somit zur Bestimmung von δr_g nur nötig ist, zwei zusammengehörige Abszissen- und Ordinatendifferenzen zu nehmen, so hat der in der Nähe des Grundkreises auftretende Kurvenverlauf kein meßtechnisches Interesse.

Die Genauigkeit $d\delta r_g$, mit der δr_g bei den Fehlern $d(F_1 - F_2)$ von $F_1 - F_2$, dr_g von r_g'', $d(\varrho_1 - \varrho_2)$ von $\varrho_1 - \varrho_2$ und dV von V erhalten werden kann, bestimmt sich aus

$$d\delta r_g = \delta r_g \cdot \left(\frac{d(F_1 - F_2)}{F_1 - F_2} + \frac{dr_g}{r_g''} + \frac{d(\varrho_1 - \varrho_2)}{\varrho_1 - \varrho_2} + \frac{dV}{V} \right).$$

Nun kann man $d(F_1 - F_2)$ und $d(\varrho_1 - \varrho_2)$ zu je etwa 0,2 mm ansetzen, dr_g ungünstig zu 1 bis 2 μ, dV zu 1 bis 2. Da $F_1 - F_2$ bei Rädern mit guten Evolventen (bei denen die Fehlerkurve angenähert eine Gerade ist) klein (bis 0,2 mm) ist, während r_g stets sehr groß gegen dr_g und V gleich 250 bis 500 ist, so kann man mit praktisch genügender Annäherung schreiben

$$\begin{aligned} d\delta r_g &= \delta r_g \cdot \left(\frac{d(F_1 - F_2)}{F_1 - F_2} + \frac{d(\varrho_1 - \varrho_2)}{\varrho_1 - \varrho_2} \right) \\ &= \frac{r_g'' \cdot d(F_1 - F_2)}{(\varrho_1 - \varrho_2) \cdot V} + \frac{(F_1 - F_2) \cdot r_g'' \cdot d(\varrho_1 - \varrho_2)}{(\varrho_1 - \varrho_2)^2 \cdot V} \\ &\approx \frac{r_g'' \cdot d(F_1 - F_2)}{(\varrho_1 - \varrho_2) \cdot V}. \end{aligned}$$

Kann man $\varrho_1 - \varrho_2$ etwa gleich $\frac{1}{2} r_g''$ wählen[1], so wird schließlich

$$d\delta r_g \approx 2 \frac{d(F_1 - F_2)}{V}$$

und für $V = 250$

$$d\delta r_g \approx 2\,\mu.$$

Aus der Neigung der erhaltenen Geraden gegen die Schlittenverschiebung läßt sich also der Unterschied des Ist-Grundkreishalbmessers des Prüflings gegen den Halbmesser der Scheibe, auf welchem das Lineal abgewälzt wird, sehr genau bestimmen. Die Genauigkeit des Ist-Grundkreishalbmessers ist also im wesentlichen bedingt durch die der Kenntnis des Halbmessers der Abwälzscheibe (s. Abschnitt F 5c).

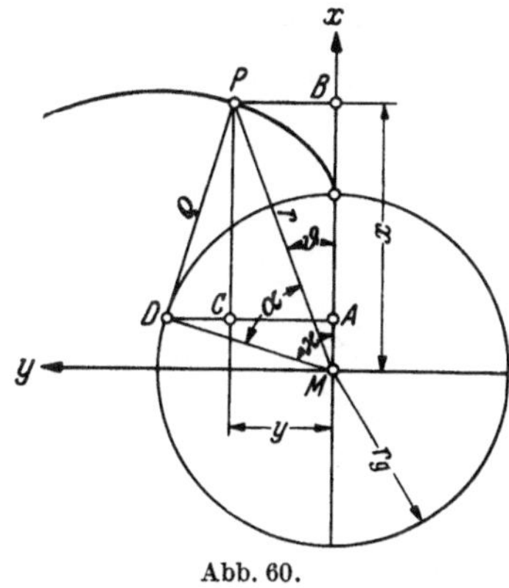

Abb. 60.

γ) Aufzeichnung der Fehlerkurve über der Flankenlänge. Die Aufzeichnung der Flankenformfehler über dem abgewickelten Grundkreisbogen läßt nicht ohne weiteres erkennen, an welcher Stelle der Flankenlänge L ein etwaiger Fehler liegt. Für den Zusammenhang zwischen ϱ und L braucht man die Gleichung der Evolvente. Nach Abb. 60 werden die Koordinaten ihres Punktes P

$$\begin{aligned} x &= MA + AB = r_g \cdot \cos\varkappa + CP = r_g \cdot \cos\varkappa + DP \cdot \sin\varkappa \\ &= r_g \cdot (\cos\varkappa + \varkappa \cdot \sin\varkappa), \\ y &= AD - CD = r_g \cdot (\sin\varkappa - \varkappa \cdot \cos\varkappa), \end{aligned}$$

---

[1] Bei $\varrho_1 - \varrho_2 = r_g''$ würde für $\varrho_2 = 0$ die Größe $\varrho_1 = r_g''$, somit nach Abb. 59 $\sphericalangle\,\alpha = 45°$ werden. Da für den Kopfkreis

$$r = r_0 + k \cdot m = r_0 \cdot \frac{\cos\alpha_0}{\cos\alpha}$$

und somit

$$\begin{aligned} k &= \frac{1}{2} z \left(\frac{\cos 20°}{\cos 45°} - 1 \right) \\ &= 0{,}164 \cdot z \end{aligned}$$

ist, so wäre für Räder mit $z > 6$ der Fall $\varrho_1 - \varrho_2 = r_g''$ nur bei überhöhten Zähnen $(k > 1)$ zu verwirklichen. Deshalb wurde die Annahme $\varrho_1 - \varrho_2 = \frac{1}{2} r_g''$ gemacht.

worin [s. Gl. (1)]

$$\varkappa = \alpha + \vartheta = \operatorname{tg} \alpha$$

ist. Die Flankenlänge L folgt aus

$$L = \int \sqrt{1 + \left(\frac{dy}{dx}\right)^2} \cdot dx.$$

Es wird

$$\frac{dy}{dx} = \frac{dy/d\varkappa}{dx/d\varkappa} = \frac{r_g \cdot (\cos\varkappa + \varkappa \cdot \sin\varkappa - \cos\varkappa)}{r_g \cdot (-\sin\varkappa + \varkappa \cdot \cos\varkappa + \sin\varkappa)} = \operatorname{tg}\varkappa;$$

somit

$$L = \int \frac{1}{\cos\varkappa} \cdot r_g \cdot \varkappa \cdot \cos\varkappa \cdot d\varkappa = \frac{1}{2} \cdot r_g \cdot \varkappa^2$$

$$= \frac{1}{2} \cdot r_g \cdot \operatorname{tg}^2 \alpha = \frac{1}{2} \cdot \frac{\varrho^2}{r_g}.$$

Damit wird

$$f^2 = \frac{2 \cdot (\delta r_g)^2}{r_g} \cdot L.$$

In diesem Falle tritt also an Stelle der Geraden $f = \varrho \cdot \delta r_g / r_g$, wie man sie bei Aufzeichnung über dem abgewälzten Grundkreisbogen erhält, eine Parabel, aus der zwar δr_g schwieriger zu bestimmen ist, die aber andererseits die Formfehler der Zahnflanken besser erkennen läßt als bei der anderen Aufzeichnung.

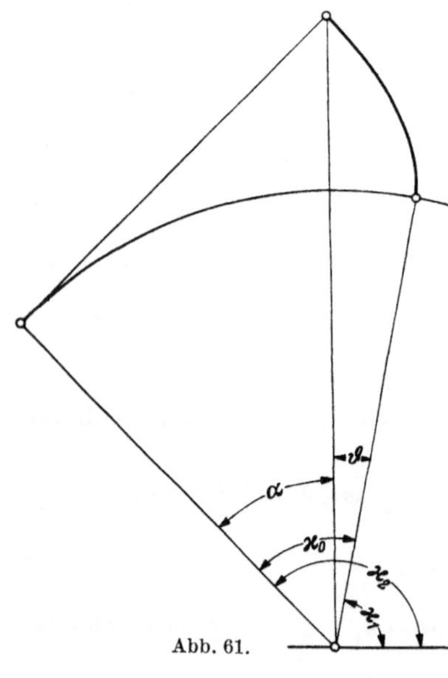

Abb. 61.

c) Fehler der Apparate.

α) Geräte mit Grundkreisscheibe. Bei den Geräten, bei denen das Abwälzen des Lineals mit dem Taststift an einer besonderen Grundkreisscheibe erfolgt, deren Durchmesser man den Sollwert des Prüflings gegeben hat, können Fehler auftreten:

1. durch falsche Lage der Tastkugel (ihr Mittelpunkt nicht genau über der Linealkante),

2. durch falschen Grundkreisdurchmesser.

Der Fehler 1 ist nach Abschnitt F 5bα ohne Schwierigkeit genügend klein zu halten. Der Fehler 2 kann daher rühren, daß der Sollwert des Grundkreisdurchmessers bei der Herstellung nicht genau erreicht ist; die wegen des Unterschiedes $\delta r_g = \frac{1}{2}(d_g'' - d_g')$ von Ist- und Sollwert der Scheibe anzubringende Korrektion ist nach Abschnitt F 5bβ leicht zu berechnen. Ein weiterer Fehler 2 wird aber auch durch den Schlag der Grundkreisscheibe verursacht, da sich während des Abwälzens der wirksame Halbmesser bzw. die Größe δr_g in der Gleichung $f = \varrho \cdot \delta r_g / r_g''$ fortwährend ändert.

Nach Abschnitt E 1 ist

$$\delta r_g = e \cdot (1 - \cos \varkappa) + \tfrac{1}{2} (d_g'' - d_g'),$$

falls e die Exzentrizität bedeutet (s. Abb. 48). Für zwei Drehwinkel wird

$$\delta r_{g_1} - \delta r_{g_2} = e \cdot (\cos \varkappa_2 - \cos \varkappa_1).$$

Nach Abb. 61 und Gl. (1) ist

$$\varkappa_2 - \varkappa_1 = \varkappa_0 = \alpha + \vartheta = \operatorname{tg} \alpha.$$

Da

$$\cos \alpha = \frac{r_g''}{r},$$

so

$$\varkappa_0 = \sqrt{\frac{r^2 - r_g''^2}{r_g^2}} = \sqrt{\frac{(r_0 + k \cdot m)^2 - r_0^2 \cdot \cos^2 \alpha_0}{r_0^2 \cdot \cos^2 \alpha_0}},$$

falls die Zahnflanke vom Grund- bis zum Kopfkreis überfahren werden soll. Für $k = 1$ wird

$$\text{(a)} \quad \begin{cases} \varkappa_0 = \dfrac{1}{\cos \alpha_0} \cdot \sqrt{\sin^2 \alpha_0 + \dfrac{2m}{r_0} + \dfrac{m^2}{r_0^2}} \\ = \dfrac{1}{\cos \alpha_0} \cdot \sqrt{\sin^2 \alpha_0 + \dfrac{4}{z} \cdot \left(1 + \dfrac{1}{z}\right)}. \end{cases}$$

Es wird

$$\text{(b)} \quad \delta r_{g_1} - \delta r_{g_2} = e \cdot (\cos \varkappa_1 \cdot \cos \varkappa_0 - \sin \varkappa_1 \cdot \sin \varkappa_0 - \cos \varkappa_1)$$

und hat ein Maximum für

$$-\sin \varkappa_1 \cdot \cos \varkappa_0 - \cos \varkappa_1 \cdot \sin \varkappa_0 + \sin \varkappa_1 = 0,$$

$$\operatorname{tg} \varkappa_1 = \frac{\sin \varkappa_0}{1 - \cos \varkappa_0} = \operatorname{ctg} \frac{1}{2} \varkappa_0 = \operatorname{tg} \left(90 - \frac{1}{2} \varkappa_0\right),$$

$$\varkappa_1 = 90 - \tfrac{1}{2} \varkappa_0.$$

Damit

$$\begin{aligned} \delta r_{g_1} - \delta r_{g_2} &= e \cdot (\sin \tfrac{1}{2} \varkappa_0 \cdot \cos \varkappa_0 - \cos \tfrac{1}{2} \varkappa_0 \cdot \sin \varkappa_0 - \sin \tfrac{1}{2} \varkappa_0) \\ &= -2\, e \cdot \sin \tfrac{1}{2} \varkappa_0. \end{aligned}$$

Beim Abwälzen über den Grundkreisbogen ϱ tritt also am Ende der Abwälzstrecke ein zu dem sonstigen hinzukommender Fehler auf

$$f_0 = \frac{2\, e \cdot \varrho \cdot \sin \frac{1}{2} \varkappa_0}{r_g}$$

oder, da

$$\varrho = r_g \cdot \varkappa_0,$$

$$f_0 = 2\, e \cdot \varkappa_0 \cdot \sin \tfrac{1}{2} \varkappa_0.$$

Nach Gl. (a) wird f_0 am größten für kleine z, weil damit $\varkappa_0$ am größten wird. Für $z = 10$ wird

$$\varkappa_0 = 0{,}7942 \approx 45°30'$$
$$f_0 = 0{,}61\, e.$$

Da bei 1000facher Vergrößerung an der Registrierkurve noch 0,2 μ festzustellen sind, so müßte e (der halbe Schlag S der Grundkreisscheibe) unter 0,33 μ und S selbst unter 0,66 μ gehalten werden, was praktisch kaum möglich sein dürfte. Um nicht einen von der Geraden abweichenden Verlauf der Registrierfehlerkurve fälschlich der Flankenform zuzuschreiben, muß also der Grundkreis vorher auf Schlag geprüft und die davon herrührende Korrektion berücksichtigt werden.

Um den Fehler zu verringern, wird man die Scheibe so drehen, daß der Winkel $\varkappa_1$ gleich 0 oder 180° wird, d. h. so, daß geometrischer und tatsächlicher Mittelpunkt (M und O in Abb. 48) in der Geraden liegen, von der aus der $\sphericalangle \varkappa_1$ gezählt wird; das sind die beiden Stellungen, in denen der Fühlhebel bei der Schlagprüfung den kleinsten oder größten Ausschlag zeigt. Mit $\varkappa_1 = 0$ wird nämlich nach Gl. (b)

$$\begin{aligned}\delta r_{g_1} - \delta r_{g_2} &= e \cdot (\cos \varkappa_0 - 1)\\ &= -2\, e \cdot \sin^2 \tfrac{1}{2} \varkappa_0,\end{aligned}$$

$$f_0 = 2\, e \cdot \varkappa_0 \cdot \sin^2 \tfrac{1}{2} \varkappa_0.$$

Für $z = 10$ wird dann

$$f_0 = 0{,}24 \cdot e.$$

Damit in diesem Falle f_0 unter 0,2 μ bleibt, muß $e < 0{,}83$ μ und $S < 1{,}66$ μ sein.

Bei einem Rade mit $z = 24$ wird

$$\varkappa_0 = 0{,}5734 \approx 32°51',$$

und für die beiden Fälle

$$\begin{array}{ll} \varkappa_1 = 90 - \tfrac{1}{2} \varkappa_0 & \varkappa_1 = 0 \\ f_0 = 0{,}32 \cdot e & f_0 = 0{,}09 \cdot e \\ e < 0{,}63\,\mu & e < 2{,}2\,\mu \\ S < 1{,}25\,\mu; & S < 4{,}4\,\mu. \end{array}$$

Durch entsprechendes Aussuchen der Anfangsstellung ($\varkappa_1 = 0$ oder 180°) würde man bei diesem Zahnrade auf Bedingungen für den Schlag (kleiner als 4 bis 5 μ) kommen, die technisch innegehalten werden können.

Für $z = \infty$ wird nach Gl. (a)

$$\varkappa_0 = \operatorname{tg} \alpha_0 = 0{,}3640 = 20°51'$$

und für

$$\begin{array}{ll} \varkappa_1 = 90 - \tfrac{1}{2} \varkappa_0 & \varkappa_1 = 0 \\ f_0 = 0{,}13 \cdot e & f_0 = 0{,}024 \cdot e \\ e < 1{,}5\,\mu & e < 8{,}3\,\mu \\ S < 3{,}1\,\mu; & S < 16{,}7\,\mu. \end{array}$$

Der sorgälftigen (schlagfreien) Zentrierung der Grundkreisscheiben ist also ganz besondere Beachtung zu widmen.

β) **Geräte mit einstellbarem Grundkreis.** Die vorher angeführten Fehler treten auch bei den Geräten auf, bei denen das Abwälzen des Lineals auf einem großen Grundkreis R_g erfolgt, und die Verschiebung des eigentlichen Meßschlittens in irgendeiner Weise so gesteuert wird, daß (Abb. 62)

$$\text{(a)} \qquad \frac{v}{V} = \frac{r_g}{R_g},$$

wo V die Verschiebung auf dem Kreise R_g, und v die auf dem Kreise r_g ist. Für die Rechts- und die Linksflanken ist $V = AB = AC$.

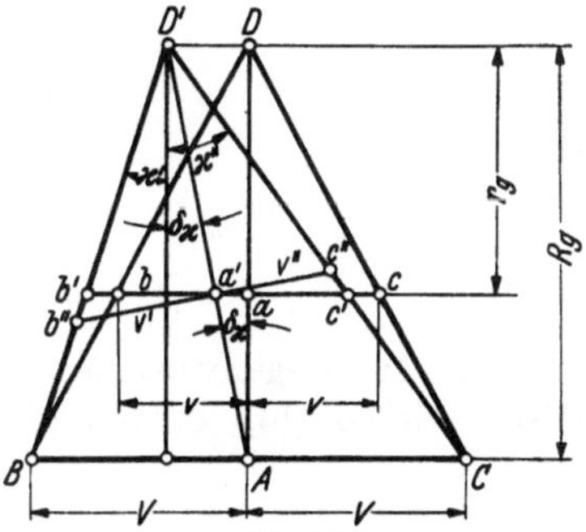

Erfolgt die zur Einstellung auf r_g nötige Verschiebung des Meßschlittens in Richtung $AD \perp AC$, so sind seine Verschiebungen v durch ab und ac gegeben; ist dagegen die Verschiebungsrichtung AD' um den kleinen Winkel $\delta\varkappa$ gegen AD geneigt, so wären zwar auch die Strecken $a'b'$ und $a'c'$ einander gleich und auch gleich v. Da aber durch die Führung auf AD' der Meßschlitten eine Kippung erfährt, so bewirken die Verschiebungen $V = AB = AC$ an ihm die Bewegungen $a'b'' = v'$ und $a'c'' = v''$. Es ist

Abb. 62.

$$v' = \frac{v \cdot \cos\varkappa'}{\cos(\varkappa' + \delta\varkappa)} = v \cdot (1 + \delta\varkappa \cdot \operatorname{tg}\varkappa'),$$

$$V = R_g \cdot (\operatorname{tg}\varkappa' + \operatorname{tg}\delta\varkappa),$$

$$\operatorname{tg}\varkappa' = \frac{V}{R_g} - \delta\varkappa,$$

also

$$v' = v \cdot \left(1 + \frac{V}{R_g} \cdot \delta\varkappa\right)$$

und unter Berücksichtigung von Gl. (a)

$$v' = v \cdot \left(1 + \frac{v}{r_g} \cdot \delta\varkappa\right),$$

$$\text{(b)} \qquad v' - v = \frac{v^2 \cdot \delta\varkappa}{r_g}.$$

Analog

$$v'' = \frac{v \cdot \cos\varkappa''}{\cos(\varkappa'' - \delta\varkappa)} = v \cdot (1 - \delta\varkappa \cdot \operatorname{tg}\varkappa''),$$

$$V = R_g \cdot (\operatorname{tg}\varkappa'' - \operatorname{tg}\delta\varkappa''),$$

$$\operatorname{tg}\varkappa'' = \frac{V}{R_g} + \delta\varkappa,$$

$$v'' = v \cdot \left(1 - \frac{V}{R_g} \cdot \delta\varkappa\right) = v \cdot \left(1 - \frac{v}{r_g} \cdot \delta\varkappa\right),$$

$$\text{(c)} \qquad v'' - v = -\frac{v^2 \cdot \delta\varkappa}{r_g}.$$

Bei gleichen Abwälzstrecken $V (= AB = AC)$ erfolgt also eine Verschiebung des Meßschlittens, die um $v^2 \cdot \delta\varkappa / r_g$ größer bzw. kleiner ist als bei richtiger Justierung des Apparates (Einstellung des Meßschlittens durch Verschiebung längs AD), d. h. die Verschiebung in der dagegen geneigten Richtung AD' wirkt so, als wenn das Abwälzen auf zwei Grundkreisen ausgeführt würde, deren Halbmesser r_g' und r_g'' aus den Beziehungen folgen:

$$\frac{v'}{v} = \frac{r_g'}{r_g}, \qquad \frac{v''}{v} = \frac{r_g''}{r_g}$$

oder

$$\text{(d)} \qquad \frac{v' - v}{v} = \frac{\delta r_g}{r_g}, \qquad \frac{v'' - v}{v} = -\frac{\delta r_g}{r_g}$$

[Es ist $r_g' - r_g = -(r_g'' - r_g)$ auf Grund der Gl. (b) und (c)].

Da die Meßwagenverschiebung v die früher mit ϱ bezeichnete Größe, so ist nach Gl. (b), (c) und (d)

$$\delta r_g = \pm \varrho \cdot \delta\varkappa,$$

und es wird der Fehler ($f = v' - v$ bzw. $f = v'' - v$) nach Gl. (d)

$$f = \pm \frac{\varrho^2 \cdot \delta\varkappa}{r_g} = \pm \frac{r^2 - r_g^2}{r_g} \cdot \delta\varkappa;$$

es ergeben sich also Parabelkurven.

Am Kopfkreis ($r = r_0 + m$) wird

$$f = \pm \frac{r_0^2 \cdot \sin^2\alpha_0 + 2m \cdot r_0 + m^2}{r_0 \cdot \cos\alpha_0} \cdot \delta\varkappa.$$

$$= \pm \frac{1}{2} \frac{m \cdot z}{\cos\alpha_0} \cdot \left[\sin^2\alpha_0 + \frac{4}{z} \cdot \left(1 + \frac{1}{z}\right)\right] \cdot \delta\varkappa.$$

Für $m = 3{,}75$, $z = 24$ wird am Zahnkopf

$$f = \pm 13{,}9 \cdot \delta\varkappa,$$

und bei $\delta\varkappa = 10\,\mu/100\text{ mm} = 10^{-4}$

$$f = \pm 1{,}44\,\mu.$$

Die Justierung läßt sich aber unschwer so genau ausführen, daß der Fehler unter $0{,}2\,\mu$ bleibt, allerdings vorausgesetzt, daß der Schlag des großen Kreises R_g (der sich im vollen Betrage auch für den eingestellten Grundkreis r_g auswirkt) genügend klein ist, da es andernfalls überhaupt unmöglich ist, beim Abtasten einer Rechts- und einer Linksevolvente mit derselben Grundkreiseinstellung gleichzeitig zur Schlittenführung parallele Geraden zu erhalten.

Genügende Schlagfreiheit vorausgesetzt, hat man die Schlittenführung (AD') solange zu kippen, bis beim Abfahren einer idealen Rechts- und Linksflanke die vorher angegebene Lage der Geraden eintritt. Statt der Musterevolvente benutzt man besser eine (möglichst schlagfreie) Kreisscheibe mit zwei sich an ihren Umfang anlegenden und durch Gewichte gespannten Stahlbändern (Abb. 63), die in zwei ebene Flächen A und B enden, gegen die sich die Tastkugel legt.

Zur Ermittlung des Ist-Grundkreishalbmessers r_g des Prüflings (der dann vorliegt, wenn die erhaltene Gerade parallel zu der — in der vorher angegebenen Weise berichtigten — Verschiebung des Meßschlittens liegt) liest man seine Stellung an einem parallel zu AD angebrachten Maßstab (mikroskopisch) ab. Dieser ist zunächst so einzustellen, daß sein Nullpunkt mit der Einstellung $r_g = 0$ zusammenfällt. Um diese zu erhalten, verschiebt man den Meßschlitten längs AD, bis trotz seines Abwälzens sein Fühlhebel keine Ausschlagänderung zeigt, wenn sich sein Meßbolzen gegen eine in der Drehachse angebrachte feststehende Ebene legt. Dann verschiebt man den Maßstab, bis sein Nullstrich auf den festen Index (bzw. das Mikroskop) einsteht.

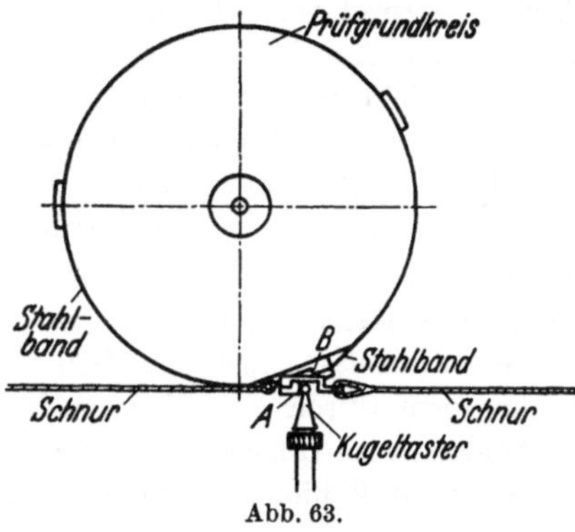

Abb. 63.

Wäre der Maßstab zu AD geneigt, so würde man statt r_g seine Projektion auf die Maßstabrichtung messen, also einen zu r_g proportionalen Fehler (2. Ordnung) begehen. Um diesen Reduktionsfaktor zu bestimmen, bringt man die Kugel an einen Grundkreis von bekanntem Durchmesser D zur Anlage und kennt damit den eingestellten Halbmesser $S = \frac{1}{2}(D + D')$, wenn D' den Kugeldurchmesser bedeutet. Liest man statt dessen am Maßstab den Wert S' ab, so ist der Reduktionsfaktor

$$\frac{S}{S'} = \frac{S}{S + \delta S} = 1 - \frac{\delta S}{S}.$$

Mit diesem sind alle Ablesungen zu multiplizieren.

Unter Berücksichtigung der Fehler durch unvollkommene Justierung der Führungsbahn AD, der Nullpunkteinstellung des Maßstabes und seines Reduktionsfaktors, vor allem aber der von dem Schlag des Grundkreises R_g herrührenden Anteile, die den weitaus stärksten Einfluß ausüben, wird man die Ungenauigkeit der Bestimmung von r_g zu mindestens $5\,\mu$, bei nicht sehr geringem Schlag sogar zu $10\,\mu$ ansetzen müssen. Der Unterschied zweier Grundkreishalbmesser an demselben Prüfling ist dagegen unter Umständen genauer, auf etwa ± 1 bis $3\,\mu$, zu erhalten, da hier verschiedene der genannten Fehler in Fortfall kommen bzw. sich stark verringern. Insofern ist die Bestimmung von r_g aus der Flankenform mehr für seine Gleichmäßigkeit (und damit auch für die von α_0) als für die Bestimmung in mm (bzw. Winkelgrad) geeignet, die besser aus der Eingriffsteilung ermittelt werden (s. Abschnitt C 5).

Zweckmäßig sollte man bei der Untersuchung der Flankenform zunächst den Ist-Grundkreishalbmesser bestimmen (was aber nur bei den Apparaten mit einstellbarem Grundkreis möglich, worin ihr Vorteil gegenüber denen mit fester Grundkreisscheibe besteht) und für diesen die Abweichungen der Zahnflanke von der Evolvente aufzeichnen. Bei falschem Grundkreishalbmesser kann man nur rückwärts — aus der Neigung der Ausgleichsgeraden der erhaltenen Kurve gegen die Verschiebungsrichtung des Schlittens — den Unterschied zwischen den Durchmessern des Ist-Grundkreises des Prüflings uud der benutzten Grundkreisscheibe berechnen. Die für den Ist-Grundkreis erhaltene Kurve läßt nämlich im allgemeinen die Fehler der Zahnflanke besser erkennen als die mit einem davon abweichenden Grundkreise vorgenommene Registrierung.

Das Merkblatt „Stirnradfehler“[1] verlangt dagegen Prüfung der Flankenform durch Abwälzen auf dem Soll-Grundkreis und faßt also die beiden von falschem r_g und von unvollkommener Flankenform herrührenden Fehler zu einem zusammen.

G. Schiefe Lage der Zähne zur Achse.

Für ein rechtwinkliges Koordinatensystem $x'y'$ (Abb. 64), dessen x'-Achse durch die Mitte des Zahnes eines spielfreien Rades geht, gilt, falls man den Winkel $\frac{\pi}{2\cdot z}+\vartheta_0=\frac{\pi}{2\cdot z}+\operatorname{Ev}\alpha_0$ mit χ bezeichnet,

$$x' = x\cdot\cos\chi + y\cdot\sin\chi$$
$$y' = -x\cdot\sin\chi + y\cdot\cos\chi,$$

worin für x und y die Werte von Abschnitt F 5bγ einzusetzen sind. Damit wird

$$x' = r_g\cdot(\cos\varkappa\cdot\cos\chi + \varkappa\cdot\sin\varkappa\cdot\cos\chi + \sin\varkappa\cdot\sin\chi - \varkappa\cos\varkappa\cdot\sin\chi)$$
$$= r_g\cdot[\cos(\varkappa-\chi) + \varkappa\sin(\varkappa-\chi)],$$
$$y' = r\cdot[\sin(\varkappa-\chi) - \varkappa\cdot\cos(\varkappa-\chi)].$$

Setzt man

$$\varkappa-\chi = \operatorname{tg}\alpha - \frac{\pi}{2z} - \operatorname{Ev}\alpha_0 = \lambda,$$

so wird

$$x' = r_g\cdot(\cos\lambda + \varkappa\cdot\sin\lambda),$$
$$y' = r_g\cdot(\sin\lambda - \varkappa\cdot\cos\lambda).$$

[1] Siehe Fußnote 2 auf S. 1.

Bei Projektion des Zahnes auf eine durch die y'-Achse gehende, unter dem kleinen Winkel Θ gegen die Zeichnungsebene geneigte Ebene werden die Koordinaten

$$x'' = x' \cdot \cos\Theta = x' \cdot (1 - \tfrac{1}{2}\,\Theta^2)$$
$$y'' = y'.$$

Geht die Projektionsebene durch die x'-Achse, so

$$x'' = x',$$
$$y'' = y' \cdot (1 - \tfrac{1}{2}\,\Theta^2).$$

Bis auf Größen 2. Ordnung sind also die Zahnflanken auch in der Projektionsebene als Evolventen anzusehen, so daß dadurch das regelmäßige Abwälzen nicht beeinflußt wird. Dagegen erfolgt Tragen über die ganze Zahnbreite erst nach anfänglicher Kantenpressung durch die elastische Verformung.

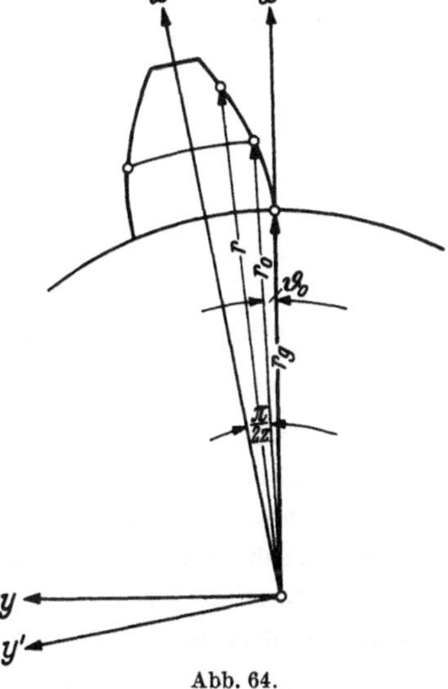

Abb. 64.

Eine Schieflage der Zähne zur Achse kann in verschiedener Weise statthaben. Die vier grundlegenden Fälle, aus deren Kombination die komplizierteren zusammenzusetzen sind, dürften die folgenden sein:

a) In der Raddicke (Zahnbreite) sind die einzelnen Querschnitte der Zähne um einen dem Abstande h von einer Stirnfläche proportionalen Betrag parallel zueinander tangential verschoben. Der Abstand einer Achsenparallelen zu den Zahnflanken ist proportional h.

b) Das gleiche, aber radial verschoben. Legt man eine Ebene im Abstande der halben Zahndicke (an der Meßstelle) parallel zu der durch die Achse und die Zahnmittellinie gehenden Ebene, so gibt es in jener eine gegen die Achsenrichtung geneigte Gerade, die stets auf den Zahnflanken bleibt, und die bei der Herstellung durch Formfräser auf deren Bahn liegt.

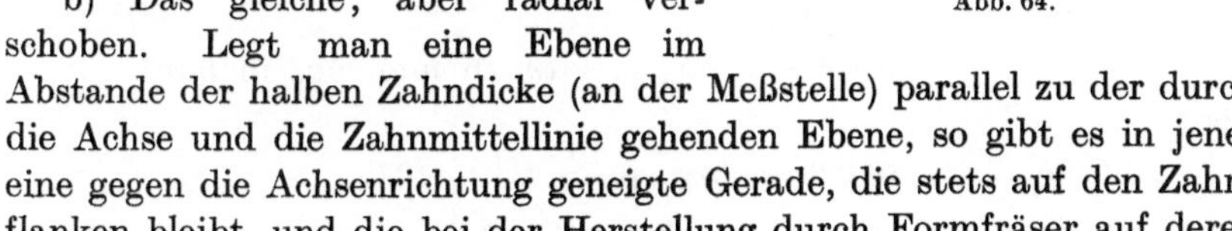

Die Fehler a) und b) entstehen z. B. bei der Benutzung von Formfräsern, wenn die Bewegung des Werzeugs nicht parallel zur Achse, sondern windschief bzw. schräg zu ihr erfolgt.

c) Sind die Zähne nicht proportional h senkrecht zur Achse tangential verschoben (wie bei a), sondern sind die einzelnen Schnitte proportional h gedreht, so daß ihre Ebene aber immer senkrecht zur Achse bleibt, so erhält man ein Schraubenrad.

d) Die Zähne sind an einem Ende dünner, ohne daß ein eigentliches Kegelrad vorliegt. Dieser Fehler tritt z. B. bei der Benutzung von Abwälzfräsern ein, wenn der Fräsdorn geneigt zur Fräsbahn ist.

Bei geringen Schiefstellungen der Zähne zur Achse dürfte es indessen nicht möglich sein, die angegebenen Kriterien anzuwenden, um die Art der Abweichungen von der Parallelstellung der Zähne zur Achse mit Sicherheit zu erkennen. Es genügt deshalb, durch Entlangfahren eines parallel zur Achse verschobenen Fühlhebels, dessen Meßhütchen sich an eine Zahnflanke anlegt, festzustellen, wie weit jene Bedingung erfüllt ist.

Diese Prüfung muß gesondert von den übrigen Bestimmungen vorgenommen werden, da sie bei diesen nicht erkannt wird, um eine Kantenpressung auszuschließen, die nicht mehr durch elastische Verformung überwunden werden kann, so daß dadurch noch Tragen auf der ganzen Zahnbreite erfolgt.

H. Teilung.

1. Eingriffs- oder Kreisteilung?

Für stoßfreies Abwälzen zweier Zahnräder müssen nach Abschnitt B ihre Grundkreisteilungen $\widehat{t}_g$ einander gleich sein, so daß es auf deren Größe und nicht auf die der Teilkreisteilung $\widehat{t}_0$ ankommt, da ja, wie früher ausgeführt, an jedem Rade stets ein solcher Durchmesser d_0 anzugeben ist, daß $\widehat{t}_0 = d_0 \frac{\pi}{z} = m \cdot \pi$ ist, während d_g unveränderlich dadurch festliegt, daß von seinem Kreise aus die Evolvente durch Abwickeln des Fadens erzeugt ist.

Zwei Räder mit gleichem Modul m oder Teilkreisteilung $\widehat{t}_0$, aber um $\delta\alpha_0$ verschiedenen Eingriffswinkeln, können nach Abschnitt B stets aufgefaßt werden als zwei Räder mit gleichem α_0 und verschiedenen Moduln (m und m'), wobei, wie früher abgeleitet (s. S. 7)

$$m - m' = m \cdot \operatorname{tg} \alpha_0 \cdot \delta\alpha_0$$
$$= 0{,}106 \cdot m \cdot \delta\alpha_0 \ \mu \quad (m \text{ in mm}, \ \delta\alpha_0 \text{ in min}),$$

bzw.

$$\widehat{t}_0 - \widehat{t'_0} = 0{,}333 \cdot m \cdot \delta\alpha_0 \ \mu$$

(bei $m = 3{,}75$ macht $\delta\alpha_0 = 1$ min für die Teilkreisteilung $1{,}25\,\mu$ aus).

Insofern käme es bei einem fehlerfreien Rade, d. h. einem solchen mit gleichförmiger Teilung, nur auf die Größe von $\widehat{t}_g$ (in mm) an, während die Größe von $\widehat{t}_0$ in mm oder Winkelgrad überhaupt nicht interessiert. Infolge der Unvollkommenheiten der Herstellung sind nun aber beide Teilungen nicht gleichförmig.

Da bei guten und für alle Zähne übereinstimmenden Flankenformen (unveränderliches α_0) die (der Grundkreisteilung $\widehat{t}_g$ gleiche) Eingriffsteilung t_e einwandfrei bestimmt werden kann, so läßt sich aus den

Abweichungen von t_e an den einzelnen Zähnen (unter Beibehaltung der Meßstelle, d. h. derselben Lage des Gegenhalters bei den Geräten nach Abb. 7 bis 9 bzw. desselben Zylinders bei der Ausführung nach Abb. 12) ohne weiteres auch auf die Abweichungen von $\hat{t}_0$ schließen, da wegen der Beziehung [Gl. (8a)]

$$t_e = \hat{t}_0 \cdot \cos \alpha_0,$$

auch

$$\delta t_e = \delta \hat{t}_0 \cdot \cos \alpha_0$$

gilt. Voraussetzung dafür ist naturgemäß, wie schon erwähnt, daß der Eingriffswinkel α_0 für ein Rad konstant ist, was dann angenommen werden darf, wenn nicht während des Arbeitsganges stärkere Störungen an der Bearbeitungsmaschine aufgetreten sind.

Nun läßt sich t_e (als auf der gemeinsamen Eingriffslinie gemessener Abstand zweier benachbarter Rechts- oder Linksflanken) genau aber nur ermitteln bei richtiger und für beide Flanken identischer Form, die ja auch für gleichförmige stoßfreie Winkelübertragung Grundvoraussetzung ist. Ob jene Voraussetzung vorliegt, läßt sich — allerdings nur bis zu gewissem Grade — daran erkennen, daß die Messungen an verschiedenen „Eingriffslinien" für dasselbe Flankenpaar gleiche Werte liefert (s. Abschnitt F 2).

Bei identischen, wenn auch von der Evolvente abweichenden Flankenformen (s. Abb. 53) würde die Kreisteilung an verschiedenen Meßstellen denselben Winkelwert geben (z. B. von C nach D oder von G nach H), aber nur unter der Voraussetzung, daß die beiden Meßpunkte auf demselben Kreise liegen. Falls dies verbürgt wäre, könnte besser von der Ungleichförmigkeit von $\hat{t}$ auf die von $\hat{t}_g$ und t_e (nach der obigen Definition) geschlossen werden als umgekehrt, da die Messung AB (in Abb. 53) nicht immer den richtigen Wert von t_e liefert. Hierin läge also eine Berechtigung für die Bevorzugung der Bestimmung der Gleichförmigkeit von $\hat{t}$ (gegenüber der von t_e). Da es nun aber praktisch ausgeschlossen ist, daß die beiden Meßkugeln auf demselben Kreise zur Anlage an die Flanken kommen, etwa in C und D oder in G und H (was schon durch den Schlag des Rades verhindert wird), so daß man je nach der zufälligen Lage der Meßkugeln die von CD abweichenden Strecken DE oder CF ermittelt, so ist durch die Messung der Kreisteilung die Gleichförmigkeit ebenso wenig genau zu ermitteln wie aus der Eingriffsteilung.

Eine genaue Bestimmung der Gleichförmigkeit der Eingriffs- oder der Kreisteilung ist also nur möglich, wenn die Zahnflanken nur unwesentlich von der Evolvente abweichen, und wenn sich auch der Eingriffswinkel nicht merklich von Zahn zu Zahn ändert. Unter diesen Voraussetzungen müssen beide Messungen zu praktisch übereinstimmenden Ergebnissen führen, andernfalls bleiben beide etwa gleich unsicher. Unberührt bleibt dabei noch die Notwendigkeit der Ermittlung des Durchschnittswertes von t_e (in mm), um daraus auf den Eingriffswinkel schließen und, falls möglich, die Bearbeitungsmaschinen entsprechend einstellen zu können.

Neben den Fehlern der Teilung von Zahn zu Zahn (den Einzelfehlern) ist nun aber auch noch der größte Fehler der Teilung zwischen zwei beliebigen Zähnen von Wichtigkeit (der Summenfehler), besonders z. B. bei Wechselrädern für Leitspindeldrehbänke. Bei der Ermittlung von t_e kann man ihn immer nur durch Addition der Einzelmessungen von Zahn zu Zahn erhalten, wobei sich auch ihre einzelnen Fehler (algebraisch) addieren, so daß dieser Summenfehler mit einer ziemlichen Unsicherheit behaftet ist. Dasselbe gilt aber auch, wenn man die Kreisteilung durch Messung der Sehnenabstände von Zahn zu Zahn mittels Fühlhebel bestimmt, so daß dann ihre Messung keine Vorteile gegenüber der Eingriffsteilung bietet, die dazu noch leichter und rascher durchzuführen ist. Mißt man dagegen die Kreisteilung in Winkeleinheiten, so kann man auch unmittelbar die Summenfehler erhalten (Näheres s. Abschnitt H 2e). Hierfür ist also die Bestimmung der Kreisteilung von entschiedenem Vorteil.

Zusammengefaßt ergibt sich also, daß bei guten Flankenformen (Evolventen) für die Bestimmung der Einzelfehler die Messung von t_e der von $\hat{t}$ vorzuziehen ist, daß bei schlechten Flankenformen keine dieser beiden Größen ganz einwandfrei zu ermitteln ist, daß aber für den Summenfehler die Ermittlung der Kreisteilung, falls in Winkeleinheiten ausgeführt, vorteilhafter ist, allerdings auch hier gute Flankenform vorausgesetzt.

Über die Messung der Eingriffsteilung ist das Nötige bereits in Abschnitt C behandelt. Wenn auch bei der Kreisteilung eigentlich nur die Bestimmung ihrer Gleichförmigkeit in Frage kommt, so soll doch, um die vorstehenden Betrachtungen zu vertiefen, außerdem auch ihre Messung in mm oder Winkeleinheiten untersucht werden.

2. Kreisteilung.

a) Bogen und Sehne.

Zur Ermittlung der Kreisteilung in Längeneinheiten müßte die Länge des Bogens zwischen zwei benachbarten Rechts- oder Linksflanken bestimmt werden. Dies kann z. B. durch Messung des entsprechenden Winkels und Multiplikation mit dem betreffenden Halbmesser geschehen. Mit einem Längenmeßgerät ermittelt man aber stets die Sehne (in der Regel als Abstand zwischen einer festen und einer beweglichen Kugel, deren Verschiebung durch einen Fühlhebel angezeigt wird).

Diese Längen sind

$$\hat{t} = r \cdot \frac{2\pi}{z},$$

$$t = 2r \cdot \sin\frac{\pi}{z},$$

somit

$$\text{(a)} \quad \left\{ \begin{aligned} \hat{t} &= 2\,r \cdot \operatorname{arc} \sin \frac{t}{2\,r} = t + \frac{1}{24}\,\frac{t^3}{r^2}, \\ \delta t &= \hat{t} - t = \frac{1}{24}\,\frac{t^3}{r^2} = \frac{r}{3} \cdot \sin^3 \frac{\pi}{z} = \frac{r}{3} \cdot \left(\frac{\pi}{z}\right)^3, \\ \delta t &= \frac{1}{24}\,\frac{\hat{t}^3}{r^2}. \end{aligned} \right.$$

Im Teilkreise wird

$$\delta t_0 = \frac{1}{6}\,\frac{m \cdot \pi^3}{z^2} = 5168\,\frac{m}{z^2}\,\mu \quad (m \text{ in mm})$$

und somit für

$z =$	10	20	50	100	200	500	1000	∞
$\frac{\delta t_0}{m} =$	51,7	12,9	2,1	0,52	0,13	0,02	0,005	0,000 μ.

Nur bei großem z und kleinem m kann unbedenklich $\hat{t} = t$ gesetzt werden. Wo dies nicht mehr angängig, ist die stets genügend genau zu berechnende Korrektion δt anzubringen. Für das wiederholt betrachtete Beispiel $m = 3{,}75$, $z = 24$ wird $\delta t_0 = 33{,}6\,\mu$.

Ein Fehler von 1% in der Teilung (der in der Praxis kaum jemals vorkommen dürfte) ändert δt um 3% [wie durch Differentiation der Gl. (a) folgt], für das betrachtete Beispiel also um rd. 1 μ. Bei guten Rädern mittlerer Größe braucht man dagegen nur mit Teilungsfehlern von etwa $^1/_2$‰ zu rechnen, wobei der Fehler der berechneten Korrektion δt so klein wird, daß er stets zu vernachlässigen ist. Bei alleiniger Bestimmung der Gleichförmigkeit der Kreisteilung braucht also auf den Unterschied zwischen Bogen und Sehne keine Rücksicht genommen zu werden.

Wie aus Gl. (a) folgt, hängt δt noch von r, d. h. der Entfernung der Meßstellen von der Achse ab. Für Messungen auf zwei Kreisen mit den Halbmessern r_0 und r wird der Unterschied der Korrektionen

$$\tau = \delta t_r - \delta t_0 = \frac{1}{3}\left(\frac{\pi}{z}\right)^3 \cdot (r - r_0),$$

also z. B. für den Kopfkreis ($r = r_0 + m$)

$$\tau = \frac{1}{3}\left(\frac{\pi}{z}\right)^3 \cdot m.$$

Für das betrachtete Beispiel wird $\tau = 2{,}8\,\mu$. Dieser Betrag ist wohl zu beachten, wenn man etwa die Flankenform durch Messung der Kreisteilung auf verschiedenen Halbmessern (nach Abschnitt F 3) untersuchen will.

b) Messung auf zwei verschiedenen konzentrischen Kreisen.

Während die als Winkel gemessene Teilung (richtige Flankenform vorausgesetzt) völlig unabhängig von dem Halbmesser r ist, verhalten sich die zugehörigen Kreisbögen wie die Halbmesser; es gilt also

$$\frac{t'}{\hat{t}} = \frac{r'}{r}$$

und es wird ihre Differenz

$$\delta \hat{t} = \frac{\hat{t}}{r} \cdot \delta r.$$

Stellt man die beiden Meßkugeln an einem Standgerät mittels Endmaßen ein, wie in Abschnitt D 4 b beschrieben, so muß man mit $\delta r \approx 10\,\mu$ rechnen. Eine weitere Ungenauigkeit rührt aber noch von dem Schlag her, wodurch man nicht auf dem Kreise mit dem Halbmesser r, sondern mit dem Halbmesser $r + e \cdot (1 - \cos \varkappa)$ mißt, wo $\varkappa$ der Drehwinkel, von der Geraden aus gerechnet, die den geometrischen und den tatsächlichen Mittelpunkt verbindet. Im Maximum ändert sich r um $2e$. Nimmt man $2e = 10\,\mu$ an, so muß man δr insgesamt zu $20\,\mu$ ansetzen.

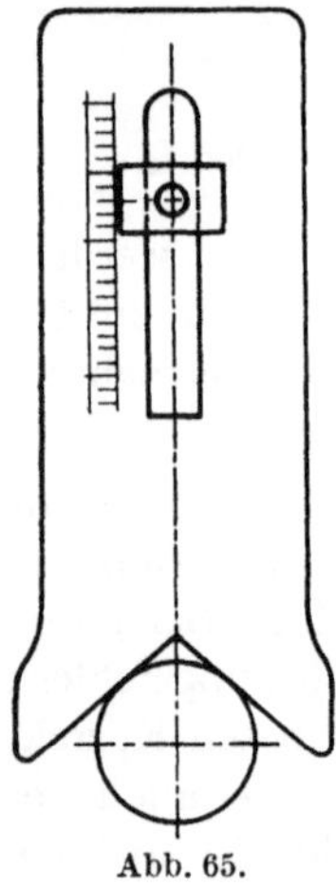
Abb. 65.

Man ersieht daraus, daß man stets die wirksame, d. h. die durch den Schlag beeinflußte Kreisteilung und niemals ihren Wert für das schlagfreie Rad erhält. Eine Trennung durch Abziehen des periodischen Anteils von der ermittelten Fehlerkurve führt hier in der Regel ebensowenig zum Ziel wie in den anderen ähnlichen Fällen, da auch die Kreisteilung von Zahn zu Zahn mit periodischen Fehlern behaftet sein kann (s. Abschnitt E 1).

Will man die Messung durch Aufstützen des Gerätes auf die Zahnköpfe oder in den Lückengrund vornehmen, so müssen vor allem die Durchmesser des Kopf- bzw. Fußkreises genau gemessen werden. Außerdem muß man hierbei aber auch (wenn diese Kreise nicht zugleich mit der Verzahnung bearbeitet sind) mit Schlag bis zu $50\,\mu$ gegen den Teilkreis und zu ihm konzentrischen Kreisen rechnen. In diesem Falle wird man also δr zu $50\,\mu$ ansetzen müssen.

Will man nicht die Kreisteilung selbst (in mm), sondern nur ihre Gleichförmigkeit, d. h. die Unterschiede von Zahn zu Zahn, bestimmen, so ist es meist ausreichend (wie weiter unten näher erläutert werden wird), den Abstand der Kugeln von der Achse ungefähr zu kennen. Zum Einstellen der Kugeln auf einen gewünschten Halbmesser kann man sich etwa eines Gerätes nach Abb. 65 bedienen. In einer ausbalancierten Schiene, die sich mittels V-Nut gegen die Achse legt, ist in einem kleinen Schlitten ein an seinem Ende mit einem Körner versehener Stift verschiebbar, der in seiner Achsenrichtung (senkrecht zur Zeichnungsebene) leicht beweglich ist. Er wird auf die betreffende Meßkugel aufgesetzt und so ihr Abstand von der Achse auf der an der Schiene angebrachten Teilung abgelesen. Mit dem Gerät kann vor allem auch festgestellt werden, ob die beiden Meßkugeln auf demselben Kreise liegen. Die mit ihm zu erreichende Einstellungenauigkeit wird man zu $\delta r = 0{,}2$ mm ansetzen müssen.

In der Nähe des Teilkreises wird

$$\delta \hat{t} = \frac{2\pi}{z} \cdot \delta r,$$

also für die drei betrachteten Achsabstandseinstellungen mit $\delta r = 20$, 50 bzw. 200 μ für

	$z =$	10	20	50	100	200	500	1000	∞
$\delta r = 20\,\mu$:	$\delta \hat{t} =$	12,6	6,3	2,5	1,3	0,6	0,25	0,13	0,00 μ
50 μ :		31,4	15,7	6,3	3,1	1,6	0,63	0,31	0,00 μ
200 μ :		125,7	62,8	25,1	12,6	6,3	2,5	1,3	0,00 μ.

Will man, was allein interessiert, nur die Gleichförmigkeit der Kreisteilung bestimmen, und wird die Abweichung einer Teilung von dem Sollwert $2\pi/z$ mit $\hat{\tau}$ bezeichnet, so gilt analog wie vorher

$$\delta \hat{\tau} = \frac{\hat{\tau}}{r} \cdot \delta r;$$

in der Nähe des Teilkreises

$$\delta \hat{\tau} = c \cdot \frac{2\pi}{z} \cdot \delta r,$$

falls

$$\frac{\hat{\tau}}{\hat{t}} = c$$

gesetzt ist. Bei einem (sehr groß angenommenen und kaum vorkommenden) Fehler von 1% der Teilung, also $c = 0{,}01$, verringern sich die vorher berechneten Zahlen auf $^1/_{100}$. Da tatsächlich die Teilungsfehler meist wesentlich kleiner sind, so gehen die eben berechneten Meßfehler auf einen fast stets zu vernachlässigenden Betrag zurück, z. B. für einen Fehler von 1‰ der Teilung auf maximal rd. 0,1 μ.

Bei in bezug auf die Gleichförmigkeit der Teilung einigermaßen guten Rädern braucht also auf die Einstellung des Gerätes (Entfernung von der Achse) nicht ängstlich geachtet zu werden. Das gilt sowohl für die Geräte zur Messung der Sehne wie auch für die zur Messung der Bogenlänge in Winkeleinheiten. Unter diesen Umständen ist es also auch zulässig, die Messung durch Aufstützen des Meßgerätes auf den Zahnkopf oder Zahnfuß und selbst nach der in Abb. 65 wiedergegebenen Vorrichtung vorzunehmen.

Dagegen müßte bei der Bestimmung der Kreisteilung in mm sorgfältig auf den Abstand von der Achse geachtet werden. Wie wiederholt ausgeführt, kommt aber eine solche Bestimmung niemals in Frage, da die durchschnittliche Teilung durch $t = r \cdot \frac{2\pi}{z}$ mm von vornherein gegeben ist, so daß nur die Abweichungen der Teilung von diesem Sollwert, d. h. die Einzelfehler von Zahn zu Zahn und die Summenfehler zwischen zwei beliebigen Zähnen, interessieren.

c) Anlage der Meßkugeln auf zwei verschiedenen Kreisen.

α) **Bei richtiger Teilung.** Bei der Ermittlung der Teilung in Winkeleinheiten wird der Prüfling von Zahn zu Zahn gegen einen festen (ausschwenkbaren) Anschlag gelegt. Die Messung erfolgt also auf einem durch den tatsächlichen (nicht durch den geometrischen) Mittelpunkt bestimmten Kreise und liefert so die wirksame Teilung, die für den praktischen Gebrauch des Zahnrades bestimmend ist.

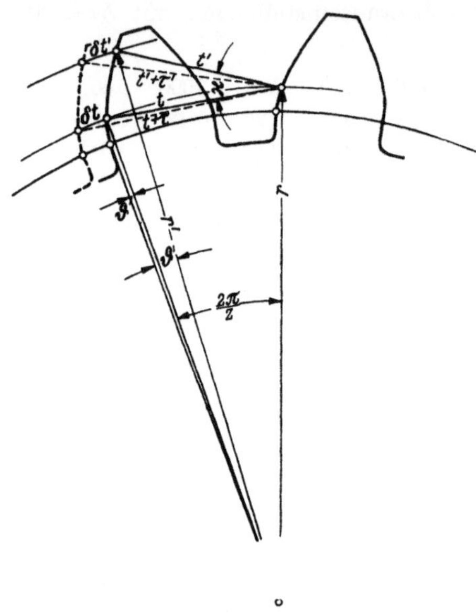

Abb. 66.

Bei den Geräten zur Bestimmung der Sehne brauchen nun die dazu nötigen zwei Meßkugeln nicht auf demselben Kreise zu liegen; außer durch Schlag des Zahnrades kann dies auch daher rühren, daß sie nicht auf gleichen Achsabstand eingestellt sind (so daß die Verbindungslinie der beiden Kugelmittelpunkte nicht mehr senkrecht auf dem den Teilungsbogen halbierenden Halbmesser steht). Dann ermittelt man nicht die für die Teilung maßgebende Sehne t, sondern eine Strecke t' (Abb. 66). Es ist

(a) $$t = 2\,r \cdot \sin\frac{\pi}{z},$$

(b) $$\begin{cases} t' = \sqrt{r'^2 + r^2 - 2\,r' \cdot r \cdot \cos\left(\frac{2\pi}{z} + \vartheta - \vartheta'\right)} \\ \quad = \sqrt{r'^2 + r^2 - 2\,r' \cdot r \cdot \cos\left(\frac{2\pi}{z} + \operatorname{Ev}\alpha - \operatorname{Ev}\alpha'\right)}. \end{cases}$$

Sind r und r' gegeben, so ermittelt man α und α' aus

(c) $$\cos\alpha = \frac{r_0}{r} \cdot \cos\alpha_0, \qquad \cos\alpha' = \frac{r_0}{r'} \cdot \cos\alpha_0,$$

$$\operatorname{tg}\alpha = \frac{1}{r_0 \cdot \cos\alpha_0} \cdot \sqrt{r^2 - r_0^2 \cdot \cos^2\alpha_0},$$

$$\alpha = \operatorname{arc}\cos\left(\frac{r_0}{r} \cdot \cos\alpha_0\right),$$

somit

$$\mathrm{Ev}\,\alpha = \frac{1}{r_0 \cdot \cos\alpha_0} \cdot \sqrt{r^2 - r_0^2 \cdot \cos^2\alpha_0} - \mathrm{arc}\cos\left(\frac{r_0}{r} \cdot \cos\alpha_0\right),$$

$$\mathrm{Ev}\,\alpha' = \frac{1}{r_0 \cdot \cos\alpha_0} \cdot \sqrt{r'^2 - r_0^2 \cdot \cos^2\alpha_0} - \mathrm{arc}\cos\left(\frac{r_0}{r'} \cdot \cos\alpha_0\right).$$

Bequemer wird man $\mathrm{Ev}\,\alpha$ und $\mathrm{Ev}\,\alpha'$ aus Tabellen entnehmen. Für kleinen Unterschied δr der beiden Halbmesser

$$r' = r + \delta r$$

wird nach Abschnitt F 3

$$\mathrm{Ev}\,\alpha' - \mathrm{Ev}\,\alpha = \Delta \cdot \mathrm{tg}^2\alpha,$$

worin

$$\Delta = \alpha' - \alpha.$$

Aus Gl. (c) folgt

$$\cos\alpha' = \frac{r_0}{r + \delta r} \cdot \cos\alpha_0 = \cos\alpha \cdot \left(1 - \frac{\delta r}{r}\right),$$

$$\cos\alpha - \Delta \cdot \sin\alpha = \cos\alpha - \frac{\delta r}{r} \cdot \cos\alpha,$$

$$\Delta = \frac{\delta r}{r} \cdot \mathrm{ctg}\,\alpha = \frac{r_0}{r} \cdot \frac{\cos\alpha_0}{\sqrt{r^2 - r_0^2 \cdot \cos^2\alpha_0}} \cdot \delta r.$$

Somit

$$t' = \sqrt{2 \cdot (r^2 + r \cdot \delta r) \cdot \left[1 - \cos\left(\frac{2\pi}{z} - \Delta \cdot \mathrm{tg}^2\alpha\right)\right]}$$

$$= 2r \cdot \sqrt{1 + \frac{\delta r}{r}} \cdot \sin\frac{1}{2}\left(\frac{2\pi}{z} - \Delta \cdot \mathrm{tg}^2\alpha\right)$$

$$= 2r \cdot \left(1 + \frac{1}{2}\frac{\delta r}{r}\right) \cdot \sin\frac{1}{2}\left(\frac{2\pi}{z} - \frac{\delta r}{r} \cdot \mathrm{tg}\,\alpha\right)$$

$$= 2r \cdot \left(1 + \frac{1}{2}\frac{\delta r}{r}\right) \cdot \sin\frac{\pi}{z} - \delta r \cdot \mathrm{tg}\,\alpha \cdot \cos\frac{\pi}{z},$$

$$\text{(d)} \qquad \delta t = t' - t = \left(\sin\frac{\pi}{z} - \mathrm{tg}\,\alpha \cdot \cos\frac{\pi}{z}\right) \cdot \delta r$$

$$\text{(e)} \qquad = -\frac{\sin\left(\alpha - \frac{\pi}{z}\right)}{\cos\alpha} \cdot \delta r = -\frac{r}{r_0} \cdot \frac{\sin\left(\alpha - \frac{\pi}{z}\right)}{\cos\alpha_0} \cdot \delta r.$$

Wird in der Nähe des Teilkreises gemessen, so

$$r = r_0 + \varrho,$$

wo ϱ eine kleine Größe, und

$$\mathrm{tg}\,\alpha = \sqrt{\frac{(r_0 + \varrho)^2}{r_0^2 \cdot \cos^2\alpha_0} - 1} = \sqrt{\frac{1}{\cos^2\alpha_0} \cdot \left(1 + \frac{2\varrho}{r_0}\right) - 1}$$

$$= \sqrt{\mathrm{tg}^2\alpha_0 + \frac{2\varrho}{r_0 \cdot \cos^2\alpha_0}}$$

$$= \mathrm{tg}\,\alpha_0 + \frac{2\varrho}{r_0 \cdot \sin 2\alpha_0},$$

somit nach Gl. (d)

$$\delta t = \left[\sin\frac{\pi}{z} - \left(\operatorname{tg}\alpha_0 + \frac{2\varrho}{r_0\cdot\sin 2\alpha_0}\right)\cdot\cos\frac{\pi}{z}\right]\cdot\delta r$$

$$= -\frac{\sin\left(\alpha_0 - \frac{\pi}{z}\right)}{\cos\alpha_0}\cdot\delta r$$

[für sehr große z geht diese Gleichung über in

$$\delta t = -\left(\operatorname{tg}\alpha_0 - \frac{\pi}{z}\right)\cdot\delta r = -\left(0{,}364 - \frac{3{,}142}{z}\right)\cdot\delta r].$$

Es wird für

$z =$	10	20	24	50	100	200	500	1000	∞
$-\frac{\delta t}{\delta r} =$	0,037	0,203	0,230	0,300	0,332	0,348	0,358	0,361	0,364

Bei $z = 24$ wird somit für

$$\delta r = 200\,\mu \qquad \delta t = 46\,\mu$$

und für

$$\delta r = 500\,\mu \qquad \delta t = 115\,\mu.$$

Um den Einfluß einer größeren Schiefstellung des Meßgerätes deutlich zu erkennen, seien für das Rad $m = 3{,}75$, $z = 24$, $r_0 = 45$ mm einige Fälle betrachtet, für die aber auf die Gl. (b) zurückgegangen werden muß.

1. $r = r_0 = 45$ mm, $r' = 47{,}5$ mm;
   $t = 11{,}747$ mm; $\alpha = \alpha_0 = 20°$, $\alpha' = 27°5'42''$.
   $$\frac{2\pi}{z} + \operatorname{Ev}\alpha - \operatorname{Ev}\alpha' = 0{,}26180 + 0{,}01490 - 0{,}03872$$
   $$= 0{,}23792 = 13°37'56'',$$
   $$t' = \sqrt{2256{,}25 + 2025{,}00 - 4154{,}5} = 11{,}261 \text{ mm},$$
   $$\delta t = -486\,\mu.$$

2. $r = r_0 = 45$ mm, $r' = 42{,}5$ mm;
   $t = 11{,}747$ mm; $\alpha = \alpha_0 = 20°$, $\alpha' = 5°45'$.
   $$\frac{2\pi}{z} + \operatorname{Ev}\alpha - \operatorname{Ev}\alpha' = 0{,}27636 = 15°50'5'',$$
   $$t' = \sqrt{1806{,}25 + 2025{,}00 - 3679{,}8} = 12{,}308 \text{ mm},$$
   $$\delta t = 561\,\mu.$$

3. $r = 42{,}5$ mm, $r' = 47{,}5$ mm;
   $t = 11{,}095$ mm; $\alpha = 5°45'$, $\alpha' = 27°5'42''$.
   $$\frac{2\pi}{z} + \operatorname{Ev}\alpha - \operatorname{Ev}\alpha' = 0{,}22342 = 12°48'5'',$$
   $$t' = \sqrt{2256{,}25 + 1806{,}25 - 3937{,}1} = 11{,}199 \text{ mm},$$
   $$\delta t = 104\,\mu.$$

4. $r = 47{,}5\ \text{mm}, \qquad r' = 42{,}5\ \text{mm};$

$$t = 12{,}400\ \text{mm}, \quad \alpha = 27^\circ 5' 42'', \quad \alpha' = 5^\circ 45'$$

$$\frac{2\pi}{z} + \text{Ev}\,\alpha - \text{Ev}\,\alpha' = 0{,}30018 = 17^\circ 11' 56'',$$

$$t' = \sqrt{1806{,}25 + 2256{,}25 - 3856{,}8} = 14{,}342\ \text{mm},$$

$$\delta t = 1942\ \mu.$$

Die Werte von t in mm können also bei unsymmetrischer Stellung der beiden Meßkugeln in dem beutzten Beispiel um etwa $\pm\ \frac{1}{2}$ mm falsch werden, wenn die eine der beiden Kugeln ungefähr im Teilkreise, die andere nahe dem Fuß- oder Kopfkreise anliegt, während bei anderen Lagen die Fehler bis zu fast 2 mm ansteigen können.

Diese Beispiele sind gewählt, um die durch den Einfluß der Schiefstellung des Meßgeräts entstehenden Fehler möglichst kraß hervortreten zu lassen; in Wirklichkeit werden sie stets kleiner bleiben.

Auch durch den Schlag des Rades liegen die beiden Meßkugeln nie auf demselben Teilkreise, so daß die wirksame Teilung sich von der am schlagfreien Rade auch bei Messung in der Nähe des Teilkreises unterscheidet um [s. Gl. (e)]

$$\delta t = -\frac{\sin\left(\alpha_0 - \frac{\pi}{z}\right)}{\cos\alpha_0} \cdot \delta r,$$

wo δr nach Abschnitt F 5c gegeben ist durch

$$\delta r = e \cdot (\cos\varkappa'' - \cos\varkappa')$$

(e die Exzentrizität, $\varkappa'$ und $\varkappa''$ die Winkel, die die beiden zu den Anlagepunkten der Kugeln gezogenen Halbmesser mit der Verbindungslinie des geometrischen und des tatsächlichen Mittelpunktes bilden).

In diesem Falle ist

$$\varkappa'' = \varkappa' + \frac{2\pi}{z} = \varkappa' + \varkappa_0.$$

Nach Abschnitt F 5c war das maximale δr gegeben durch

$$\delta r = -2e \cdot \sin\frac{\varkappa_0}{2} = -2e \cdot \sin\frac{\pi}{z}.$$

Damit wird

$$\delta t = 2e \cdot \frac{\sin\left(\alpha_0 - \frac{\pi}{z}\right) \cdot \sin\frac{\pi}{z}}{\cos\alpha_0}.$$

Für

$z =$	10	20	24	50	100	200	500	1000	∞
$\frac{\delta t}{e} =$	0,023	0,064	0,060	0,038	0,021	0,011	0,0044	0,0021	0,0000

δt wird bei gegebenem e ein Maximum für

$$-\cos\left(\alpha_0-\frac{\pi}{z}\right)\cdot\sin\frac{\pi}{z}+\sin\left(\alpha_0-\frac{\pi}{z}\right)\cdot\cos\frac{\pi}{z}=0$$

$$\operatorname{tg}\frac{\pi}{z}=\operatorname{tg}\left(\alpha_0-\frac{\pi}{z}\right)$$

$$z=\frac{360}{\alpha_0}=18,$$

$$\delta t_{\max}=2\,e\cdot\frac{\sin^2 10^\circ}{\cos 20^\circ}=0{,}065\,e.$$

Bei $e=10\,\mu$ beträgt der größte Unterschied sonach nur $0{,}7\,\mu$, so daß bei geringem Schlag sein Einfluß auf den Einzelfehler sehr gering ist.

β) Bei einem Teilkreisfehler $\hat{\tau}_0$. Infolge des kleinen Teilkreisteilungsfehlers $\hat{\tau}_0$ (als Bogen in mm oder μ gemessen) ermittelt man an Stelle der Sehnen t und t' in Abb. 66 die Strecken $t+\tau$ und $t'+\tau'$. Es ist

$$t+\tau=2\,r\cdot\sin\left(\frac{\pi}{z}+\frac{1}{r_0}\cdot\frac{\hat{\tau}_0}{2}\right)$$

$$=2\,r\cdot\left(\sin\frac{\pi}{z}+\frac{1}{r_0}\cdot\frac{\hat{\tau}_0}{2}\cdot\cos\frac{\pi}{z}\right),$$

$$\tau=\frac{r}{r_0}\cdot\hat{\tau}_0\cdot\cos\frac{\pi}{z}.$$

Am Teilkreis selbst (und bis auf Größen 2. Ordnung auch in seiner Nähe) wird

$$\tau=\hat{\tau}_0\cdot\cos\frac{\pi}{z}.$$

Der größte Unterschied zwischen τ und $\hat{\tau}_0$ tritt für großes π/z, also für kleine z auf. Für $z=10$ wird

$$\tau=0{,}95\,\hat{\tau}_0,$$

so daß der Unterschied zwischen τ und $\hat{\tau}_0$ im ungünstigen Falle nur 5% und somit bei $\hat{\tau}_0=10\,\mu$ nur $0{,}5\,\mu$ ausmacht, der zu vernachlässigen ist.

Weiter wird

$$t'+\tau'=\sqrt{r'^2+r^2-2\,r'\cdot r\cdot\cos\left(\frac{2\pi}{z}+\operatorname{Ev}\alpha-\operatorname{Ev}\alpha'+\frac{1}{r_0}\cdot\hat{\tau}_0\right)}$$

$$=\sqrt{r'^2+r^2-2\,r'\cdot r\cdot\left[\cos\left(\frac{2\pi}{z}+\operatorname{Ev}\alpha-\operatorname{Ev}\alpha'\right)-\frac{1}{r_0}\cdot\hat{\tau}_0\cdot\sin\left(\frac{2\pi}{z}+\operatorname{Ev}\alpha-\operatorname{Ev}\alpha'\right)\right]}$$

$$=\sqrt{r'^2+r^2-2\,r'\cdot r\cdot\cos\left(\frac{2\pi}{z}+\operatorname{Ev}\alpha-\operatorname{Ev}\alpha'\right)+\frac{2\,r'\cdot r}{r_0}\cdot\hat{\tau}_0\cdot\sin\left(\frac{2\pi}{z}+\operatorname{Ev}\alpha-\operatorname{Ev}\alpha'\right)}$$

$$=t'+\frac{r'\cdot r\cdot\hat{\tau}_0\cdot\sin\left(\frac{2\pi}{z}+\operatorname{Ev}\alpha-\operatorname{Ev}\alpha'\right)}{r_0\cdot\sqrt{r'^2+r^2-2\,r'\cdot r\cdot\cos\left(\frac{2\pi}{z}+\operatorname{Ev}\alpha-\operatorname{Ev}\alpha'\right)}},$$

$$\tau' = \frac{r' \cdot \tau \cdot \sin\left(\frac{2\pi}{z} + \operatorname{Ev}\alpha - \operatorname{Ev}\alpha'\right)}{\cos\frac{\pi}{z} \cdot \sqrt{r'^2 + r^2 - 2r' \cdot r \cdot \cos\left(\frac{2\pi}{z} + \operatorname{Ev}\alpha - \operatorname{Ev}\alpha'\right)}}$$

$$= \frac{r' \cdot \tau \cdot \sin\left(\frac{2\pi}{z} + \operatorname{Ev}\alpha - \operatorname{Ev}\alpha'\right)}{t' \cdot \cos\frac{\pi}{z}}.$$

Für kleine $\delta r\ (r' = r + \delta r)$ wird

$$\tau' = \frac{(r + \delta r) \cdot \tau \cdot \sin\left(\frac{2\pi}{z} - \varDelta \cdot \operatorname{tg}^2\alpha\right)}{\cos\frac{\pi}{z} \cdot \left[2r \cdot \left(1 + \frac{1}{2}\frac{\delta r}{r}\right) \cdot \sin\frac{\pi}{z} - \delta r \cdot \operatorname{tg}\alpha \cdot \cos\frac{\pi}{z}\right]}$$

$$= \frac{r \cdot \tau \cdot \sin\left(\frac{2\pi}{z} - \frac{\delta r}{r} \cdot \operatorname{tg}\alpha\right)}{\cos\frac{\pi}{z} \cdot \left[2r \cdot \left(1 + \frac{1}{2}\frac{\delta r}{r}\right) \cdot \sin\frac{\pi}{z} - \delta r \cdot \operatorname{tg}\alpha \cdot \cos\frac{\pi}{z}\right]}$$

$$\tau' = \frac{r \cdot \tau \cdot \left(\sin\frac{2\pi}{z} - \frac{\delta r}{r} \cdot \operatorname{tg}\alpha \cdot \cos\frac{2\pi}{z}\right)}{r \cdot \sin\frac{2\pi}{z} + \delta r \cdot \cos\frac{\pi}{z} \cdot \left(\sin\frac{\pi}{z} - \operatorname{tg}\alpha \cdot \cos\frac{\pi}{z}\right)}$$

$$\approx \frac{r \cdot \tau \cdot \sin\frac{2\pi}{z}}{r \cdot \sin\frac{2\pi}{z}} \approx \tau.$$

Bei einem Teilungsfehler von 1‰ und Messung in der Nähe des Teilkreises wird $\hat{\tau}_0$ maximal falsch ermittelt nach

Abschnitt a) (Messung der Sehne statt des Bogens) um 0,3%,

Abschnitt b) (Messung nicht genau auf dem Teilkreis) um 0,1 μ,

Abschnitt cβ) (Lage der Kugeln auf zwei verschiedenen Kreisen) um 5% (Unterschied zwischen τ und $\hat{\tau}_0$, während der Unterschied zwischen τ und τ' nur Fehler von der 2. Ordnung gibt).

Insgesamt wird man also mit Fehlern von etwa 3 bis 5% des Teilungsfehlers, also 3 bis $5 \cdot 10^{-5}$ der Teilung rechnen müssen, was stets zu vernachlässigen sein dürfte. Das gilt sowohl für den Teilungs- wie für den Summenfehler. Zu den vorher genannten Fehlern kommen indessen die reinen Beobachtungsfehler hinzu, die sich namentlich im Summenfehler durch ihre (algebraische) Addition stärker bemerkbar machen.

Für die in Abschnitt α) betrachteten Beispiele 2. und 4. wird bei $\hat{\tau}_0 = 1$‰ von $\hat{t}_0$:

2. $t = 11{,}747$ mm, $\tau = 11{,}75\ \mu$,

$$\hat{\tau}_0 = \frac{11{,}75}{\cos 7^\circ 30'} = 11{,}85\ \mu \text{ (Unterschied } \hat{\tau}_0 - \tau = 0{,}1\ \mu \approx 1\%),$$

$$\tau' = \frac{42{,}5 \cdot 11{,}75 \cdot \sin 15^\circ 50' 5''}{12{,}308 \cdot \cos 7^\circ 30'}$$

$$= 11{,}17\ \mu = 0{,}95\ \tau.$$

Der Unterschied zwischen τ und τ' beträgt somit 5%, und derjenige zwischen $\hat{\tau}_0$ und τ', selbst unter diesen ungünstien Verhältnissen, nur 6%.

4. $t = 12{,}400$ mm, $\tau = 12{,}40\,\mu$,

$$\hat{\tau}_0 = \frac{45 \cdot \tau}{47{,}5 \cdot \cos 7{,}5^\circ} = 11{,}85\,\mu \text{ (Unterschied } \hat{\tau}_0 - \tau = 0{,}55\,\mu \approx 4{,}5\%\text{)},$$

$$\tau' = \frac{42{,}5 \cdot 12{,}40 \cdot \sin 17^\circ 11' 56''}{14{,}342 \cdot \cos 7{,}5^\circ}$$

$$= 10{,}96\,\mu = 0{,}88\,\tau.$$

Der Unterschied zwischen τ und τ' beträgt somit 12%, und derjenige zwischen $\hat{\tau}_0$ und τ' 7,5%.

Man ersieht aus diesen Beispielen, daß selbst unter den angenommenen recht ungünstigen Verhältnissen der für die Ungleichförmigkeit ermittelte Wert um weniger als 10% von dem wirklichen Teilungsfehler (als Bogen auf dem Teilkreis in mm gemessen) abweicht, und daß bei einigermaßen sorgfältigem Arbeiten (d. h. Einstellen der beiden Kugeln auf den Teilkreis mit einer Genauigkeit von etwa 0,2 mm) diese Abweichungen unter 5% des Teilungsfehlers bleiben, so daß sie fast stets vernachlässigt werden können. Wie vorher erwähnt, kommen dazu aber noch die eigentlichen Beobachtungsfehler, besonders bei Bestimmung des Summenfehlers.

γ) Berechnung des Kippwinkels bei Einstellung der Meßkugeln auf zwei verschiedenen Kreisen.

Nach Abb. 66 ergibt sich der (bei richtiger Teilung) von den Meßrichtungen t und t' gebildete Winkel $\varkappa$ aus:

$$\text{(f)} \qquad \sin\left(\varkappa + \frac{\pi}{2} - \frac{\pi}{z}\right) = \cos\left(\frac{\pi}{z} - \varkappa\right) = \frac{r'}{t'} \cdot \sin\left(\frac{2\pi}{z} + \operatorname{Ev}\alpha - \operatorname{Ev}\alpha'\right)$$

$$= \frac{r' \cdot \sin\left(\frac{2\pi}{z} + \operatorname{Ev}\alpha - \operatorname{Ev}\alpha'\right)}{\sqrt{r'^2 + r^2 - 2r' \cdot r \cdot \cos\left(\frac{2\pi}{z} + \operatorname{Ev}\alpha - \operatorname{Ev}\alpha'\right)}}$$

$$= \frac{r'}{t'} \cdot \sin\left(\frac{2\pi}{z} + \operatorname{Ev}\alpha - \operatorname{Ev}\alpha'\right)$$

und bei kleinem Unterschied δr $(r' = r + \delta r)$

$$\cos\left(\frac{\pi}{z} - \varkappa\right) = \frac{(r + \delta r) \cdot \left(\sin\frac{2\pi}{z} - \frac{\delta r}{r} \cdot \operatorname{tg}\alpha \cdot \cos\frac{2\pi}{z}\right)}{2r \cdot \left(1 + \frac{1}{2}\frac{\delta r}{r}\right) \cdot \sin\frac{\pi}{z} - \delta r \cdot \operatorname{tg}\alpha \cdot \cos\frac{\pi}{z}}$$

$$= \frac{r \cdot \sin\frac{2\pi}{z} + \delta r \cdot \left(\sin\frac{2\pi}{z} - \operatorname{tg}\alpha \cdot \cos\frac{2\pi}{z}\right)}{2r \cdot \sin\frac{\pi}{z} + \delta r \cdot \left(\sin\frac{\pi}{z} - \operatorname{tg}\alpha \cdot \cos\frac{\pi}{z}\right)}$$

$$= \frac{2r \cdot \sin\frac{\pi}{z} \cdot \cos\frac{\pi}{z} + 2\,\delta r \cdot \left(\sin\frac{\pi}{z} \cdot \cos\frac{\pi}{z} - \operatorname{tg}\alpha \cdot \cos^2\frac{\pi}{z}\right) + \delta r \cdot \operatorname{tg}\alpha}{2r \cdot \sin\frac{\pi}{z} + \delta r \cdot \left(\sin\frac{\pi}{z} - \operatorname{tg}\alpha \cdot \cos\frac{\pi}{z}\right)}$$

$$\cos\left(\frac{\pi}{z}-\varkappa\right)=\cos\frac{\pi}{z}+\frac{\delta r\cdot\left(\sin\frac{\pi}{z}\cdot\cos\frac{\pi}{z}-\operatorname{tg}\alpha\cdot\cos^2\frac{\pi}{z}+\operatorname{tg}\alpha\right)}{2r\cdot\sin\frac{\pi}{z}+\delta r\cdot\left(\sin\frac{\pi}{z}-\operatorname{tg}\alpha\cos\frac{\pi}{z}\right)}$$

$$=\cos\frac{\pi}{z}+\frac{\delta r\cdot\sin\frac{\pi}{z}\cdot\left(\cos\frac{\pi}{z}+\operatorname{tg}\alpha\cdot\sin\frac{\pi}{z}\right)}{2r\cdot\sin\frac{\pi}{z}+\delta r\cdot\left(\sin\frac{\pi}{z}-\operatorname{tg}\alpha\cdot\cos\frac{\pi}{z}\right)},$$

$$\cos\frac{\pi}{z}+\varkappa\cdot\sin\frac{\pi}{z}=\cos\frac{\pi}{z}+\frac{1}{2}\frac{\delta r}{r}\cdot\left(\cos\frac{\pi}{z}+\operatorname{tg}\alpha\cdot\sin\frac{\pi}{z}\right),$$

$$\varkappa=\frac{1}{2}\frac{\delta r}{r}\cdot\left(\operatorname{ctg}\frac{\pi}{z}+\operatorname{tg}\alpha\right)=\frac{1}{2}\frac{\delta r}{r}\cdot\frac{\cos\left(\alpha-\frac{\pi}{z}\right)}{\cos\alpha\cdot\sin\frac{\pi}{z}}.$$

In der Nähe des Teilkreises ($r=r_0+\varrho$) wird

$$\operatorname{tg}\alpha=\operatorname{tg}\alpha_0+\frac{2\varrho}{r_0\cdot\sin 2\alpha_0},$$

$$\varkappa=\frac{1}{2}\frac{\delta r}{r_0+\varrho}\cdot\left(\operatorname{ctg}\frac{\pi}{z}+\operatorname{tg}\alpha_0+\frac{2\varrho}{r_0\cdot\sin 2\alpha_0}\right)$$

$$=\frac{1}{2}\frac{\delta r}{r_0}\left(\operatorname{ctg}\frac{\pi}{z}+\operatorname{tg}\alpha_0\right)$$

$$=\frac{\delta r}{m z}\left(\operatorname{ctg}\frac{\pi}{z}+0{,}364\right).$$

Nun ist allgemein

$$\operatorname{ctg}\chi=\frac{1-\frac{1}{2}\chi^2}{\chi-\frac{1}{6}\chi^3}=\frac{1-\frac{1}{3}\chi^2}{\chi},$$

also

$$\varkappa=\frac{\delta r}{m z}\cdot 0{,}364+\frac{\delta r}{m}\cdot\frac{1-\frac{1}{3}(\pi/z)^2}{\pi}$$

$$=\frac{\delta r}{m}\cdot\left(\frac{0{,}364}{z}+\frac{1}{\pi}\right),$$

da selbst bei $z=10$ die Größe $\frac{1}{3}(\pi/z)^2\approx 0{,}03$ und somit in erster Annäherung gegen 1 vernachlässigt werden kann. Also wird

$$\varkappa=\frac{\delta r}{m}\cdot\left(\frac{0{,}364}{z}+0{,}3183\right)$$

und somit für

$z=$	10	20	24	50	100	200	500	1000	∞
$\frac{\varkappa\cdot m}{\delta r}=$	0,355	0,337	0,333	0,326	0,322	0,320	0,320	0,319	0,318.

Für $m=3{,}75$ wird bei

$$\delta r=200\,\mu\qquad \varkappa=177{,}6\cdot 10^{-4}\approx 1^\circ.$$

Innerhalb des kleinen Winkels von 1° ist die symmetrische Lage der beiden Meßkugeln zu dem den Teilungsbogen halbierenden Halbmesser nicht mehr nach Augenmaß zu beurteilen; es muß daher die Einstellung der Kugeln zum mindesten nach der in Abb. 65 wiedergegebenen Vorrichtung ausgeführt werden.

Für die in Abschnitt H 2 cα betrachteten Beispiele 2 und 4 ist $\varkappa$ aus der streng gültigen Gl. (f) zu berechnen:

$$\cos(7^\circ 30' - \varkappa) = \frac{r'}{t'} \cdot \sin(15^\circ + \mathrm{Ev}\,\alpha - \mathrm{Ev}\,\alpha').$$

$$2.\quad \cos(7^\circ 30' - \varkappa) = \frac{42{,}5}{12{,}308} \cdot \sin 15^\circ 50' 5'',$$

$$\varkappa = 12^\circ 5'.$$

$$4.\quad \cos(7^\circ 30' - \varkappa) = \frac{42{,}5}{14{,}342} \cdot \sin 17^\circ 11' 56'',$$

$$\varkappa = -21^\circ 19'.$$

In diesen beiden Fällen sind die Winkel so groß, daß derart unsymmetrische Einstellungen mit Sicherheit vermieden werden können.

d) Bestimmung der Ungleichförmigkeit der Kreisteilung durch Messung über mehrere Zähne.

Um den Summenfehler unmittelbar zu erfassen, ist vorgeschlagen[1], die Ungleichförmigkeit der Kreisteilung nicht von Zahn zu Zahn, sondern über etwa den halben Radumfang zu messen. Infolge des Schlages wird hierbei der Unterschied der Halbmesser der beiden Anlagepunkte ungünstigsten Falles $2\,e$, und somit der Fehler bei Messung in Nähe des Teilkreises (s. Abschnitt H 2 cα)

$$\delta t = 2\,e \cdot \frac{\sin\left(\alpha_0 - \frac{\pi}{z}\right)}{\cos\alpha_0}.$$

Für $z = 24$ wird $\delta t = 0{,}44 \cdot e$, und für $e = 10\,\mu$ wird $\delta t \approx 5\,\mu$. Auch in diesem Falle würde wieder (die für die Praxis maßgebende) wirksame Teilung ermittelt.

Die Durchführung der Messung gestaltet sich verschieden, je nachdem die Zähnezahl z gerade $(= 2\,n)$ oder ungerade $(= 2\,n + 1)$ ist.

α) **Gerade Zähnezahl.** In der nachstehend angegebenen Weise legt man nacheinander je einen Zahn an den festen (ausschwenkbaren) Anschlag (Spalte 1) und beobachtet den Ausschlag an dem eigentlichen Meßfühlhebel, der gegen den in Spalte 2 vermerkten Zahn drückt. An Stelle des festen Anschlages kann auch ein Fühlhebel treten, dessen Ausschlag man durch Drehen des Zahnrades stets wieder auf Null bringt, so daß er als Meßdruckanzeiger dient (oder man zieht den an ihm auftretenden Ausschlag von dem des Meßfühlhebels ab). Dessen (eventuell so berichtigte) Angaben seien $a_1, a_2 \ldots a_{2n}$ (Spalte 3). Da die Summe der über alle Zähne ermittelten Fehler gleich Null sein muß, so bildet man die Differenzen

$$A_i = a_i - \frac{1}{2\,n} \cdot \sum_{1}^{2\,n} a_i$$

[1] F. W. Shaw: Machinery 42 (1932) S. 467.

(Spalte 4). Es muß sein

$$\sum_1^{2n} A_i = \sum_1^{2n} a_i - 2n \cdot \frac{1}{2n} \cdot \sum_1^{2n} a_i = 0,$$

worin eine Kontrolle der Rechnung liegt. Aus den Größen A_i erhält man die Summenfehler der Spalte 6 für die in Spalte 5 angegebenen Zähne.

1	2	3	4	5	6	7
Nr. des Zahnes am		Ausschlag	Differenz	Zahn	Summenfehler	Zahl der Beobachtungen
Anschlag	Fühlhebel					
1	$n+2$	a_1	A_1	$1 \div n+2$	A_1	1
$n+2$	3	a_2	A_2	$1 \div 3$	$A_2 + A_1 = \alpha_2$	2
3	$n+4$	a_3	A_3	$1 \div n+4$	$A_3 + \alpha_2 = \alpha_3$	3
$n+4$	5	a_4	A_4	$1 \div 5$	$A_4 + \alpha_3 = \alpha_4$	4
⋮	⋮	⋮	⋮	⋮	⋮	⋮
$2n-1$	n	a_{2n-1}	A_{2n-1}	$1 \div n$	$A_{2n-1} + \alpha_{2n-2} = \alpha_{2n-1}$	$2n-1$
n	1	a_{2n}	A_{2n}	$1 \div 1$	$A_{2n} + \alpha_{2n-1} = \alpha_{2n}$ $= A_{2n} + \sum_1^{2n} A_i - A_{2n} = 0$	$2n$

Da der größte Summenfehler zwischen zwei ganz beliebigen Zähnen liegen kann, müssen zu seiner Ermittlung unter Umständen auch alle Beobachtungen addiert werden, so daß alle Meßunsicherheiten in genau der gleichen Weise wie bei seiner Berechnung aus den Einzelfehlern von Zahn zu Zahn eingehen. Diese selbst erhält man

für Zahn 1 bis 2 aus obiger Tabelle,
für Zahn 2 bis 3 aus (Summenfehler für Zahn 1 bis 3) minus (Summenfehler für Zahn 1 bis 2),
für Zahn 3 bis 4 aus (Summenfehler für Zahn 1 bis 4) minus (Summenfehler für Zahn 1 bis 3) usf.

Da sich der Summenfehler für Zahn 1 bis 2 aus $n+1$ Beobachtungen zusammensetzt, so werden die Einzelfehler durch Addition von $n+1$ bis $2n$ Beobachtungen erhalten, so daß sie infolge der (algebraischen) Addition der betreffenden Beobachtungsfehler mit einer ziemlichen Meßunsicherheit behaftet sind.

Damit ist dieses Verfahren für die Bestimmung der Einzelfehler völlig ungeeignet; für die des Summenfehlers bietet es Vorteile, wenn man nur seinen größten Wert erfassen will und dieser gerade zwischen zwei in Spalte 1 und 2 auf derselben Reihe stehenden Zähnen liegt. Deutlicher geht dies noch aus dem nachfolgenden Zahlenbeispiel mit $2n = 8$ hervor:

Zahlenbeispiel für $2n = 8$.

1	2	3	4	5	6	7
Nr. des Zahnes am		Ausschlag a_i	Differenz A_i	Zahn	Summenfehler	Zahl der Beobachtungen
Anschlag	Fühlhebel					
1	6	+ 2	— 1,25	1÷6	— 1,25	1
6	3	+ 11	+ 7,75	1÷3	+ 6,50	2
3	8	— 9	— 12,25	1÷8	— 5,75	3
8	5	+ 13	+ 9,75	1÷5	+ 4,00	4
5	2	— 5	— 8,25	1÷2	— 4,25	5
2	7	+ 9	+ 5,75	1÷7	+ 1,50	6
7	4	± 0	— 3,25	1÷4	— 1,75	7
4	1	+ 5	+ 1,75	1÷1	± 0,00	8

$$\frac{1}{8}\sum_{1}^{8} a_i = \frac{26}{8} = +3{,}25 \qquad \sum_{1}^{8} A_i = 0{,}00\,.$$

1	2	3	4	5	6
Zahn	Summenfehler	Zahl der Beobachtungen	Zahn	Einzelfehler	Zahl der Beobachtungen
1÷2	— 4,25	5	1÷2	— 4,25	5
1÷3	+ 6,50	2	2÷3	+ 10,75	5
1÷4	— 1,75	7	3÷4	— 8,25	7
1÷5	+ 4,00	4	4÷5	+ 5,75	7
1÷6	— 1,25	1	5÷6	— 5,25	4
1÷7	+ 1,50	6	6÷7	+ 2,75	6
1÷8	— 5,75	3	7÷8	— 7,25	6
1÷1	± 0,00	8	8÷1	+ 5,75	8
			Summe	= 0,00	

Die Zahl der Beobachtungen für den Einzelfehler (Spalte 6) ist stets gleich der größeren der beiden Zahlen für die Berechnung des Summenfehlers in Spalte 3, da die kleinere Zahl der Beobachtungen bereits in der größeren mit enthalten ist.

β) **Ungerade Zähnezahl.** Das ganze Verfahren geht dem nachfolgenden Schema und Zahlenbeispiel entsprechend genau so vor sich wie bei gerader Zähnezahl, so daß die Ausführungen über die zu erzielende Genauigkeit bestehen bleiben.

1	2	3	4	5	6	7
Nr. des Zahnes am		Ausschlag	Differenz	Zahn	Summenfehler	Zahl der Beobachtungen
Anschlag	Fühlhebel					
1	$n+2$	a_1	A_1	$1 \div n+2$	A_1	1
$n-2$	2	a_2	A_2	$1 \div 2$	$A_2 + A_1 = \alpha_2$	2
2	$n+3$	a_3	A_3	$1 \div n+3$	$A_3 + \alpha_2 = \alpha_3$	3
$n+3$	3	a_4	A_4	$1 \div 3$	$A_4 + \alpha_3 = \alpha_4$	4
⋮	⋮	⋮	⋮	⋮	⋮	⋮
$2n+1$	$n+1$	a_{2n}	A_{2n}	$1 \div n+1$	$A_{2n} + \alpha_{2n-1} = \alpha_{2n}$	$2n$
$n+1$	1	a_{2n+1}	A_{2n+1}	$1 \div 1$	$A_{2n+1} + \alpha_{2n} = \alpha_{2n+1} = 0$	$2n+1$

Zahlenbeispiel für $2n+1=9$.

1	2	3	4	5	6	7
Nr. des Zahnes am		Ausschlag a_i	Differenz A_i	Zahn	Summenfehler	Zahl der Beobachtungen
Anschlag	Fühlhebel					
1	6	+ 2	— 1,22	1÷6	—1,22	1
6	2	+11	+ 7,78	1÷2	+6,56	2
2	7	— 9	—12,22	1÷7	—5,66	3
7	3	+13	+ 9,78	1÷3	+4,12	4
3	8	— 5	— 8,28	1÷8	—4,10	5
8	4	+ 9	+ 5,78	1÷4	+1,68	6
4	9	± 0	— 3,22	1÷9	—1,54	7
9	5	+ 5	+ 1,78	1÷5	+0,24	8
5	1	+ 3	— 0,22	1÷1	—0,02	9

$\frac{1}{9}\cdot\sum_{1}^{9} a_i = \frac{29}{9} = 3{,}22 \quad \sum_{1}^{9} A_i = +0{,}02$ infolge der Abrundungen

1	2	3	4	5	6
Zahn	Summenfehler	Zahl der Beobachtungen	Zahn	Einzelfehler	Zahl der Beobachtungen
1÷2	+ 6,56	9	1÷2	+ 6,56	2
1÷3	+ 4,12	4	2÷3	— 2,44	4
1÷4	+ 1,68	6	3÷4	— 2,44	6
1÷5	+ 0,24	8	4÷5	— 1,44	8
1÷6	— 1,22	1	5÷6	— 1,96	8
1÷7	— 5,66	3	6÷7	— 4,44	3
1÷8	— 4,10	5	7÷8	+ 1,56	5
1÷9	— 1,54	7	8÷9	+ 2,56	7
1÷1	— 0,02	9	9÷1	+ 1,54	9
			Summe =	+ 0,02	

e) Geräte zur Bestimmung der Kreisteilung.

Wie in Abschnitt H 2 ausgeführt, ist es durch Messung der Sehne, wie sie mittels Anschlag und Fühlhebel (bzw. zweier Fühlhebel) bestimmt werden kann, immer nur möglich, die Ungleichförmigkeit der Kreisteilung von Zahn zu Zahn, also die Einzel-, nicht aber die Summenfehler unmittelbar zu erhalten. Innerhalb der bei sorgfältigem Arbeiten zu erwartenden Meßgenauigkeit von ± 5% des zu bestimmenden Fehlers ist es gleichgültig, ob man das Gerät auf den Teilkreis von der Achse oder vom Kopf- bzw. Fußkreise aus einstellt, wobei naturgemäß deren genau ermittelte Durchmesser zugrunde zu legen sind. Dagegen wären die genannten Geräte unbrauchbar zur Bestimmung der Kreisteilung selbst in Längen- oder Winkeleinheiten, die aber auch nicht interessiert, da die Summe sämtlicher Teilungen gleich $d\cdot\pi$ bzw. 360° ist.

Für viele Zwecke, z. B. für die Wechselräder von Leitspindelbänken, ist aber auch der Summenfehler zwischen zwei beliebigen Zähnen von

Bedeutung. Ihn kann man unmittelbar nach der in Abschnitt D 1 a α für die Bestimmung des Flankenspiels ε angegebenen Weise erhalten, indem man die zur Anlage eines Anschlages an zwei beliebige Rechts- oder Linksflanken nötige Verdrehung mißt. Dabei wird auf das Zahnrad ein Theodolit gesetzt (der, wie dort abgeleitet, nicht genau zum Prüfling zentriert zu sein braucht) und nach jedesmaligem Weiterschalten des Zahnrades gegen einen festen (ausschwenkbaren) Anschlag — oder gegen einen als Meßdruckanzeiger dienenden Fühlhebel — zurückgedreht, bis sein Fadenkreuz wieder auf die Kollimatormarke einsteht. Man mißt so den Winkel zwischen zwei beliebigen Zähnen unmittelbar, braucht also keine Addition der sonstigen Einzelbeobachtungen vorzunehmen.

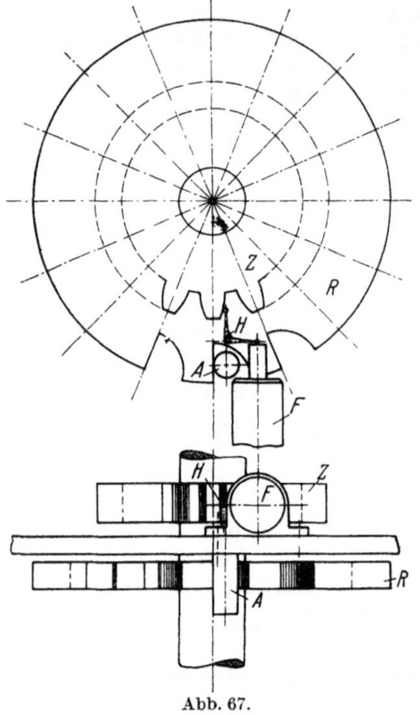

Abb. 67.

Die Exzentrizität des Teilkreises des Theodoliten ist durch Mittelbildung der Beobachtungen an zwei um 180° einander gegenüberliegenden Stellen seiner Teilung auszuschalten, wie in Abschnitt D 1 a α abgeleitet (bei neueren Ausführungen wird sofort jener Mittelwert abgelesen). Dagegen geht der Einfluß des Schlages des Prüflings mit ein, so daß man auf diese Weise die praktisch allein interessierende wirksame Teilung bzw. ihre Ungleichförmigkeit in Winkelgrad erhält. Sie ergibt sich daraus in Längeneinheiten durch Multiplikation mit dem Halbmesser des Abstandes der Tastkugel von der Achse, der nach Abschnitt D 4 b zu bestimmen ist. Bei einigermaßen sorgfältiger Messung desselben sind die dadurch in der Ungleichförmigkeit der Kreisteilung bedingten Fehler nach Abschnitt H 2 b zu vernachlässigen.

Statt des Theodoliten kann man auch einen mit dem Prüfling gekuppelten Teilkreis nehmen, dessen Drehung durch zwei feste, um 180° einander gegenüberstehende Mikroskope abgelesen wird (wodurch der Einfluß seiner Exzentrizität ausgeschaltet ist).

Wesentlich bequemer ist eine Rastenscheibe R (Abb. 67), deren Teilung mit sehr großer Genauigkeit herzustellen und auch zu messen ist. Diese Scheibe selbst wird in der vorher beschriebenen Weise mittels Theodolit und Kollimator untersucht; ihre etwaigen Fehler können als

Korrektionen bei der Messung des Zahnrades berücksichtigt werden. Die Scheibe, deren Rastenzahl gleich der Zähnezahl z oder einem Vielfachen von z des Prüflings sein muß, wird gegen einen ausschwenkbaren festen Anschlag A oder gegen einen als Meßdruckanzeiger dienenden Fühlhebel F' (Abb. 68) gelegt. Bei etwaigen Korrektionen wird die Rastenscheibe so gedreht, daß F' nicht wieder auf Null, sondern auf eine der Korrektion entsprechende Anzeige gebracht wird. Dann geben die Ausschläge an dem Fühlhebel F, der mit seinem Meßbolzen entweder unmittelbar oder über einen Vorschalthebel H an den Zahnflanken anliegt, sowohl die Einzel- wie auch unmittelbar die Summenfehler in μ. Den Anlagepunkt von H wird man zweckmäßig im Teilkreis einstellen.

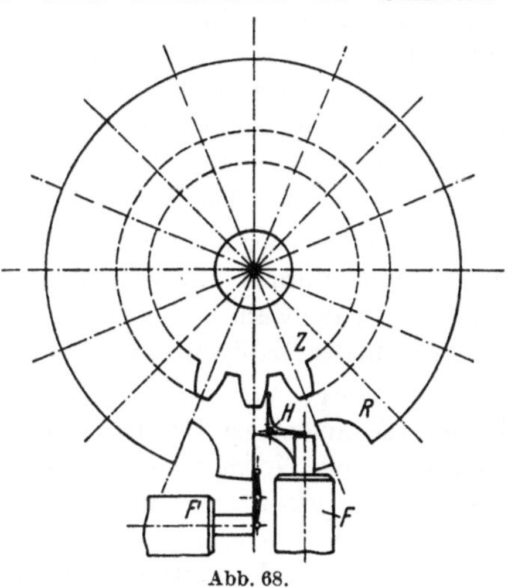

Abb. 68.

Statt Rastenscheibe und Zahnrad zu drehen, kann man auch die beiden auf einer gemeinsamen Platte sitzenden Fühlhebel F und F' (Abb. 68) um die Zahnradachse schwenken, indem man sie mit einem Reiter (in Form einer V-Nut) stets gegen die Achse legt. Man hat damit ein einfaches leicht zu bedienendes Handgerät, das durch die Angabe der Unterschiede der Teilungen von Scheibe und Prüfling seine Einzel- und Summenfehler liefert.

Eine etwaige Exzentrizität der Rastenscheibe R tritt nicht in Erscheinung, da bei ihrer Messung auch ihre wirksame Teilung bestimmt ist; dagegen muß sie gut zum Prüfling zentriert werden. Der Einfluß eines etwaigen Zentrierungsfehlers wäre durch Wiederholung der Beobachtungen nach Verdrehen von R um 180° gegen das Zahnrad und Mittelbildung auszuschalten. Dessen Schlag wirkt naturgemäß auf das Meßergebnis ein, so daß man wieder die Fehler der wirksamen Teilung erhält (die sich indessen nach Abschnitt H 2 c β nicht wesentlich von den bei schlagfreier Messung erhaltenen Fehlern unterscheiden).

Ein Vorteil der beiden genannten Verfahren liegt darin, daß die Messung durch Vergleich mit einem Normal (Teilkreis des Theodoliten oder Rastenscheibe; letzteres zum DRP. angemeldet) erfolgt, und daß dabei nur jeweils eine Flanke des Prüflings zur Anlage an den Meßbolzen gebracht zu werden braucht, während bei Messung der Sehne mittels Fühlhebel stets gleichzeitige Anlage an zwei Rechts- oder Linksflanken vorhanden sein muß. Ein weiterer Vorteil ist, daß die Summenfehler unmittelbar und damit genauer erhalten werden als bei der Addition aus den Einzelfehlern.

J. Die einzelnen Bestimmungsstücke für die Prüfung von Zahnrädern.

Aus den angestellten Betrachtungen folgt, daß zur Kontrolle eines Stirnrades mit gerader Evolventenverzahnung folgende Bestimmungsstücke gemessen werden müssen:

1. Flankenform. Diese muß allen anderen Messungen vorangehen, da bei von der Evolvente abweichenden Flanken oder bei Evolventen mit verschiedenen Grundkreisen bzw. Eingriffswinkeln an den einzelnen Zähnen überhaupt keine Eingriffsteilung (als auf der gemeinsamen Eingriffslinie gemessener Abstand zweier benachbarter Rechts- oder Linksflanken) mehr vorhanden, und auch die Gleichförmigkeit der Kreisteilung nicht einwandfrei zu bestimmen ist, da das Ergebnis dann stark von der (unwillkürlich sich ändernden) Meßstelle abhängt. Außerdem wird dadurch die Gleichförmigkeit der Winkelübertragung gestört.

Eine andere, hier nicht zu erörternde Frage ist, wie weit selbst durch ideale Flankenformen ein ruhiger Lauf gewährleistet ist, da unter großen Belastungen die Zahnflanken durch die elastischen Verformungen doch wieder von der Evolvente abweichen.

2. Teilung. Vor allem wichtig ist die Eingriffsteilung in mm, da sie bestimmend ist für den Eingriffswinkel; sie muß also mit einem entsprechenden Normal verglichen werden. Weiter ist aber auch ihre Gleichförmigkeit von Bedeutung. Diese Messung kann auch ersetzt werden durch Bestimmung der Ungleichförmigkeit der Kreisteilung, während ihr Durchschnittswert in Längen- oder Winkeleinheiten sich von selbst aus $\frac{d \cdot \pi}{z}$ bzw. aus $\frac{360^\circ}{z}$ ergibt. Die wesentlich umständlichere Bestimmung der örtlichen Abweichungen der Kreisteilung von ihrem Sollwert hätte indessen höchstens dort Zweck, wo die Flankenform so stark von der Evolvente abweicht, daß der senkrechte Abstand zweier benachbarter Rechts- oder Linksflanken nicht mehr auf einer gemeinsamen Eingriffslinie liegt und somit auch nicht gleich der Grundkreisteilung ist, die ja (nächst der Flankenform) das gleichmäßige Abwälzen zweier Räder bedingt. Unter diesen Umständen ist indessen auch die Ungleichförmigkeit der Kreisteilung nicht mehr einwandfrei zu erhalten.

Bei guter Flankenform und über die Zähne gleichbleibendem Eingriffswinkel (wenn also alle Evolventen zu demselben Grundkreise gehören) kann von der Eingriffsteilung und ihren Schwankungen ohne weiteres auch auf die Kreisteilung und ihre örtlichen Fehler geschlossen werden. Ein kleiner Unterschied besteht allerdings insofern, als die Messung der Ungleichförmigkeit der Kreisteilung immer nur die wirksamen, d. h. die durch den Schlag beeinflußten Größen liefert, während die Berechnung aus der Eingriffsteilung die hiervon freien Größen ergeben würde. Bei geringem Schlag weichen aber die beiden so erhaltenen Werte praktisch nicht voneinander ab.

Vorteilhaft ist die Bestimmung der Ungleichförmigkeit der Kreisteilung zur Ermittlung des Summenfehlers (zwischen beliebigen Zähnen), mittels Theodolit und Kollimator oder durch Vergleich gegen eine Rastenscheibe.

Auch die Gleichmäßigkeit der Teilung ist naturgemäß bestimmend für die Gleichförmigkeit der Winkelübertragung.

3. Schlag, da dieser sich wie eine Ungleichförmigkeit der Teilung auswirkt. Er ist indessen durch Bestimmung des Verdrehungswinkels gegen einen Zahn von der Solldicke (oder ein ihm entsprechendes Meßstück : Zahnstangenzahn, Kegel, Zylinder oder Kugel) oder der radialen oder tangentialen Verschiebung eines solchen Meßstückes nicht zu erhalten, da hier noch die Fehler der Lückenweite oder Zahndicke des Prüflings mit eingehen. Man mißt auf diese Weise also nicht den (durch die Außermittigkeit des Zahnrades veranlaßten) Schlag, sondern die wirksamen Flankenabmaßschwankungen.

Stellt man das Meßstück zunächst in einem Abstande auf, in dem es sich bei einem spielfreien Rade an zwei Flanken einer Lücke oder eines Zahnes des Prüflings anlegen würde, so gibt die gegenseitige Verdrehung oder Verschiebung nicht nur die Schwankungen des Flankenabmaßes, sondern auch seine Größe selbst. Wählt man den anfänglichen Abstand um das dem vorgeschriebenen Mindest-Flankenabmaß entsprechende Stück kleiner, so kann man aus den Registrierkurven sofort erkennen, ob das Flankenabmaß innerhalb seiner vorgeschriebenen (stets negativen) Toleranz bleibt.

Aus den Messungen des sog. „Schlages“, d. h. der Flankenabmaßschwankungen, kann nicht ohne weiteres auf den wirklichen Schlag geschlossen werden, da nicht nur dieser, sondern häufig auch die Lückenweite periodisch verläuft.

Eine allerdings sehr umständliche Bestimmung des wirklichen Schlages würde sich aus der Ermittlung der zu den einzelnen Zahnflanken gehörigen Grundkreishalbmesser auf den Evolventenprüfer ergeben, wenn damit gerechnet werden kann, daß der Eingriffswinkel für alle Rechts- bzw. Linksflanken der gleiche ist (die Bestimmung des Schlages mittels zweier Meßstücke nach Abschnitt E 4 liefert nicht die erforderliche Genauigkeit).

Für die Praxis ist indessen die Bestimmung der Flankenabmaßschwankungen ausreichend, da sowohl Schlag, wie auch Änderung der Lückenweite bzw. Zahndicke, zum mindesten in einem Umlaufsinn, Störungen der gleichförmigen Übertragung bewirken.

4. Stellung der Zähne zur Achse, um ein, wenn auch vielleicht erst nach geringen elastischen Verformungen erfolgendes Tragen auf der ganzen Zahnbreite zu verbürgen (und übermäßige Kantenpressung zu vermeiden).

K. Abnahme der Zahnräder.

1. Allgemeine Grundsätze.

Mit Ausnahme der zuletzt genannten Größe (wenigstens solange sich die durch eine Schiefstellung etwa verursachte Verzerrung der Flankenform in zu vernachlässigenden Grenzen hält) wirken alle anderen Größen auf die Gleichförmigkeit der Winkelübertragung ein, wobei aber eine gewisse gegenseitige Abhängigkeit besteht, die indessen nicht durch eine Formel erfaßt werden kann, da die Abweichungen der Zahnflanken von der Evolvente zu verschiedenartig sind.

Genau so wenig wie man an sonstigen Normteilen (z. B. Bolzen und Muttern) ihre einzelnen Bestimmungsstücke bei der Fertigung oder bei der Abnahme kontrolliert und dann nachträglich durch Rechnung feststellt, wieweit ein Ausgleich ihrer verschiedenen Fehler vorhanden ist, wird man dies bei Zahnrädern tun, zumal hier auch der mathematische Zusammenhang fehlt. Vielmehr wird man auch bei diesen die Abnahme so durchführen, daß sie den Verwendungszweck sichert.

Bei allen sonstigen Normteilen soll die Kontrolle auf der Gutseite die Paarungsmöglichkeit gewährleisten, d. h. nach dem Taylorschen Grundsatz die sämtlichen Bestimmungsstücke in ihrem Zusammenwirken auf einmal erfassen. Die Prüfung hat also hier mit einer das ideale Gegenstück nach Möglichkeit verkörpernden Gegenlehre zu erfolgen, mit der sich der Prüfling muß paaren lassen.

Auf der Ausschußseite sind dagegen alle Bestimmungsstücke einzeln (und zwar ihre Ist-, nicht ihre Ausgleichsmaße) zu kontrollieren, selbstverständlich nur diejenigen, die nicht infolge eines mathematischen Zusammenhanges bereits durch ein oder mehrere andere Bestimmungsstücke mit erfaßt sind. Hier darf also keine volle Gegenlehre gebraucht werden, weil sie z. B. bei Bolzen und Muttern, selbst wenn sie im Außen- und Kerndurchmesser freigearbeitet ist, nicht den Ist-, sondern den Paarungsflankendurchmesser liefern würde, der — des Ausgleichs der Steigungs- und Winkelfehler wegen — beim Bolzen stets größer, bei der Mutter stets kleiner ist als der Istwert.

2. Gleichförmigkeit der Winkelgeschwindigkeit.

Bei Zahnrädern handelt es sich aber nicht um die Paarung mit einem Gegenstück, in der dann beide in unveränderter Lage zueinander bleiben (wie bei Bolzen und Mutter nach dem Zusammenschrauben oder bei einer Welle im Lager, wenn sie auch in diesem rotiert, was aber bei ihren geometrischen Formen keine Lagenänderung bedeutet). Bei einem Zahnradgetriebe bewegen sich vielmehr zwei Stücke gleicher Art gegeneinander, so daß dauernd andere Zähne und andere Stellen ihrer Zahnflanken zur gegenseitigen Anlage kommen.

Wichtig ist nun für ein Getriebe die Gleichförmigkeit der Winkelübertragung. An Stelle der Untersuchung der Paarungsmöglichkeit mit der Gegenlehre auf der Gutseite bei den übrigen Normteilen muß also bei den Zahnrädern die Untersuchung der Gleichförmigkeit der Übertragung beim Abwälzen mit einem Lehr-Zahnrad oder -Zahnstange (weiterhin als Lehre bezeichnet) auf einem Einflanken-Abrollgerät treten, d. h. einem solchen, bei dem immer nur ein Zahn der Lehre mit einer Flanke an einer Flanke eines Zahnes des Prüflings anliegt. Eine derartige Prüfung ist rasch — ohne umständliche Messungen — durchzuführen; sie bietet weiter den Vorteil, daß die Ungleichförmigkeiten der Übertragung über dem Radumfang aufzuzeichnen sind, so daß man jedem abgenommenen Zahnrad ein (dauerndes) Dokument mitgeben kann, das frei von allen subjektiven Meßfehlern ist.

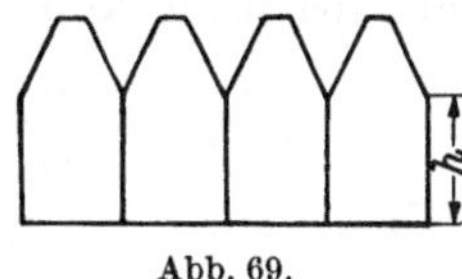

Abb. 69.

Eine Schwierigkeit für die Durchführung dieser Kontrolle bestand bisher darin, daß die Lehre keine geringere Ungenauigkeit aufwies als die besten handelsüblichen Zahnräder, deren Genauigkeit etwa der der Gewindelehren entspricht, so daß man stets die Summe der Ungleichförmigkeiten von Lehre und Prüfling erhielt, ohne sie in die jedem zukommenden Anteile zerlegen zu können.

Auch bisher ausgeführte Lehrzahnstangen haben sich noch nicht als genau genug erwiesen.

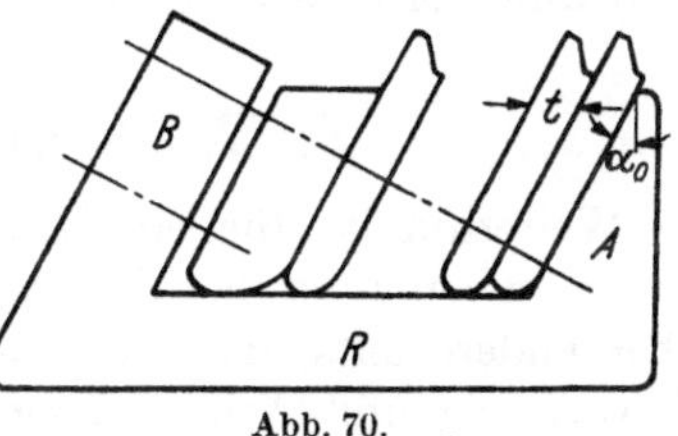

Abb. 70.

Eine andere Möglichkeit besteht darin, die Lehrzahnstange aus einzelnen Zähnen zusammenzusetzen (Abb. 69). Da aber diese Zähne gewissermaßen eine Kombination von Parallel- und Winkelendmaßen darstellen, die zwar beide für sich sehr genau zu fertigen sind, so bleibt doch die Schwierigkeit, sie so zusammenzufügen, daß die Höhen h für beide Seiten eines Zahnes und auch für alle Zähne stets dieselbe Größe haben. Denn nur dann sind die Teilungen von Rechts- zu Rechts- bzw. von Links- zu Linksflanke einander gleich.

Da man aber bei den Einflankenabrollgeräten nur jeweils eine Flanke der Lehre braucht, kann man auch glatte Parallelendmaße nehmen, die man nur an dem zum Eingriff kommenden Ende entsprechend abfasen muß, damit nicht die zweite Meßfläche an die nicht im Eingriff befindliche andere Flanke der Lücke des Prüflings anstößt.

Diese Endmaße faßt man in einem Halter (Abb. 70) zusammen, dessen Anlagefläche A mit der Senkrechten zum Rücken R den Eingriffswinkel α_0 bildet und preßt sie durch zwei Schrauben in B gegen A. Ein Nachteil liegt darin, daß die Richtung des wirksamen Druckes bei den nahe A befindlichen Endmaßen sehr tief liegt, so daß sie durch die beim Abwälzen mit dem Prüfling auf ihren vorragenden Teil wirkenden Kräfte sehr leicht abgebogen und dadurch voneinander getrennt werden können, ein Fehler, der mit wachsender Länge der Zahnstange immer größer wird.

Da nun aber alle Räder und Zahnstangen einwandfrei miteinander abwälzen, deren Eingriffsteilungen übereinstimmen, so kann man die Endmaße nach Abb. 71 auch senkrecht zum Rücken R, mit dem die Zahnstange in ihrer Führung gleitet, stellen, wobei ein sicherer Zusammenhalt leicht zu erreichen ist. Hierbei braucht man nur mit Einzelfehlern der Teilung von 0,2 μ und mit Summenfehlern von höchstens 1 μ für die Lehre zu rechnen (die beiden zuletzt genannten Verfahren sind zum DRP. angemeldet). Die Brauchbarkeit dieser Anordnung ist allerdings beschränkt auf Zahnräder, bei denen der Fußkreis und die Fußrundung innerhalb des Grundkreises der Verzahnung liegen; ferner darf das Rad außerhalb des Grundzylinders nicht unterschnitten sein.

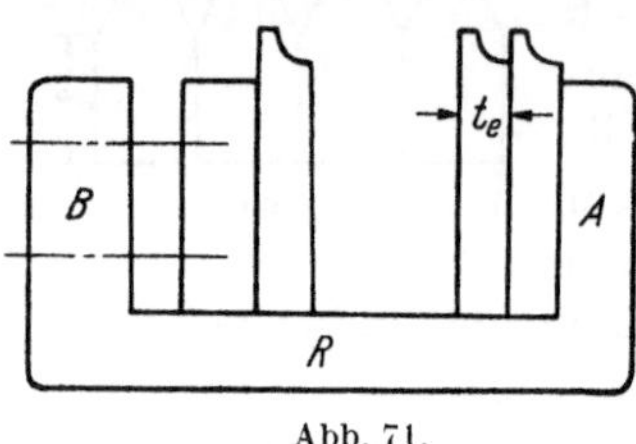

Abb. 71.

3. Wirksames Flankenabmaß.

Weiterhin ist für ein Zahnrad wichtig, daß die Zähne genügende Dicke haben, um die Übertragungskräfte aufnehmen zu können, daß aber andererseits die Lückenweite so groß ist, daß im Betriebe durch Erwärmung und Achsverlagerung kein Klemmen auftritt; jedoch darf sie auch nicht so groß sein, daß beim Umschalten auf anderen Drehsinn bzw. beim Pendeln der Zahnräder unzulässige Stöße auftreten, mit anderen Worten, es muß ein gewisses, innerhalb bestimmter Grenzen bleibendes Flankenabmaß p_e vorhanden sein.

Dieses ist, und zwar als (allein interessierendes) wirksames Flankenabmaß nach Abschnitt D 2 am einfachsten auf einem Zweiflankenabrollgerät zu bestimmen durch Beobachtung der gegenseitigen radialen oder tangentialen Verschiebung des Prüflings und einer sich an beide Flanken einer Lücke oder eines Zahnes desselben anlegenden Lehre (Zahnrad, Zahnstange, Zahn, Reiter, Kegel, Zylinder, Kugel).

Die Lehre wird zunächst auf einen solchen Abstand eingestellt, wie er einem spielfreien Prüfling oder einem solchen mit dem vorgeschriebenen Mindestflankenabmaß entsprechen würde, und dann die Verschiebung ermittelt, die bis zur gleichzeitigen Anlage beider Teile mit je zwei Flanken eintritt. Man kann so das wirksame Flankenabmaß von Zahn zu Zahn und damit auch die Innehaltung der dafür zugelassenen Toleranz prüfen.

Am bequemsten ist auch hier die Paarung mit einer Lehre (in dem vorher angegebenen Sinne), da man dann die gegenseitige Verschiebung, also eine mit dem wirksamen Flankenabmaß und seinen Schwankungen in einfachem Zusammenhange stehende Größe, beim Durchdrehen aufzeichnen kann und so gleichfalls ein objektives Dokument bekommt [der Abstand der Einhüllenden der Spitzen der bei radialen Verschiebungen erhaltenen Kurven ist (bei geringen Schwankungen) gleich dem Unterschied der Eingriffsteilungen von Prüfling und Lehre, multipliziert mit $\sin \alpha_0$].

Zweckmäßig stellt man den Achsabstand anfänglich so ein, wie er bei dem vorgeschriebenen Mindestflankenabmaß vorhanden sein müßte, um Anlage der Lehre an beide Flanken einer Lücke oder eines Zahnes des Prüflings zu geben, zieht jetzt die Nullinie durch Drehen der Trommel oder Verschieben des Schlittens mit dem Diagrammpapier und nimmt dann die Aufzeichnung beim Durchdrehen des zu prüfenden Zahnrades vor.

Auch hier bestand bisher die Schwierigkeit in der für gute Zahnräder nicht ausreichenden Genauigkeit der Lehrzahnräder oder -zahnstangen. Für das Zweiflanken-Abrollgerät braucht man nun aber Zähne mit beiden Flanken, so daß hier die Ausführungen nach Abb. 70 und 71 nicht zu verwenden sind.

Einen vollwertigen Ersatz dafür bieten die in Abschnitt D 2f behandelten Zylinder- und Kugelkränze, die verhältnismäßig leicht und damit preiswert herzustellen sind, und die eine sehr große Genauigkeit aufweisen, da die Durchmesser der Zylinder bzw. Kugeln sehr genau zu messen und durch Aussuchen bis auf etwa 0,25 μ gleichmäßig zu erhalten sind, und da sie sich selbsttätig auf jede örtliche Teilung des Prüflings einstellen. Hier sind von Bedeutung nur die Kurvenspitzen, die bei symmetrischer Lage eines Zylinders oder einer Kugel in einer Zahnlücke des Prüflings auftreten; ihre Einhüllende stellt die Schwankungen des wirksamen Flankenabmaßes dar, während seine Größe selbst durch ihren Abstand von der (in der vorher angegebenen Weise erhaltenen) Nullinie gegeben ist.

Bei Benutzung dieser Lehre erhält man also nur eine Einhüllende, kann also aus dem Diagramm keine (doch nur verhältnismäßig ungenauen) Schlüsse auf die Gleichheit der Eingriffsteilungen von Prüfling und Lehre ziehen, die aber auch für die Abnahme nicht interessiert, da das Verhalten des Rades im Getriebe, d. h. die Gleichförmigkeit der Winkelgeschwindigkeit, bereits durch die Prüfung mit dem Einflanken-Abrollgerät erfaßt ist.

Die Prüfung auf dem Zweiflanken-Abrollgerät hat also ergänzend zu der auf dem Einflanken-Abrollgerät hinzuzutreten und entspricht somit der sonstigen Kontrolle der Ausschußseite. Zweckmäßig wird man diese Prüfung nach Abschnitt D 2 f unter Benutzung einiger Kränze mit Zylindern oder Kugeln verschiedener Durchmesser vornehmen.

4. Lage der Zähne zur Achse.

Zu ergänzen wären diese beiden Abnahmeprüfungen noch durch die der Stellung der Zähne zur Achse (s. Abschnitt J 4), da sie durch die beiden Abrollprüfungen nicht mit kontrolliert wird.

Sie bildet gewissermaßen eine Zusatzkontrolle auf Innehaltung der Lage- gegenüber den vorher bestimmten Maß- und Formtoleranzen (und steht etwa in Analogie zu der bei der Abnahme von Schraub- und Schieblehren vorgeschriebenen Prüfung der Parallelität und Ebenheit ihrer Meßflächen, die ergänzend zu der Bestimmung der wirksamen Summe der Meßfehler dieser Geräte) tritt.

Die Prüfung der Lage der Zähne zur Achse erfolgt durch Beobachtung des Ausschlages eines Fühlhebels bei relativer Verschiebung von Prüfling und Meßgerät parallel zur Zahnradachse.

L. Zusammenfassung.

Somit ergeben sich für die Abnahme von Stirnzahnrädern mit gerader Evolventenverzahnung:

1. Prüfung der Gleichförmigkeit der Übertragung auf dem Einflanken-Abrollgerät;

2. Prüfung der Größe des wirksamen Flankenabmaßes und seiner Schwankungen (also der Innehaltung seiner Toleranz) auf dem Zweiflanken-Abrollgerät;

3. Prüfung der Lage der Zähne zur Achse

(weitere Untersuchungen müssen zeigen, ob etwa die Prüfung auf Gleichförmigkeit bei Zahnrädern geringerer Genauigkeit entbehrt werden kann).

Genügen die hiermit gewonnenen Ergebnisse nicht, so wird der Abnehmer das betreffende Zahnrad zurückweisen. Der Lieferer muß dann, um seine Herstellung zu verbessern, die in Abschnitt J aufgeführten Bestimmungsstücke einzeln prüfen, also:

1. Flankenform.

2a. Größe und Gleichförmigkeit der Eingriffsteilung (weil diese maßgebend für den Grundkreisdurchmesser bzw. den Eingriffswinkel ist); die Prüfung der Gleichförmigkeit kann auch durch die der Kreisteilung ersetzt werden.

2b. Wo nötig, den Summenfehler durch geeignete Bestimmung der Ungleichförmigkeit der Kreisteilung.

3. Wirksames Flankenabmaß (diese Prüfung ist identisch mit der Abnahmeprüfung 2; sie wird gewöhnlich als Schlag bezeichnet, setzt sich aber aus diesem und den Fehlern der Lückenweite bzw. Zahndicke zusammen).

Eine besondere Prüfung der Zahndicke ist nicht erforderlich, da auch bei dieser stets nur die wirksame Dicke, also einschließlich des Einflusses des Schlages, erhalten wird, die in einfachem Zusammenhange zum wirksamen Flankenabmaß steht.

4. Stellung der Zähne zur Achse (identisch mit Abnahmeprüfung 3).

Auch bei Lehrzahnrädern und -zahnstangen wären immer diese einzelnen Bestimmungsstücke zu prüfen, da sie ein — wenn auch nie vollkommen zu erreichendes — ideales Muster darstellen sollen.

Wie groß die Toleranzen für die Ungleichförmigkeit der Übertragung, des wirksamen Flankenabmaßes und der Unparallelität der Zähne zur Achse bei den Werkstücken bzw. für die Abweichung von der Evolventenform, für die Eingriffsteilung (in Längeneinheiten), die Einzel- und Summenfehler der Teilung, das wirksame Flankenabmaß und die Stellung der Zähne zur Achse bei den Lehren (soweit diese Größen dort auftreten) sein dürfen, wäre auf Grund der praktischen Erfahrungen mit Zahnradgetrieben festzustellen. Erst wenn diese genügend vorliegen, dürfte die Zeit für die Aufstellung von Toleranzen — unter Zugrundelegung der vorher genannten Abnahmeprüfungen — gekommen sein. Ebenso wären die Toleranzen für die Lehren und die zur Abnahme nötigen Apparate, also vor allem für die Ein- und Zweiflanken-Abrollgeräte, auf Grund von Messungen daran festzulegen.

Jene Toleranzen werden dann auch die Grundlage für die Tolerierung von Schrauben- und Kegelrädern bilden können.

Grundlagen und Geräte technischer Längenmessungen. Von Prof. Dr. **G. Berndt,** Dresden. Mit einem Anhang von Priv.-Doz. Dr. H. Schulz, Berlin. Zweite, vermehrte und verbesserte Auflage. Mit 581 Textabbildungen. XII, 374 Seiten. 1929. Gebunden RM 39.15

Technische Winkelmessungen. Von Prof. Dr. **G. Berndt,** Dresden. Zweite, verbesserte Auflage. („Werkstattbücher", Heft 18.) Mit 124 Abbildungen im Text und 34 Zahlentafeln. 76 Seiten. 1930. RM 1.80

Die deutschen Gewindetoleranzen. Von Prof. Dr. **G. Berndt,** Dresden. Mit einem Geleitwort von Dr.-Ing. e. h. W. Hellmich. Mit 61 Abbildungen im Text und 70 Zahlentafeln. VIII, 179 Seiten. 1929. RM 14.85; gebunden RM 16.65

Die Gewinde. Ihre Entwicklung, ihre Messung und ihre Toleranzen. Im Auftrage von Ludw. Loewe & Co. A.-G., Berlin, bearbeitet von Prof. Dr. **G. Berndt,** Dresden. Mit 395 Abbildungen im Text und 287 Tabellen. XVI, 657 Seiten. 1925. Gebunden RM 32.40

Erster Nachtrag. Mit 102 Abbildungen im Text und 79 Tabellen. X, 180 Seiten. 1926. Gebunden RM 14.17

Namen- und Sachverzeichnis. Herausgegeben auf Anregung und mit Unterstützung der Firma Bauer & Schaurte, Neuß. III, 16 Seiten. 1927. RM 0.90

Die Wälzlager. Von **Wilhelm Jürgensmeyer.** Mit 1207 Bildern, 41 Tabellen und 5 Tafeln. XIII, 498 Seiten. 1937. Gebunden RM 48.—

Die Belastbarkeit der Wälzlager. Von Dr.-Ing. **Helmut Stellrecht.** Mit 23 Textabbildungen. VI, 98 Seiten. 1928. RM 8.10

Die Maschinenelemente. Ein Lehr- und Handbuch für Studierende, Konstrukteure und Ingenieure. Von Prof. Dr.-Ing. **F. Rötscher,** Aachen.

Erster Band: Mit Abbildung 1—1042 und einer Tafel. XX, 600 Seiten. 1927. Gebunden RM 36.90

Zweiter Band: Mit Abbildung 1043—2296. XX, 754 Seiten. 1929. Gebunden RM 43.20

Vorlesungen über Maschinenelemente. Von Prof. Dipl.-Ing. **M. ten Bosch,** Zürich. Mit 801 Textabbildungen. XII, 415 Seiten. 1929. Gebunden RM 32.40

(Das Werk ist auch in 5 einzelnen Heften lieferbar.)

Maschinenelemente. Leitfaden zur Berechnung und Konstruktion für Maschinenbauschulen und für die Praxis mittlerer Techniker. Von Prof. Dipl.-Ing. **W. Tochtermann,** Eßlingen. Fünfte, völlig neubearbeitete Auflage der „Maschinenelemente" von Ing. H. Krause. Mit 511 Textabbildungen. X, 456 Seiten. 1930. RM 13.50; gebunden RM 14.85